MATLAB
图像处理与应用

刘 冰 等编著

机械工业出版社
China Machine Press

图书在版编目（CIP）数据

MATLAB图像处理与应用 / 刘冰等编著. –北京：机械工业出版社，2021.12

ISBN 978-7-111-69743-5

Ⅰ．①M… Ⅱ．①刘… Ⅲ．①Matlab软件–应用–数字图像处理 Ⅳ．①TN911.73

中国版本图书馆CIP数据核字（2021）第254465号

  本书以 MATLAB R2020a 版本的功能为主线，由浅入深地全面讲解 MATLAB 软件在图像处理方面的应用，是一本不可多得的 MATLAB 图像处理参考书。

  本书涉及面广，涵盖一般用户需要使用的各种功能。本书共分为 12 章，主要包括 MATLAB 基础、图形绘制、图像处理基础、图像运算、图像变换、图像增强、图像压缩、图像复原、图像分割、数学形态学的应用、MATLAB 图像处理应用等内容。本书强调理论与应用相结合，给出了大量数字图像处理应用的 MATLAB 实现程序。

  本书采取案例驱动的讲述方式，内容完整且每章相对独立，既可作为高等院校理工科研究生、本科生的教学用书，也可作为从事图像处理工作的广大工程技术人员的参考书。

MATLAB 图像处理与应用

出版发行：机械工业出版社（北京市西城区百万庄大街 22 号　邮政编码：100037）

责任编辑：迟振春	责任校对：周晓娟
印　　刷：中国电影出版社印刷厂	版　　次：2022 年 1 月第 1 版第 1 次印刷
开　　本：188mm×260mm　1/16	印　　张：23.25
书　　号：ISBN 978-7-111-69743-5	定　　价：99.00 元

客服电话：（010）88361066　88379833　68326294　　　　投稿热线：（010）88379604
华章网站：www.hzbook.com　　　　　　　　　　　　　　　读者信箱：hzjsj@hzbook.com

本书法律顾问：北京大成律师事务所　韩光/邹晓东

前　言

图像是人类获取信息的重要来源，图像处理技术是利用计算机对图像进行变换、增强、复原、分割、压缩、分析等，是现代信息处理领域的研究热点。数字图像处理技术发展迅速，应用领域越来越广泛。

随着业界对图像处理和分析的要求不断提高，原有的图像软件由于成本、功能的限制已经不能完全满足专业人士的需要，MATLAB 等专业软件的广泛应用为图像处理和分析技术的发展提供了强大的支持。

MATLAB 是国际公认的优秀应用软件，是专业人士必备的图像处理软件之一。MATLAB 具有编程简单、数据可视化功能强、可操作性强的特点，并且它的图像处理工具箱功能强大、专业函数丰富。

目前，MATLAB 已广泛应用于信号处理、通信原理、自动控制等专业，并作为重要的基础课程实验平台。对于学生而言，最有效的学习途径就是结合某一专业课程的学习来掌握该软件的使用。本书将通过大量的算例全面、系统地介绍使用 MATLAB 进行图像处理的方法。

本书特点

- 以 MATLAB 软件为主线，先让读者对各项功能有一个大致了解，然后进一步详细地讲解 MATLAB 在图像处理方面的应用。
- 结合编者多年 MATLAB 使用经验与图像处理实践，详细地讲解 MATLAB 软件的使用方法与技巧，以便读者快速掌握书中所讲内容。
- 以掌握概念、强化应用为重点，不仅详尽地讲解基础知识，还提供了丰富的应用案例，读者可以边学边练，并将所学知识运用于工作之中。

本书内容

本书基于 MATLAB R2020a 版本讲解 MATLAB 在图像处理方面的基础知识和核心内容。全书共分为 12 章，具体安排如下：

第 1 章　初识 MATLAB　　　　　　　　　第 4 章　图像处理基础
第 2 章　基本运算及程序设计　　　　　　第 5 章　图像运算
第 3 章　图形绘制　　　　　　　　　　　第 6 章　图像变换

源代码下载

本书源代码可以登录机械工业出版社华章公司的网站（www.hzbook.com）下载，方法是搜索到本书，然后在页面上的"资源下载"模块下载即可。如果下载有问题，请发送电子邮件至 booksaga@126.com。

读者服务

为了方便解决本书的疑难问题，读者在学习过程中遇到与本书有关的技术问题，可以发送邮件到邮箱 book_hai@126.com，编者会尽快给予解答。读者也可以访问"算法仿真在线"公众号，在相关栏目下留言获取帮助。

本书主要由刘冰编著，张樱枝、张君慧等也参与了本书的编写工作。

MATLAB 本身是一个浩瀚资源库与知识库，由于编者水平有限，书中疏漏在所难免，敬请广大读者批评指正，也欢迎广大同行共同交流、探讨。

编　者

2021 年 9 月

目　录

第1章

初识 MATLAB

本章主要介绍 MATLAB 软件的基本功能和使用方法。MATLAB 是目前在国际上被广泛接受和使用的科学与工程计算软件之一，虽然 Cleve Moler 教授开发它的初衷是更简单、更快捷地进行矩阵运算，但现在 MATLAB 已经成为一种集数值运算、符号运算、数据可视化、图形界面设计、程序设计、仿真等多种功能于一体的集成软件。

本章首先介绍 MATLAB 软件的特点，然后介绍 MATLAB R2020a 的工作环境及帮助系统，力图使读者初步熟悉 MATLAB 软件的基础知识。

学习目标:

⌘ 了解 MATLAB 软件的特点。

⌘ 掌握 MATLAB R2020a 的工作环境。

⌘ 熟练掌握 MATLAB R2020a 图形窗口的用途和方法。

⌘ 了解 MATLAB R2020a 的帮助系统。

1.1 MATLAB 简介

MATLAB 是一款著名的商业数学软件，集数值分析、矩阵计算、科学数据可视化及非线性动态系统的建模和仿真等功能于一体，并能够为用户提供丰富多样的计算工具，从而帮助用户快速分析算法及进行仿真测试。它被广泛应用于工程计算、控制设计、信号处理与通信、图像处理、信号检测、金融建模等领域。

MATLAB 有两种基本的数据运算量: 数组和矩阵。单从形式上二者是不好区分的，一个量既可能被当作数组，也可能被当作矩阵，这要依其所采用的运算法则或运算函数来定。

在 MATLAB 中，数组与矩阵的运算法则和运算函数是有所区别的，但不论是 MATLAB 的数组还是 MATLAB 的矩阵，都已经不再使用一般高级语言中使用数组的方式和解决矩阵问题的方法。

在 MATLAB 中，矩阵运算是将矩阵视为一个整体来进行运算的，基本上与线性代数中的处理方法一致，矩阵的加、减、乘、除、乘方、开方、指数、对数等运算都有专门的运算符或运算函数。

对于数组，不论是算术运算还是关系运算或逻辑运算，甚至调用函数的运算，从形式上都可以当作一个整体，有一套区别于矩阵的完整的运算符和运算函数，实质上是针对数组的每个元素进行运算的。

当 MATLAB 把矩阵（或数组）独立地当作一个运算量来对待后，其向下可以兼容向量和标量。同时，矩阵和数组中的元素也可以用复数作为基本单元，向下包含实数集。这些是 MATLAB 区别于其他高级程序设计语言的根本特点。除此之外，MATLAB 还有以下一些特点。

（1）语言简洁，编程效率高

MATLAB 定义了专门用于矩阵运算的运算符，使得矩阵运算就像列出算式执行标量运算一样简单，而且这些运算符本身就能执行向量和标量的多种运算。

这些运算符可使一般高级语言中的循环结构变成一个简单的 MATLAB 语句，再结合 MATLAB 丰富的库函数，程序变得相当简短（几条语句即可代替数十行 C 语言或 Fortran 语言语句的功能）。

（2）交互性好，使用方便

在 MATLAB 的命令行窗口中，输入一条命令，立即就能看到该命令的执行结果，这体现了 MATLAB 良好的交互性。交互方式减少了编程和调试程序的工作量，给使用者带来了极大的方便。在 MATLAB 中，不用再像使用 C 语言和 Fortran 语言那样首先编写源程序，再对源程序进行编译、链接，生成可执行文件后才能运行程序得出结果。

（3）绘图能力强大，便于数据可视化

MATLAB 不仅能绘制多种不同坐标系中的二维曲线，还能绘制三维曲面，为数据的图形化表示（数据可视化）提供了有力工具，使数据的展示更加形象生动，有利于揭示数据间的内在关系。

（4）工具箱领域广泛，便于众多学科直接使用

MATLAB 工具箱（函数库）可分为两类：功能性工具箱和学科性工具箱。

功能性工具箱主要用来扩充符号计算功能、图示建模仿真功能、文字处理功能以及与硬件实时交互的功能。

学科性工具箱专业性比较强，包括优化工具箱、统计工具箱、控制工具箱、通信工具箱、图像处理工具箱、小波工具箱等。

（5）开放性好，便于扩展

除内部函数外，MATLAB 的其他文件都是公开、可读可改的源文件，体现了 MATLAB 的开放性特点。用户可修改源文件、加入自己的文件，以及构造自己的工具箱。

（6）支持文件I/O和外部引用程序接口

支持读入更大的文本文件，支持压缩格式的 MAT 文件，用户可以动态加载、删除或者重载 Java 类等。

1.2 MATLAB R2020a 的工作环境

为了方便用户使用，安装完 MATLAB R2020a 后，需要将其安装文件夹（默认路径为 C:\Program Files\Polyspace\R2020a\bin）中的 MATLAB.exe 应用程序添加为桌面快捷方式，然后双击快捷方式图标即可打开 MATLAB 操作界面。

1.2.1 MATLAB R2020a 操作界面简介

MATLAB R2020a 操作界面中包含大量的交互式界面，如图 1-1 所示。通用操作界面、工具包专业界面、帮助界面和演示界面等组合在一起，便构成了 MALTAB 的默认操作界面。

默认情况下，MATLAB 的操作界面中包含选项卡、当前文件夹、命令行窗口、工作区、功能区、当前目录设置区 6 个区域。

图 1-1　MATLAB R2020a 默认界面

其中，选项卡和功能区在组成方式和内容上与一般应用软件基本相同，本章不再赘述。需要注意的是，MATLAB R2020a 的操作界面中还有一个命令历史记录窗口，它并不显示在默认窗口中。

1.2.2 命令行窗口

MATLAB 默认主界面的中间部分是命令行窗口。顾名思义，命令行窗口就是接收命令输入的窗口，可输入的对象除 MATLAB 命令之外，还包括函数、表达式、语句以及 M 文件名或 MEX 文件名等。为了叙述方便，以下将这些可输入的对象统称为语句。

MATLAB 的工作方式之一为：在命令行窗口中输入语句，然后由 MATLAB 逐句解释执行并在命令行窗口中输出结果。命令行窗口可显示除图形以外的所有运算结果。

另外，命令行窗口也可从 MATLAB 主界面中分离出来，以便单独显示和操作，当然也可再重新返回主界面中。其他窗口也具有相同的功能。若要分离命令行窗口，可在命令行窗口中单击右侧的下拉按钮 ，在下拉菜单中选择"取消停靠"命令，或者直接用鼠标将命令行窗口拖离主界面，最终效果如图 1-2 所示。若要使命令行窗口返回到主界面中，可选择其下拉菜单中的"停靠"命令。

图 1-2 分离的命令行窗口

1. 命令提示符和语句颜色

在分离的命令行窗口中，每行语句前都有命令提示符">>"，即在此符号后输入各种语句再按 Enter 键方可被 MATLAB 接收和执行。执行的结果通常直接显示在语句下方。

不同类型的语句用不同颜色区分。默认情况下，输入的命令、函数、表达式以及计算结果等用黑色字体显示，字符串则用红色字体显示，if、for 等关键词用蓝色字体显示，注释语句用绿色字体显示。

2. 语句的重复调用、编辑和运行

命令行窗口不但能编辑和运行当前输入的语句，而且能利用表 1-1 所列出的键盘按键快捷地调出曾经输入的语句，而后直接运行或编辑后再运行。

表1-1 语句行中用到的编辑键

键盘按键	用　途	键盘按键	用　途
↑	向上回调曾经输入的前一条语句行	Home	让光标跳到当前行的开头
↓	向下回调曾经输入的后一条语句行	End	让光标跳到当前行的末尾
←	光标在当前行中左移一个字符	Delete	删除当前行光标后的字符
→	光标在当前行中右移一个字符	Backspace	删除当前行光标前的字符

其实这些按键与文字处理软件中的相应编辑键在功能上大体一致，主要的区别为：在文字处理软件中，这些编辑键是针对整个文档使用的；在 MATLAB 命令行窗口中，这些编辑键是以行为单位使用的。

3. 语句行中使用的标点符号

在 MATLAB 中输入语句时，要用到表 1-2 中列出的各种符号。

提示　在向命令行窗口中输入语句时，一定要在英文输入状态下输入，尤其是在刚输完汉字后，初学者很容易忽视中英文输入状态的切换。

表1-2　MATLAB 语句中常用的标点符号及其作用

名　　称	符　　号	作　　用
空格		变量分隔符；矩阵一行中各元素间的分隔符；程序语句关键词间的分隔符
逗号	,	分隔欲显示计算结果的各条语句；变量分隔符；矩阵一行中各元素间的分隔符
点号	.	数值中的小数点；结构数组的域访问符
分号	;	分隔不想显示计算结果的各条语句；矩阵中行与行间的分隔符
冒号	:	用于生成一维数值数组；表示一维数组的全部元素或多维数组某一维的全部元素
百分号	%	注释语句说明符，凡在其后的字符均被视为注释性内容而不被执行
单引号	''	字符串标识符
圆括号	( )	用于矩阵元素引用；用于函数输入变量列表；确定运算的先后次序
方括号	[ ]	向量和矩阵标识符；用于函数输出列表
花括号	{ }	标识细胞数组
续行号	…	长命令行需分行时用于连接下一行
赋值号	=	将表达式赋值给一个变量

4. 命令行窗口中数值的显示格式

为了满足用户以不同格式显示计算结果的需要，MATLAB 设计了多种数值显示格式以供用户选用，如表 1-3 所示。其中，默认的显示格式是：数值为整数时，以整数显示；数值为实数时，以 short 格式显示；数值的有效数字超出范围，则以科学记数法显示结果。

表1-3　命令行窗口中数据的显示格式

格　　式	显示形式	格式效果说明
short（默认）	2.7183	保留 4 位小数，整数部分超过 3 位的小数用 short e 格式
short e	2.7183e+000	用 1 位整数和 4 位小数表示，倍数关系用科学记数法表示成十进制指数形式
short g	2.7183	保留 5 位有效数字，数字大小在 10^{-5}~10^{5} 时，自动调整数位，超出幂次范围时用 short e 格式
long	2.71828182845905	14 位小数，最多 2 位整数，共 16 位十进制数，否则用 long e 格式表示
long e	2.718281828459046e+000	15 位小数的科学记数法表示
long g	2.71828182845905	保留 15 位有效数字，数字大小在 10^{-5}~10^{15} 时，自动调整数位，超出幂次范围时用 long e 格式
rational	1457/536	用分数近似表示
hex	4005bf0a8b14576a	十六进制表示
+	+	正数、负数和零分别用＋、－、空格表示
bank	2.72	限 2 位小数，用于表示元、角、分
compact	不留空行显示	显示结果之间没有空行的压缩格式
loose	留空行显示	显示结果之间有空行的稀疏格式

需要说明的是，表 1-3 中最后两个是用于控制屏幕显示格式的，而非数值显示格式。MATLAB 的所有数值均按 IEEE 浮点标准所规定的长型格式存储，显示的精度并不代表数值实际的存储精度，或者说数值参与运算的精度。

5. 数值显示格式的设置方法

数值显示格式的设置方法有以下两种：

- 单击"主页"选项卡→"环境"面板中的"预设"按钮 ，在弹出的"预设项"窗口中选择"命令行窗口"选项，再继续进行显示格式设置，如图 1-3 所示。
- 在命令行窗口中执行 format 命令，例如要用 long 格式，在命令行窗口中输入"format long"语句即可。使用命令是为了方便在程序设计时进行格式设定。

除了数值显示格式可以自行设置外，数字和文字的字体、大小、颜色等也可由用户自行挑选。在"预设项"窗口左侧的格式对象树中选择要设定的对象，再配合相应的选项便可对所选对象的风格、大小、颜色等进行设定。

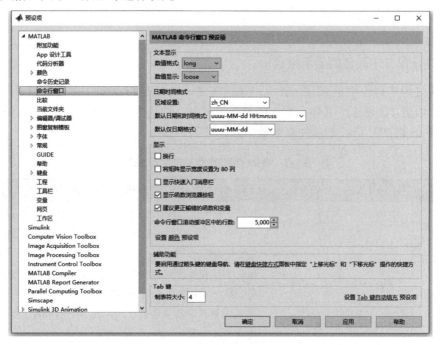

图 1-3   "预设项"窗口

6. 命令行窗口清屏

当命令行窗口中执行过许多命令后，经常需要对命令行窗口进行清屏操作，通常有以下两种方法：

- 执行"主页"选项卡→"代码"面板中"清除命令"下的"命令行窗口"命令。
- 在提示符后直接输入 clc 语句。

上述两种方法都能清除命令行窗口中的显示内容，但并不能清除工作区中的显示内容。

1.2.3　命令历史记录窗口

命令历史记录窗口用来存放曾在命令行窗口中用过的语句，它借用计算机的存储器来保存信息，主要目的是便于用户追溯和查找曾经用过的语句，利用这些既有的资源可节省编程时间。

在面对以下两种情况时优势体现得尤为明显：一是需要重复处理长语句；二是选择多行曾经用过的语句形成 M 文件。

在命令行窗口中按键盘上的 ↑ 键，即可弹出命令历史记录窗口。同命令行窗口一样，也可对该窗口执行停靠、分离等操作，分离后的效果如图 1-4 所示。从窗口中记录的时间来看，其中存放的正是用户曾经用过的语句。

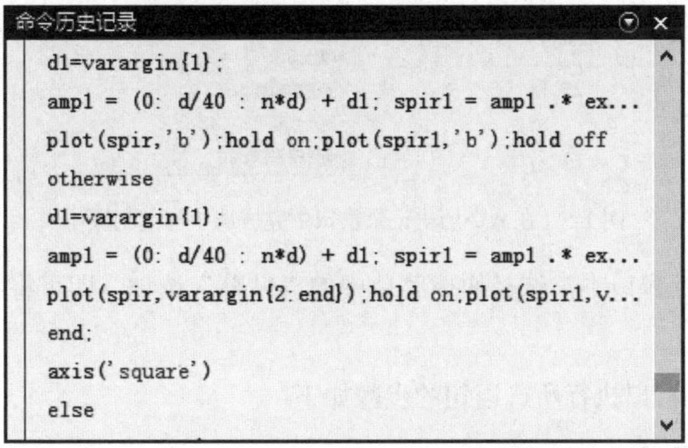

```
命令历史记录                                    ▼ ×
d1=varargin{1};
amp1 = (0: d/40 : n*d) + d1; spir1 = amp1 .* ex...
plot(spir,'b');hold on;plot(spir1,'b');hold off
otherwise
d1=varargin{1};
amp1 = (0: d/40 : n*d) + d1; spir1 = amp1 .* ex...
plot(spir,varargin{2:end});hold on;plot(spir1,v...
end;
axis('square')
else
```

图 1-4　分离后的命令历史记录窗口

对于命令历史记录窗口中的内容，可在选中的前提下将它们复制到当前正在工作的命令行窗口中，以供进一步修改或直接运行。

1. 复制、执行命令历史记录窗口中的命令

命令历史记录窗口的主要应用如表 1-4 所示。其中，"操作方法"列中提到的"选中"操作与 Windows 中选中文件的方法相同，同样可以结合 Ctrl 键和 Shift 键使用。

表1-4　命令历史记录窗口的主要应用

功　能	操作方法
复制单行或多行语句	选中单行或多行语句，选择"编辑"菜单中的"复制"选项，再回到命令行窗口中执行粘贴操作，即可实现语句的复制
执行单行或多行语句	选中单行或多行语句并右击，在弹出的快捷菜单中选择"执行所选内容"选项，则可使选中语句在命令行窗口中运行，并输出相应结果。双击选择的语句行也可直接运行
把多行语句写成 M 文件	选中单行或多行语句并右击，在弹出的快捷菜单中选择"创建脚本"选项，即可利用随之打开的 M 文件编辑/调试器窗口将选中的语句保存为 M 文件

用命令历史记录窗口完成所选语句复制操作的步骤如下：

1）利用鼠标选中所需语句区块的第一行语句。

2）按 Shift 键和鼠标选择所需语句区块的最后一行语句，这样连续多行语句即被选中。

3）按 Ctrl+C 组合键，或在选中的语句区块右击，在弹出的快捷菜单中选择"复制"选项，如图 1-5 所示。

图 1-5 在命令历史记录窗口中完成选中与复制操作

4）再回到命令行窗口中，选择快捷菜单中的"粘贴"选项，即可将所选内容复制到命令行窗口中。

用命令历史记录窗口执行所选语句的步骤如下：

1）用鼠标选中所需语句区块的第一行语句。

2）用 Ctrl 键结合鼠标点选所需的语句行，这样可以选中不连续的多行语句。

3）在选中的语句区块右击，在弹出的快捷菜单中选择"执行所选内容"选项，而后计算结果就会出现在命令行窗口中。

2. 清除命令历史记录窗口中的内容

选择"主页"选项卡→"代码"面板中"清除命令"下的"命令历史记录"选项。

提示 执行上述操作后，命令历史记录窗口中当前的内容会被完全清除，以前的命令再也不能被追溯和重复调用。

1.2.4 输入变量

在 MATLAB 计算和编程的过程中，变量和表达式都是基础元素。在 MATLAB 中为变量定义名称时需满足下列规则。

1）变量名称和函数名称区分字母大小写，并且 MATLAB 内置的函数名称不能用作变量名。譬如 exp 是内置的指数函数名称，如果用户输入 exp(0)，那么系统会得出结果 1；如果用户输入 EXP(0)，那么系统会显示错误的提示信息"函数或变量 'EXP' 无法识别。"，如图 1-6 所示。

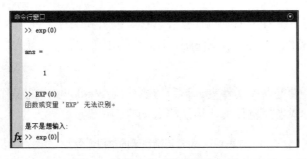

图 1-6　函数名称区分字母大小写

2）变量名称的第一个字符必须是英文，譬如 5xf、_mat 就是不合法的变量名称。

3）变量名称中不可以包含空格或者标点符号，但是可以包括下划线，譬如 xf_mat 是合法的变量名称。

MATLAB 对于变量名称的限制较少，建议用户在设置变量名称时考虑变量的含义。例如，在 M 文件中，变量名称 outputname 比名称 a 更好理解。

在上述的变量名称规则中，虽然没有限制用户使用 MATLAB 的预定义变量名称（见表 1-5），但是尽量不要使用 MATLAB 预定义的变量名称。因为在每次启动 MATLAB 时，系统都会自动产生预定义变量。

表1-5　MATLAB中的预定义变量

预定义变量	含　义
ans	计算结果的默认名称
eps	计算机的零阈值
Inf（inf）	无穷大
pi	圆周率
NaN（nan）	表示结果或者变量不是数值

1.2.5　当前文件夹窗口和路径管理

MATLAB 可利用当前文件夹窗口（见图 1-7）组织、管理和使用所有 MATLAB 文件和非MATLAB 文件，比如新建、复制、删除和重命名文件夹与文件等。还可以利用该窗口打开、编辑和运行 M 程序文件以及载入 MAT 数据文件等。

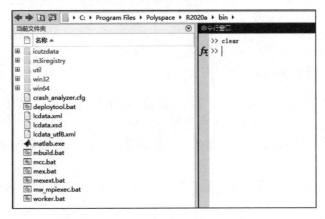

图 1-7　分离后的当前文件夹窗口

MATLAB 的当前目录就是系统执行打开、载入、编辑和保存文件等操作时默认的文件夹。设置当前目录就是设置默认文件夹，即将用户希望使用的文件夹设置为默认文件夹。具体的设置方法有以下两种：

1）在目录设置区设置当前文件夹。该设置操作同 Windows 中的操作，这里不再赘述。

2）用目录命令设置当前文件夹，语法格式如表 1-6 所示。

表1-6 设置当前目录的常用命令

目录命令	含 义	示 例
cd	显示当前目录	cd
cd 文件夹名	切换到"文件夹名"指定的目录	cd f:\matfiles

用 cd 命令切换到指定的文件夹（目录），进入的文件夹即为当前目录。编写完成的程序通常用 M 文件存储到当前目录中。

1.2.6 搜索路径

MATLAB 中大量的函数和工具箱文件是存储在不同的文件夹中的，用户建立的数据文件、命令和函数文件也是由用户存放在指定的文件夹中的。当需要调用这些函数或文件时，就需要找到它们所存放的文件夹。

路径其实就是给出存放某个待查函数或文件的文件夹名称。当然，这个文件夹名称应包括盘符和一级级嵌套的子文件夹名。例如，有一个文件 t04_01.m 存放在 D 盘中名为"MATLAB 文件"文件夹下的"Char04"子文件夹中，那么描述该文件的路径为 D:\MATLAB 文件\Char04。若要调用这个 M 文件，在命令行窗口或程序中该文件的表示格式为 D:\MATLAB 文件\Char04\t04_01.m。

在实际工作中，这种书写方式过长，很不方便，为了解决这一问题，在 MATLAB 中引入了搜索路径机制。该机制就是将要用到的函数或文件所存放的文件夹对应的路径提前通知给系统，这样就避免了在执行和调用这些函数或文件时输入一长串的路径。

 在 MATLAB 中，一个符号在程序语句或命令行窗口的语句中可能有多种解读，比如变量、特殊常量、函数名、M 文件或 MEX 文件等，具体应该识别成什么，涉及搜索顺序的问题。

如果在命令提示符">> "后输入符号 xt，或在程序语句中有一个符号 xt，那么 MATLAB 将试图按下列次序去搜索和识别：

1）在 MATLAB 内存中进行搜索，看 xt 是否为工作区窗口的变量或特殊常量，如果是，就将其当成变量或特殊常量来处理，否则继续下一步。

2）检查 xt 是否为 MATLAB 的内部函数，如果是，则调用 xt 这个内部函数，否则继续下一步。

3）继续在当前目录中搜索是否存在名为 xt.m 或 xt.mex 的文件，如果有，则将 xt 作为文件调用，否则继续下一步。

4）继续在 MATLAB 搜索路径的所有目录中搜索是否存在名为 xt.m 或 xt.mex 的文件，如果有，则将 xt 作为文件调用。

5）上述 4 步全走完后，若仍未发现 xt 这一符号的出处，则 MATLAB 将返回错误信息。必须指出的是，这种搜索是以花费更多执行时间为代价的。

MATLAB 设置搜索路径的方法有两种：一种是利用"设置路径"窗口；另一种是利用命令。

1. 利用"设置路径"窗口设置搜索路径

在主界面中单击"主页"选项卡→"环境"选项组中的"设置路径"按钮，弹出如图 1-8 所示的"设置路径"窗口。

单击该窗口中的"添加文件夹"和"添加并包含子文件夹"按钮，都会弹出"将文件夹添加到路径"对话框，如图 1-9 所示。利用该对话框可以从树形目录结构中选择想要指定为搜索路径的文件夹。

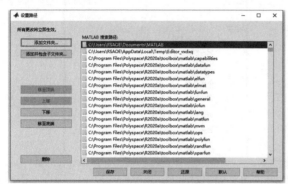

图 1-8　"设置路径"窗口　　　　　　　　图 1-9　"将文件夹添加到路径"对话框

"添加文件夹"和"添加并包含子文件夹"这两个按钮的不同之处在于：后者在把某个文件夹设置为可搜索的路径后，其各级子文件夹将被自动加入到搜索路径中。

2. 利用命令设置搜索路径

在 MATLAB 中，能够将某一路径设置成可搜索路径的命令有两个：path 和 addpath。其中，path 用于查看或更改搜索路径，该路径存储在 pathdef.m 中；addpath 可将指定的文件夹添加到当前 MATLAB 搜索路径的顶层。下面以将路径"F:\MATLAB 文件"设置成可搜索路径为例来分别说明。

```
>> path(path,'F:\ MATLAB 文件');
>> addpath F:\ MATLAB 文件 -begin      % begin 意为将路径放在路径表的前面
>> addpath F:\ MATLAB 文件 -end        % end 意为将路径放在路径表的最后
```

1.2.7　工作区窗口和数组编辑器

在默认情况下，工作区位于 MATLAB 操作界面的左侧，同命令行窗口一样，可对该窗口执行停靠、分离等操作，分离后的窗口如图 1-10 所示。

图 1-10　工作区窗口

工作区窗口拥有许多与其他应用相同的功能，例如内存变量的打印、保存和编辑，以及图形绘制等。这些操作都比较简单，只需在工作区中选择相应的变量，再单击鼠标右键，在弹出的快捷菜单中选择相应的选项即可，如图 1-11 所示。

图 1-11　与其他应用相同的功能的操作

在 MATLAB 中，数组和矩阵都是十分重要的基础变量。MATLAB 专门提供了变量编辑器来编辑数据。

双击工作区窗口中的某个变量时会在 MATLAB 主窗口中弹出如图 1-12 所示的变量编辑器（也称为变量窗口）。同命令行窗口一样，变量编辑器也可从主窗口中分离，如图 1-13 所示。

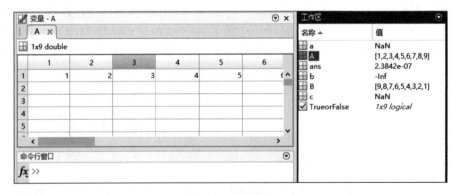

图 1-12　变量窗口

在该编辑器中可以对变量及数组进行编辑操作，同时利用"绘图"选项卡下的命令可以很方便地绘制各种图形。

图 1-13 分离后的变量编辑器

1.2.8 变量的编辑命令

在 MATLAB 中，除了可以在工作区中编辑内存变量外，还可以在 MATLAB 的命令行窗口中输入相应的命令，以查阅和删除内存中的变量。

【例 1-1】在 MATLAB 命令行窗口中查阅内存变量。

解：在命令行窗口中输入以下命令创建 A、i、j、k 四个变量，然后输入 who 和 whos 命令查阅内存变量，如图 1-14 所示。

```
A(2,2,2)=1;
i=6;
j=12;
k=18;
who
whos
```

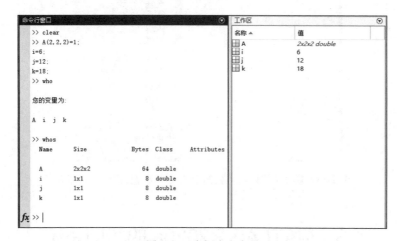

图 1-14 查阅内存变量

 who 和 whos 两个命令的区别只在于内存变量信息的详细程度。

提 示

【例 1-2】在例 1-1 之后，在 MATLAB 命令行窗口中删除内存变量 k。

解：在命令行窗口中输入以下命令。

```
clear k
who
```

运行 clear 命令后，就会将变量 k 从工作区中删除。

1.2.9　存取数据文件

MATLAB 中提供了 save 和 load 两个命令来实现数据文件的存取，常见用法如表 1-7 所示。

表1-7　MATLAB文件存取的命令及用法

命　令	功　能
save Filename	将工作区中的所有变量保存到名为 Filename 的 MAT 文件中
save Filename x y z	将工作区中的 x、y、z 变量保存到名为 Filename 的 MAT 文件中
save Filename -regecp pat1 pat2	将工作区中符合表达式要求的变量保存到名为 Filename 的 MAT 文件中
load Filename	将名为 Filename 的 MAT 文件中的所有变量读入内存
load Filename x y z	将名为 Filename 的 MAT 文件中的 x、y、z 变量读入内存
load Filename -regecp pat1 pat2	将名为 Filename 的 MAT 文件中符合表达式要求的变量读入内存
load Filename x y z -ASCII	将名为 Filename 的 ASCII 文件中的 x、y、z 变量读入内存

表 1-7 中列出了常见的文件存取命令，用户可以根据需要选择相应的存取命令；对于一些不常见的存取命令，可以查阅帮助系统。

MATLAB 中除了可以在命令行窗口中输入相应的命令之外，也可以通过在工作区右上角的下拉菜单中选择相应的选项来实现数据文件的存取，如图 1-15 所示。

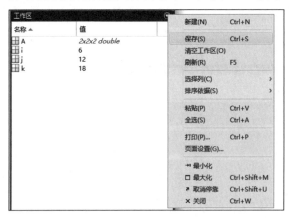

图 1-15　通过工作区右上角的下拉菜单实现数据文件的存取

1.3　MATLAB R2020a 的帮助系统

MATLAB R2020a 为用户提供了详细的帮助系统，可以帮助用户更好地了解和应用

MATLAB。本节将详细介绍 MATLAB 帮助系统的使用。

1.3.1　纯文本帮助

在 MATLAB 中，所有执行命令或者函数的 M 源文件都有较为详细的注释，这些注释是用纯文本的形式来表示的，一般包括函数的调用格式或者输入函数、输出结果的含义。下面使用简单的例子来说明如何使用 MATLAB 的纯文本帮助。

【例 1-3】在 MATLAB 中查阅帮助信息。

解：在 MATLAB 的帮助系统中，用户可以查阅不同范围的帮助，具体步骤如下。

1）在 MATLAB 的命令行窗口中输入"help help"命令，然后按 Enter 键，可以查阅如何在 MATLAB 中使用 help 命令，如图 1-16 所示。

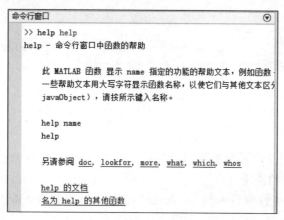

图 1-16　使用 help 命令的帮助信息

界面中显示了如何在 MATLAB 中使用 help 命令的帮助信息，用户可以详细阅读这些信息来学习如何使用 help 命令。

2）在 MATLAB 的命令行窗口中输入"help"命令，然后按 Enter 键，可以查阅最近所使用的命令的帮助信息。

3）在 MATLAB 的命令行窗口中输入"help topic"命令，然后按 Enter 键，可以查阅关于该主题的所有帮助信息。

上面简单地演示了如何在 MATLAB 中使用 help 命令来获得各种函数、命令的帮助信息。在实际应用中，用户可以灵活地使用这些命令来搜索所需要的帮助信息。

1.3.2　帮助导航

MATLAB 提供帮助信息的"帮助"交互界面主要由帮助导航器和帮助浏览器两部分组成，这与 M 文件中的纯文本帮助无关，而是 MATLAB 专门设置的独立帮助信息系统。该系统对 MATLAB 的功能叙述全面、系统，而且界面友好、使用方便，是用户查找帮助信息的重要途径。

用户可以在操作界面中单击 按钮来打开"帮助"交互界面，如图 1-17 所示。

图 1-17　"帮助"交互界面

1.3.3　示例帮助

在 MATLAB 中，各个工具包都有设计好的示例程序，这些示例对提升初学者的 MATLAB 应用能力有着十分重要的作用。

在 MATLAB 的命令行窗口中输入"demo"命令，就可以进入关于示例程序的帮助界面，如图 1-18 所示，用户可打开示例的实时脚本进行学习。

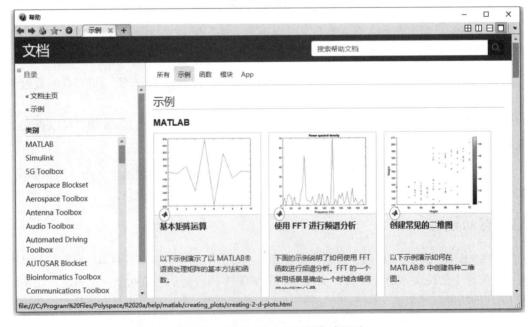

图 1-18　MATLAB 中的示例帮助界面

1.4　本章小结

　　MATLAB 是一个功能多样、高度集成、适合进行科学和工程计算的软件，同时也是一种高级程序设计语言。MATLAB 的主界面集成了"命令行窗口""当前文件夹""工作区"和"功能区"等区域，它们既可单独使用，又可相互配合，从而为用户提供十分灵活方便的操作环境。通过本章内容的学习，用户能够对 MATLAB 有一个较为直观的印象，在后面的章节中将详细介绍 MATLAB 的基础知识和基本操作方法。

第2章

基本运算及程序设计

MATLAB 是一门计算语言，矩阵是它进行数据处理和运算的基本元素。在 MATLAB 中，包括一系列基本的矩阵运算及其扩展运算。

MATLAB 中的符号数学工具箱可用于实现符号运算，该工具箱不是基于矩阵的数值分析，而是使用字符串来进行符号分析与运算。在 MATLAB 中，除了可以在命令行窗口中逐个输入命令来执行外，也可以与其他程序设计语言一样采用编程方式来实现程序的执行。

学习目标：

⌘ 理解矩阵运算的基本原理及实现步骤。

⌘ 了解关系运算、逻辑运算及变量表达的相关内容。

⌘ 理解 M 文件与 M 函数的相关内容。

⌘ 掌握 MATLAB 程序流程控制语句的相关结构及实现步骤。

2.1 矩阵的创建

在 MATLAB 中，矩阵是进行数据处理和运算的基本元素。矩阵的创建方法主要有：直接输入法、利用 M 文件创建矩阵、利用其他文本编辑器创建矩阵、利用 MATLAB 内置函数创建矩阵。下面将分别介绍这些方法。

2.1.1 直接输入法

从键盘中直接输入矩阵的元素是创建矩阵最简单的方法，即将矩阵的元素用方括号括起来，按矩阵行的顺序分别输入各元素，并且同一行的各元素之间用空格或逗号分隔，不同行的元素之间用分号分隔。

用此方法创建矩阵时需要注意以下规则：

1）矩阵元素必须在"[ ]"内。

2）矩阵的同行元素之间用空格（或","）隔开。

3）矩阵的行与行之间用";"（或回车键）隔开。

【例 2-1】用两种直接输入的方法来创建矩阵。

```
>> A=[13  321  34; 42  51  69; 78  86  91]
A =
    13    321     34
    42     51     69
    78     86     91
```

也可以写成以下格式：

```
>> B=[32    51    64;
      23    56    78;
      99    87    13]
B =
    32    51    64
    23    56    78
    99    87    13
```

2.1.2　利用 M 文件创建矩阵

在 MATLAB 中，可以利用系统自带的文本编辑器专门创建一个 M 文件。
启动有关编辑程序或 MATLAB 文本编辑器，并输入待创建的矩阵，例如：

```
A=[13 21 56; 42 5 80; 7 76 91]
```

把输入的内容以纯文本方式存盘，设文件名为 mymatrix.m：

```
>> mymatrix
A =
    13    21    56
    42     5    80
     7    76    91
```

运行该 M 文件，就会自动创建一个名为 A 的矩阵。

2.1.3　利用其他文本编辑器创建矩阵

在 MATLAB 中，也可以利用其他文本编辑器来创建矩阵。例如，编辑以下文本文件：

```
16.0    3.0     2.0    9.0
 5.0   10.0    11.0    8
 9.0    6.0     7.0   12.0
 4.0   15.0    14.0    1.0
```

将该文本载入 dat 或 txt 等格式的文件中，如果需要该文件就可以在命令行窗口中输入"load mymatrix.dat"或"load mymatrix.txt"。

【例 2-2】读取矩阵文件 trees.tif。

```
clear all;
load trees
```

```
image(X)
```

运行结果如图 2-1 所示。

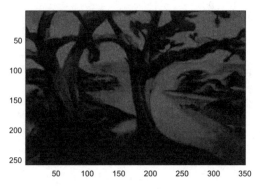

图 2-1　矩阵文件图像

2.1.4　利用 MATLAB 内置函数创建矩阵

在 MATLAB 中，系统内置的可以用于创建矩阵的特殊函数见表 2-1。利用这些函数，可以很方便地得到想要的特殊矩阵。

表2-1　系统内置的创建矩阵的特殊函数

函 数 名	功能介绍
ones()	产生元素全为 1 的矩阵
zeros()	产生元素全为 0 的矩阵
eye()	产生单位矩阵
rand()	产生元素在(0,1)内均匀分布的随机矩阵
randn()	产生均值为 0、方差为 1 的标准正态分布随机矩阵
compan	伴随矩阵
gallery	检验矩阵
hadamard	Hadamard 矩阵
hankel	Hankel 矩阵
hilb	Hilbert 矩阵
invhilb	逆 Hilbert 矩阵
magic	魔方矩阵
pascal	Pascal 矩阵
rosser	Rosser 矩阵
toeplitz	Toeplitz 矩阵
vander	Vander 矩阵
wilknsion	Wiknsion 特征值检验矩阵

【例 2-3】利用几种系统内置的特殊函数创建矩阵。

```
>> Z = zeros(5,4)          % 产生元素全为 0 的 5×4 矩阵
Z =
     0     0     0     0
     0     0     0     0
```

```
      0     0     0     0
      0     0     0     0
      0     0     0     0
>> Z = ones (5,4)              % 产生元素全为 1 的 5×4 矩阵
Z =
      1     1     1     1
      1     1     1     1
      1     1     1     1
      1     1     1     1
      1     1     1     1
>> Z = eye (5,4)               % 产生 5×4 的单位矩阵
Z =
      1     0     0     0
      0     1     0     0
      0     0     1     0
      0     0     0     1
      0     0     0     0
>> rand (5,4)                  % 产生 5×4 的元素在(0,1)内均匀分布的随机矩阵
ans =
    0.9718    0.4405    0.6101    0.9591
    0.5848    0.4660    0.1957    0.3656
    0.3299    0.5574    0.5824    0.1493
    0.9406    0.1035    0.8690    0.2012
    0.4982    0.5989    0.3802    0.6082

>> randn(5,4)                  % 产生 5×4 的均值为 0、方差为 1 的标准正态分布随机矩阵
ans =
    0.7060    0.8235    0.4387    0.4898
    0.0318    0.6948    0.3816    0.4456
    0.2769    0.3171    0.7655    0.6463
    0.0462    0.9502    0.7952    0.7094
    0.0971    0.0344    0.1869    0.7547

>> hilb(3)                     % 产生三维的 Hilbert 矩阵
ans =
    1.0000    0.5000    0.3333
    0.5000    0.3333    0.2500
    0.3333    0.2500    0.2000
>> Z = magic(3)                % 产生 3 阶的魔方矩阵
Z =
      8     1     6
      3     5     7
      4     9     2
```

2.2　矩阵的拼接

　　两个或者两个以上的矩阵按一定的方向进行连接，生成新的矩阵就是矩阵的拼接。矩阵的拼接是一种创建矩阵的特殊方法，区别在于基础元素是原始矩阵，目标是新的合并矩阵。

2.2.1 基本拼接

矩阵的拼接有按照水平方向拼接和按照垂直方向拼接两种。例如，对矩阵 *A* 和 *B* 分别按这两种方式进行拼接，拼接表达式如下：

- 水平方向拼接：C=[A B]或 C=[A,B]。
- 垂直方向拼接：C=[A;B]。

【例 2-4】分别将 3 阶魔方矩阵和 3 阶单位矩阵在水平方向、垂直方向上拼接成为一个新的矩阵。

```
clear all;
c= magic(3)          % 3 阶魔方矩阵
d = eye (3)          % 3 阶单位矩阵
E =[c,d]             % 水平方向拼接
F =[c;d]             % 垂直方向拼接
```

运行结果如下：

```
c =
    8    1    6
    3    5    7
    4    9    2
d =
    1    0    0
    0    1    0
    0    0    1
E =
    8    1    6    1    0    0
    3    5    7    0    1    0
    4    9    2    0    0    1
F =
    8    1    6
    3    5    7
    4    9    2
    1    0    0
    0    1    0
    0    0    1
```

2.2.2 拼接函数

在 MATLAB 中，除了使用矩阵拼接符 "[]" 拼接矩阵外，还可以使用矩阵拼接函数来拼接矩阵，具体的函数和功能如表 2-2 所示。

表2-2 MATLAB中的矩阵拼接函数

函 数 名	功能介绍
cat	指定维数拼接矩阵
horzcat	水平拼接
vertcat	垂直拼接
repmat	通过对现有矩阵执行复制和粘贴操作拼接成新矩阵
blkdiag	通过现有矩阵构造一个分块对角矩阵

【例 2-5】利用 cat 函数在不同方向上拼接矩阵。

```
clear all;
A1=[1 2;3 4]
A2=[5 6;7 8]
C1=cat(1,A1,A2)          % 垂直拼接
C2=cat(2,A1,A2)          % 水平拼接
C3=cat(3,A1,A2)          % 三维数组
```

运行结果如下：

```
A1 =
     1     2
     3     4
A2 =
     5     6
     7     8
C1 =
     1     2
     3     4
     5     6
     7     8
C2 =
     1     2     5     6
     3     4     7     8
C3(:,:,1) =
     1     2
     3     4
C3(:,:,2) =
     5     6
     7     8
```

2.3　矩阵的寻访

在 MATLAB 中，矩阵的寻访主要有下标寻访、单元素寻访和多元素寻访，下面将分别进行介绍。

2.3.1　下标寻访

在 MATLAB 中，矩阵中元素的下标表示方式与数学中矩阵元素的下标表示方式相同，都是使用行和列的"双下标"（Row-Column Index）来表示，矩阵中的每个元素都有对应的"第几行，第几列"作为下标。这种表示方法简单直观，几何概念也清晰明了。

【例 2-6】利用下标来寻访矩阵元素。

```
a=[1 2 3;4 5 6;7 8 9]
a(1,1)
a(2,2)
```

```
a(3,3)
```

运行结果如下：

```
a =
     1     2     3
     4     5     6
     7     8     9
ans =
     1
ans =
     5
ans =
     9
```

2.3.2 单元素寻访

在 MATLAB 中，必须指定两个参数，即待寻访元素所在的行数和列数，才能访问矩阵中的单个元素。例如，访问矩阵 *M* 中的任何一个单元素：

```
M=(row,column)  %row 和 column 分别代表元素所在的行号和列号
```

【例 2-7】对矩阵 *M* 进行单元素寻访。

```
M=randn(3)
x= M (1,2)
y= M (2,3)
z= M (3,3)
```

运行结果如下：

```
M =
   -0.8637   -1.1135   -0.7697
    0.0774   -0.0068    0.3714
   -1.2141    1.5326   -0.2256
x =
   -1.1135
y =
    0.3714
z =
   -0.2256
```

2.3.3 多元素寻访

矩阵的多元素寻访包括：寻访矩阵的某一行或某一列的若干元素，访问矩阵的整行、整列元素，访问矩阵的若干行或若干列的元素，访问矩阵的所有元素等。例如：

```
M(1:k,n)      % 表示矩阵 M 中第 n 列的第 1~k 行的元素，冒号表示矩阵中的多个元素
N(m,:)        % 表示矩阵 N 中第 m 行的所有元素
```

【例 2-8】对矩阵 *M* 进行多元素寻访。

```
M=randn(4)
M(1,:)                    % 访问第 1 行的所有元素
```

```
M(1:3,:)                 % 访问第 1~3 行的所有元素
M(:,2)                   % 访问第 2 列的所有元素
M(:)                     % 访问所有元素
```

运行结果如下：

```
M =
    1.1174    1.1006   -0.7423    0.7481
   -1.0891    1.5442   -1.0616   -0.1924
    0.0326    0.0859    2.3505    0.8886
    0.5525   -1.4916   -0.6156   -0.7648
ans =
    1.1174    1.1006   -0.7423    0.7481
ans =
    1.1174    1.1006   -0.7423    0.7481
   -1.0891    1.5442   -1.0616   -0.1924
    0.0326    0.0859    2.3505    0.8886
ans =
    1.1006
    1.5442
    0.0859
   -1.4916
ans =
    1.1174
   -1.0891
    0.0326
    0.5525
    1.1006
    1.5442
    0.0859
   -1.4916
   -0.7423
   -1.0616
    2.3505
   -0.6156
    0.7481
   -0.1924
    0.8886
   -0.7648
```

2.4　矩阵的运算

在 MATLAB 中，矩阵的运算包括＋（加）、－（减）、*（乘）、/（右除）、\（左除）、^（乘方）等。

2.4.1　矩阵的加减法

假定有两个矩阵 A 和 B，若矩阵 A 和 B 的维数相同，则可以执行矩阵的加减运算，即 A

和 *B* 的相应元素相加减。在 MATLAB 中，由 A+B 和 A-B 实现矩阵的加减运算。

【例 2-9】对矩阵 *A* 和 *B* 进行加减运算。

```
A=[5 4 6; 8 9 7; 3 6 4]
B=[9 1 7; 5 6 6; 5 6 8]
C=A+B
D=A-B
```

运行结果如下：

```
A =
    5    4    6
    8    9    7
    3    6    4
B =
    9    1    7
    5    6    6
    5    6    8
C =
   14    5   13
   13   15   13
    8   12   12
D =
   -4    3   -1
    3    3    1
   -2    0   -4
```

如果 *A* 与 *B* 的维数不相同，则 MATLAB 将返回错误信息，例如提示用户参加运算的两个矩阵的维数不匹配。

```
A=[5 4 6; 8 9 7; 3 6 4]
B=[9 1 7; 5 6 6; 5 6 8; 7 9 8]
C=A+B
D=A-B
```

运行结果如下：

```
A =
    5    4    6
    8    9    7
    3    6    4
B =
    9    1    7
    5    6    6
    5    6    8
    7    9    8
矩阵维度必须一致。
```

2.4.2 矩阵的乘法

假定有两个矩阵 *A* 和 *B*，若 *A* 为 $m \times n$ 矩阵，*B* 为 $n \times p$ 矩阵，则可以进行矩阵的乘法运算，结果为 $m \times p$ 矩阵。矩阵乘法需要被乘矩阵的列数与乘矩阵的行数相等。在 MATLAB 中，可用 C=A*B 实现矩阵的乘法。

【例 2-10】两个矩阵相乘。

```
A=[5 4 6; 8 9 7; 3 6 4]
B=[9 1 7 1; 5 6 6 2; 5 6 8 3]
C=A*B
```

运行结果如下：

```
A =
     5     4     6
     8     9     7
     3     6     4
B =
     9     1     7     1
     5     6     6     2
     5     6     8     3
C =
    95    65   107    31
   152   104   166    47
    77    63    89    27
```

当矩阵相乘不满足被乘矩阵的列数与乘矩阵的行数相等时，MATLAB 将给出错误信息，提示用户两个矩阵的维数不匹配。例如：

```
A=[5 6; 8 7; 3 4]
B=[9 1 7 1; 5 6 6 2; 5 6 8 3]
C=A*B
```

运行结果如下：

```
A =
     5     6
     8     7
     3     4
B =
     9     1     7     1
     5     6     6     2
     5     6     8     3
```

错误使用　*
用于矩阵乘法的维度不正确。请检查并确保第一个矩阵中的列数与第二个矩阵中的行数匹配。要执行按元素相乘，请使用 '.*'。

2.4.3　矩阵的除法

矩阵除法运算有 \ 和 / 两种，分别表示左除和右除。在 MATLAB 中，A\B 等效于 A 的逆左乘 B 矩阵，而 B/A 等效于 A 矩阵的逆右乘 B 矩阵。左除和右除表示两种不同的除数矩阵和被除数矩阵的关系。对于矩阵运算，一般 A\B≠B/A。

【例 2-11】两个矩阵相除。

```
clear
```

```
A=[5 4 6; 8 9 7; 3 6 4];
B=[9; 1; 7];
C=A\B
```

运行结果如下：

```
C =
   -4.1538
   -0.1154
    5.0385
```

2.4.4 矩阵的乘方

若 A 为方阵、x 为标量，则一个矩阵的乘方运算可以表示成 A^x。

【例 2-12】求矩阵的乘方。

```
A=[5 4 6; 8 9 7; 3 6 4];
B=A^2
C=A^3
```

运行结果如下：

```
B =
    75    92    82
   133   155   139
    75    90    76
C =
         1357        1620        1422
         2322        2761        2439
         1323        1566        1384
```

若 D 不是方阵，则 MATLAB 将给出错误信息，提示用户矩阵求幂的维度不正确。

```
D= [5 4 6; 8 9 7]
B=D^2
```

运行结果如下：

```
D =
     5     4     6
     8     9     7
错误使用  ^  (line 51)
```
用于对矩阵求幂的维度不正确。请检查并确保矩阵为方阵并且幂为标量。要执行按元素矩阵求幂，请使用 '.^'。

2.4.5 矩阵的行列式

矩阵的行列式是一个数值。在 MATLAB 中，det 函数用于求方阵 A 所对应的行列式的值。

【例 2-13】求矩阵的行列式。

```
A=[5 4 6; 8 9 7; 3 6 4]
det(A)
```

运行结果如下：

```
A =
     5     4     6
     8     9     7
     3     6     4
ans =
    52
```

2.4.6　矩阵的秩

矩阵的线性无关的行数与列数称为矩阵的秩。在 MATLAB 中，rank 函数用于求矩阵的秩。

【例 2-14】求矩阵的秩。

```
A=[5 4 6; 8 9 7; 3 6 4]
rank(A)
```

运行结果如下：

```
A =
     5     4     6
     8     9     7
     3     6     4
ans =
     3
```

2.4.7　矩阵的逆

对于方阵 A，如果存在一个与其同阶的方阵 B，使得 $A \times B = B \times A = I$（$I$ 为单位矩阵），则称 B 为 A 的逆矩阵。当然，A 也是 B 的逆矩阵。

现实中求矩阵的逆是一件非常烦琐的工作，容易出错。而在 MATLAB 中，求矩阵的逆非常容易，调用 inv 函数即可。

【例 2-15】求矩阵的逆。

```
A=[1 2 3; 5 5 6; 7 7 9];
inv(A)
```

运行结果如下：

```
ans =
   -1.0000   -1.0000    1.0000
    1.0000    4.0000   -3.0000
    0.0000   -2.3333    1.6667
```

2.4.8　矩阵的迹

矩阵的迹等于矩阵的特征值之和。在 MATLAB 中，trace 函数用于求矩阵的迹。

【例 2-16】求矩阵的迹。

```
A=[1 2 3; 4 5 6; 7 8 9]
trace(A)
```

运行结果如下：

```
A =
    1    2    3
    4    5    6
    7    8    9
ans =
    2
```

2.4.9 矩阵的范数及其计算函数

在 MATLAB 中，cond 函数用于计算矩阵的范数。该函数的调用方法如下：

```
cond(A,1)            % 表示计算 A 的 1-范数下的条件数
cond(A)/cond(A,2)    % 表示计算 A 的 2-范数下的条件数
cond(A,inf)          % 表示计算 A 的∞-范数下的条件数
```

【例 2-17】求矩阵的范数。

```
A=[5 4 6; 8 9 7; 3 6 4];
X1=cond(A,1)
X2=cond(A)
X3=cond(A,inf)
```

运行结果如下：

```
X1 =
    19
X2 =
   14.9448
X3 =
    24
```

2.4.10 矩阵的特征值与特征向量

在 MATLAB 中，eig 函数用于计算矩阵的特征值和特征向量，该函数的调用方法如下：

```
E=eig(A)            % 表示求矩阵 A 的全部特征值，构成向量 E
[V,D]=eig(A)        % 表示求矩阵 A 的全部特征值，构成对角矩阵 D，并求 A 的特征向量，构成 V 的列向量
[V,D]=eig(A,'nobalance')   % 与第 2 种格式类似，只是第 2 种格式先对 A 作相似变换后再求
                    % 特征值和特征向量，而格式 3 是直接求矩阵 A 的特征值和特征向量
```

【例 2-18】求矩阵的特征值和特征向量。

```
A=rand(3,3)
x1=eig(A)
[V,D]=eig(A)
Y1= V*A
Y2= V*D
```

运行结果如下：

```
A =
   0.1966   0.4733   0.5853
   0.2511   0.3517   0.5497
```

```
      0.6160     0.8308     0.9172
 x1 =
      1.6882
     -0.1323
     -0.0905
 V =
     -0.4430    -0.4013     0.1045
     -0.4109    -0.5888    -0.7978
     -0.7968     0.7016     0.5938
 D =
      1.6882     0          0
      0         -0.1323     0
      0          0         -0.0905
 Y1 =
     -0.1234    -0.2639    -0.3840
     -0.7201    -1.0643    -1.2959
      0.3854     0.3630     0.4641
 Y2 =
     -0.7479     0.0531    -0.0095
     -0.6938     0.0779     0.0722
     -1.3451    -0.0928    -0.0537
```

2.5　关系运算和逻辑运算

MATLAB 提供了关系运算符和逻辑运算符，如表 2-3 和表 2-4 所示，主要用于基于真或假命题的各类 MATLAB 命令的流程和执行次序。

表2-3　关系运算符

符　　号	功　　能
<	小于
<=	小于等于
>	大于
>=	大于等于
==	等于
～=	不等于

表2-4　逻辑运算符

符　　号	功　　能
&	与
|	或
～	非

作为所有关系运算表达式和逻辑运算表达式的输入，MATLAB 把任何非零数值当作真（True），把零当作假（False）。所有关系运算表达式和逻辑运算表达式，对于真输出为 1，对于假输出为 0。

关系运算表达式和逻辑运算表达式的基本语法结构为：

```
logicalvalue=variable1 关系运算符 varialble2;
logicalvalue=logical expression 1 逻辑运算符 logical expression 2
```

MATLAB 关系运算符能用来比较两个具有相同元素个数的数组，或用来比较一个数组和一个标量，例如：

```
A=1:8, B=8-A
tf=A>4
```

运行结果如下：

```
A =
    1    2    3    4    5    6    7    8
B =
    7    6    5    4    3    2    1    0
tf =
  1×8 logical 数组
    0    0    0    0    1    1    1    1
```

注意，"="和"=="意味着两件不同的事："=="表示比较两个变量，当它们相等时返回 1，当它们不相等时返回 0；"="表示将运算的结果赋值给变量。例如：

```
> C=(A==B)
```

运行结果如下：

```
C =
  1×8 logical 数组
    0    0    0    1    0    0    0    0
```

逻辑运算符用于逻辑关系的组合或否定表达式，例如：

```
A=1:9; B=9-A;
tf1=A>4
tf2=~(A>4)
tf3=(A>2)&(A<6)
```

运行结果如下：

```
tf1 =
  1×9 logical 数组
    0    0    0    0    1    1    1    1    1
tf2 =
  1×9 logical 数组
    1    1    1    1    0    0    0    0    0
tf3 =
  1×9 logical 数组
    0    0    1    1    1    0    0    0    0
```

2.6　变量及表达式

在 MATLAB 中，可以直接给变量赋值或用变量进行运算，而不需要事先对变量的类型进行定义（即在变量前要声明变量）。

2.6.1　数值的表示

MATLAB 中的数值采用十进制来表示，可以带小数点或负号。例如，以下数值在 MATLAB 中是合法的：

```
200     -11.1      0.001
```

科学记数法采用字符 e 来表示 10 的幂，例如：

```
9.45e2   1.26e3    -2.1e-5
```

虚数用 i 或者 j 来表示，例如：

```
2i      3ej         -3.14j
```

在采用 IEEE 浮点标准的计算机上，实数的数值范围为 10e-308～10e308。

在 MATLAB 中输入同一数值时，有时会发现在命令行窗口中显示数据的形式有所不同。例如，0.3 有时显示为 0.3，有时显示为 0.300，这是由于数据显示格式的不同造成的。

一般情况下，MATLAB 内部的每一个数据元素都是用双精度数来表示和存储的，数据输出时用户可以用 format 命令来设置或改变数据的输出格式。表 2-5 给出了不同种类的数据显示格式。

表2-5　数据显示格式

格　　式	说　　明
format	短格式（默认的显示格式），只显示 5 位。例如：3.1416
format short	短格式，只显示 5 位。例如：3.1416
format long	长格式，双精度数显示 15 位，单精度数显示 7 位。例如：3.141592653589793
format short e	短格式 e 方式，只显示 5 位。例如：3.1416e+000
format long e	长格式 e 方式。例如：3.141592653589793e+000
format short g	短格式 g 方式（自动选择最佳表示格式），只显示 5 位。例如：3.1416
format long g	长格式 g 方式。例如：3.14159265358979
format compact	压缩格式。变量与数据之间在显示时不留空行
format loose	自由格式。变量与数据之间在显示时留空行
format hex	十六进制格式表示。例如：400921fb54442d18

【例 2-19】下面的例子用不同数据格式显示 pi（圆周率）的值。

```
>> pi
ans =
    3.1416
>> format long
>> pi
```

```
ans =
    3.141592653589793
>> pi
ans =
    3.141592653589793
>> format short e
>> pi
ans =
    3.1416e+00
>> format long g
>>  pi
ans =
    3.14159265358979
>> format hex
>> pi
ans =
    400921fb54442d18
```

2.6.2　变量的表示

在MATLAB中，当遇到某个新变量时，会自动创建这个变量并为之分配适当的存储空间。若变量已存在，则直接使用。例如：

```
>> format short e
>> eps
ans =
    2.2204e-16
>> format short
>> eps=3.3
eps =
    3.3000
>> eps =eps +1
eps =
    4.3000
```

MATLAB 中所有的变量都是用矩阵形式来表示的，即所有的变量都表示为一个矩阵或者一个向量。变量的命名规则如下：

1）变量名区分字母大小写，例如 SIN 与 sin 为两个不同的变量名。

2）变量名的第一个字符必须为英文字母，变量名的长度不能超过 31 个字符。

3）变量名可以包含下划线、数字，但不能包含空格符、标点符号。

注意，MATLAB 的关键字不能作为变量名。用户可以在命令行窗口中输入"iskeyword"来列出这些关键字。

```
>> iskeyword
  20×1 cell 数组
    {'break'    }
    {'case'     }
    {'catch'    }
    {'classdef' }
```

```
{'continue'  }
{'else'      }
{'elseif'    }
{'end'       }
{'for'       }
{'function'  }
{'global'    }
{'if'        }
{'otherwise' }
{'parfor'    }
{'persistent'}
{'return'    }
{'spmd'      }
{'switch'    }
{'try'       }
{'while'     }
```

例如，在命令行窗口中输入"while=1"，系统会出现如下警告信息：

错误: '=' 运算符的使用不正确。要为变量赋值，请使用 '='。要比较值是否相等，请使用 '=='。

表 2-6 为系统自定义的一些特殊变量。

表2-6　系统中的特殊变量

特殊变量	说　明	特殊变量	说　明
ans	默认变量名	bitmax	最大正整数
pi	圆周率	inf	无穷大
realmin	最小的正实浮点数	eps	浮点运算相对精度
realmax	最大的正实浮点数	nan	非数，即结果不能确定

2.7　符号运算

在 MATLAB 中，符号数学工具箱（Symbolic Math Toolbox）用于实现符号运算。和别的工具箱有所不同，该工具箱不是基于矩阵进行数值分析，而是使用字符串来进行符号分析与运算。

2.7.1　创建符号变量

参与符号运算整个过程的是符号变量，在符号运算中出现的数字也按符号变量处理。在 MATLAB 中，sym 和 syms 函数用于创建符号变量。

应先声明符号变量再使用，sym 函数的调用方法如下：

```
sym ('变量名')
```

例如：

```
sym(' y ')
```

syms 函数的调用方法如下：

```
syms  变量名列表              % 每个变量名需用空格分隔，不能用逗号分隔
```

例如：

```
syms x a
```

经上述定义后，x、y、a 已成为符号变量。

MATLAB 中的符号表达式和符号方程是两种不同的操作对象，它们的区别在于：符号表达式不包含等号（=），符号方程必须带等号。例如：

```
A=' sin(x)^2 '              % 表示符号表达式
Bq=' a*x^2+b*x+c=0 '        % 表示符号方程
```

2.7.2 数值矩阵转换为符号矩阵

在 MATLAB 中，必须事先定义符号矩阵才能对矩阵进行符号运算，将数值矩阵转换成符号矩阵的调用格式为：

```
sym(矩阵名)
```

【例 2-20】将数值矩阵 *A* 转换成符号矩阵。

```
>> A=hilb(3)
A =
    1.0000    0.5000    0.3333
    0.5000    0.3333    0.2500
    0.3333    0.2500    0.2000
>> A=sym(A)
A =
[  1 , 1/2, 1/3]
[ 1/2, 1/3, 1/4]
[ 1/3, 1/4, 1/5]
```

2.7.3 符号替换

在 MATLAB 中，subs 函数用于符号变量的替换，适用于单个符号矩阵、符号表达式、符号代数方程和微分方程中的变量替换。该函数的调用方法如下：

```
subs(s, new)        % 用新变量 new 替换 s 中的默认变量
subs(s, old, new)   % 用新变量 new 替换 s 中的指定变量 old
```

如果新变量是符号变量，就必须将新变量名以'new'形式给出。

【例 2-21】以符号变量 a 替换表达式 f 中的 x。

```
>> syms x y a
>> syms f(x, y)
>> f(x, y) = x + y;
>> f = subs(f, x, a)
f(x, y) =
   a + y
```

2.7.4　常用的符号运算

符号变量和数字变量之间可以转换，也可以用数字代替符号得到数值。符号运算的种类很多，限于篇幅，下面仅对常用的符号运算进行介绍，其他符号运算大同小异。

1. diff 函数

在 MATLAB 中，diff 函数是用于求微分的符号函数。该函数的调用方法如下：

```
diff(f)              % 对符号表达式 f 进行微分运算
diff(f,a)            % f 对指定变量 a 进行微分运算
diff(f,a,n)          % 计算 f 对默认变量或指定变量 a 的 n 阶导数，n 是正整数
```

【例 2-22】对符号进行微分运算。

```
syms x n             % 定义符号变量 x 和 n
f=x^n;               % 定义符号表达式 f
diff(f,x)            % 符号表达式 f 对 x 求导
diff(f,n)            % 注意，是 f 对符号变量 n 求导
df2=diff(f,x,2)      % 计算 f 对符号变量 x 的二阶导数
```

运行结果如下：

```
ans =
  n*x^(n - 1)
ans =
  x^n*log(x)
df2 =
  n*x^(n - 2)*(n - 1)
```

2. int 函数

在 MATLAB 中，int 函数是用于求积分的符号函数。该函数的调用方法如下：

```
int(f)                % 对于符号变量 f 代表的符号表达式，求 f 关于默认变量的不定积分
int(f,v)              % 计算 f 关于变量 v 的不定积分
int(f,a,b)或int(f,v,a,b)     % 计算 f 关于默认变量或指定变量 v 从 a 到 b 的定积分
```

【例 2-23】对于函数 $s(x,y) = xe^{-xy}$，先求 s 关于 x 的不定积分，再求所得结果关于 y 的不定积分。

```
syms x y
s=x*exp(-x*y);
f=int(int(s),y)
```

运行结果如下：

```
f =exp(-x*y)/y
```

3. simplify 函数

在 MATLAB 中，simplify 函数用于包含和式、根式、分数、乘方、指数、对数、三角函数等的表达式化简。

4. solve 函数

在 MATLAB 中，solve 函数用于解代数方程组。该函数的调用方法如下：

```
solve(S1,S2)
```

其中，S1 和 S2 是方程的符号表达式。例如，求解方程组 $\begin{cases} x^2 y^2 = 0 \\ x - \dfrac{y}{2} = a \end{cases}$。

```
syms x y alpha
[x,y] = solve(x^2*y^2==0,x-y/2-alpha==0)
```

运行后将返回符号变量 x、y 的解，返回的解即使是数字量也仍然是符号变量。

```
x =
  alpha
     0
y =
      0
  -2*alpha
```

5. limit 函数

在 MATLAB 中，limit 是用于求极限的符号函数。该函数的调用方法如下：

```
limit (F,x,a)     % 取符号表达式 F 在 x 趋于 a 时的极限
limit (F,a)       % 按前面的规定自动搜索 F 中的符号变量，求其趋于 a 时 F 的极限
limit (F)         % 指定 a = 0 为极限点
limit (F,x,a,'right')或limit (F,x,a,'left')   % 规定 x 趋于 a 的方向，即用于取
                                              % 左极限或右极限
```

6. dsolve 函数

在 MATLAB 中，dsolve 函数既可以解符号微分方程，也可以解普通微分方程。用符号 D 表示微分，D2，D3，…，Dn 分别表示 2 阶，3 阶，…，n 阶微分。如不加声明，则默认符号变量为 t。D2y 代表 $\dfrac{d^2 y}{dt^2}$，Dy 代表 $\dfrac{dy}{dt}$。在解微分方程时，D 不用作符号变量。如果还有初始条件，则需进行另外的说明。

【例 2-24】利用 dsolve 函数解微分方程。

```
>> y = dsolve('Dy=1+y^2','y(0)=1')        %符号变量 y 对默认变量 t 的一阶方程
y =
tan(t + pi/4)
```

2.8　M 文件与 M 函数

MATLAB 输入命令的常用方式有两种：一种是直接在 MATLAB 的命令行窗口中逐条输入命令；另一种是采用包含命令集合的 M 文件。当命令行很简单时，使用逐条输入方式还是比较方便的；当命令行很多时，建议采用 M 文件工作方式。

M 文件工作方式指的是将要执行的命令全部编写在一个文本文件中，这样既能使程序的执行显得简洁明了，又便于对程序进行修改与维护。M 文件直接采用 MATLAB 命令编写，就像在 MATLAB 的命令行窗口中直接输入命令一样，调试起来也十分方便，并且增强了程序的交互性。

M 文件与其他文本文件一样，可以在任何文本编辑器中编辑、存储、修改和读取。

利用 M 文件还可以根据自己的需要编写一些函数，这些函数也可以像调用 MATLAB 提供的函数一样进行调用。从某种意义上说，这也是对 MATLAB 的二次开发。

M 文件有两种形式：一种是命令方式（或称脚本方式）；另一种是函数文件形式。这两种形式的文件的扩展名均是.m。

2.8.1 M 文件

当输入的命令较多或要重复输入命令时，使用命令文件就方便多了。将所有要执行的命令按顺序放到一个扩展名为.m 的文本文件（即 M 文件）中，每次运行时只需在 MATLAB 的命令行窗口中输入 M 文件的文件名即可。下面介绍一下 MATLAB 中 M 文件的命名规则：

1）文件名的命名要使用英文字母、数字或部分半角字符，且第一个字符不能是数字。

2）文件名不要与 MATLAB 的内置函数同名，M 文件的命名尽量不要采用简单的英文单词，最好由英文大小写字母、数字、下划线等组成。这是因为用简单的单词命名容易与 MATLAB 内置函数重名或冲突，从而导致出现一些莫名其妙的错误。

3）文件的存储路径一定要用英文。

4）M 文件的命名不能用两个分开的单词，如 three phase，而应该写成 three_phase 或者 ThreePhase。

需要注意的是，M 文件最好直接放在 MATLAB 的默认搜索路径下（一般是在 MATLAB 安装目录的子目录 work 中），这样就不用设置 M 文件的路径了，否则应当用路径操作指令 path 重新设置路径。另外，M 文件也不应该与 MATLAB 工具箱中的函数重名，以免执行命令时出错。

MATLAB 执行 M 文件等价于在命令行窗口中按序执行 M 文件中的所有指令。M 文件可以访问 MATLAB 工作区内的任何变量及数据。

M 文件执行过程中产生的所有变量等价于在 MATLAB 工作区中创建这些变量。因此，任何其他的 M 文件和函数都可以自由地访问这些变量。这些变量一旦产生就一直保存在内存中，只有对它们重新赋值，它们的原有值才会改变。关机后，这些变量也就全部消失了。

另外，在命令行窗口中运行 clear 命令，也可以把这些变量从工作区中删去。当然，在 MATLAB 的工作区窗口中也可以通过鼠标删除不再使用的变量。

接下来，编写一个名为 test.m 的命令文件，用来计算 1 到 100 的和，并把它放到变量 s 中。

1）在 MATLAB 中单击"主页"选项卡→"文件"面板→"新建脚本"按钮，会出现编辑器，如图 2-2 所示。

图 2-2　创建新的 M 文件

2）在编辑器中输入相应的代码，如图 2-3 所示。

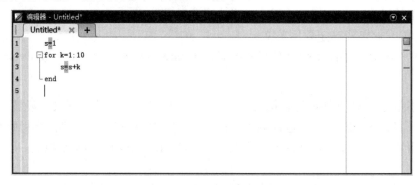

图 2-3　在编辑器中输入代码

3）单击"编辑器"选项卡→"文件"面板→"保存"按钮，会弹出一个保存文件的对话框，将文件名中的 Untitled.m 改成 test，再单击"保存"按钮。

4）回到 MATLAB 的主界面，在命令行窗口中输入 test 命令，执行结果如下所示：

```
>>test
s =
    0
s =
    1
s =
    3
s =
    6
s =
    10
```

```
s =
    15
s =
    21
s =
    28
s =
    36
s =
    45
s =
    55
```

2.8.2 M 函数

M 函数是一个特殊的 M 文件，其常见格式如下：

```
function：表示返问变量列表＝函数名(输入变量列表)
```

需要说明的是，这里输入变量的个数以及输出变量的个数分别是由 MATLAB 本身提供的两个保留变量 nargin 和 nargout 给出的，它们分别是 nuMber of function input arguments 和 nuMber of function output arguments 的缩写形式。

输入变量要用逗号隔开，输出变量多于 1 个时，要用方括号括起来。用户可以借助 help 命令显示注释说明。通过这样的方法就可以创建函数文件（或者称 M 函数），其调用方法与以往的 MATLAB 函数的调用方法相同。

函数文件相当于对 MATLAB 进行了二次开发，其作用与其他高级程序设计语言中子函数的作用基本相同，都是为了实现特定目的而由用户自己编写的子函数。

函数文件与命令文件有着鲜明的区别，包括：

1）函数文件的第一行必须包含 function 字符，而命令文件无此要求。

2）函数文件的第一行必须指定函数名、输入参数及输出参数，而命令文件无此要求。

3）一个函数文件可以含 0 个、1 个或多个输入参数和返回值（即输出参数）。

4）函数文件要在文件的开头定义函数名，如 function [y1,y2]=func(x,a,b,c)，则该函数文件必须命名为 func.M，而命令文件无此要求。

5）命令文件的变量在文件执行结束以后仍然保存在内存中而不会丢失，而函数文件的变量仅在函数运行期间有效（除非用 global 关键字把变量声明为全局变量，否则函数文件中的变量均为局部变量），当函数运行完毕后，这些局部变量也就消失了。

需要说明的是，调用函数时所用的输入和输出变量名并不要求与编写函数文件时所用的输入和输出变量名相同。

【例 2-25】函数文件的创建以及函数的调用。

1）和 M 文件一样，在 MATLAB 中单击"主页"选项卡→"文件"面板→"新建脚本"按钮，弹出编辑器。

2）在编辑器中输入如下代码：

```
function y=func(x)
```

```
if abs(x)<1
    y=sqrt(1-x^2);
else
    y=x^2-1;
end
```

此段代码对应于分段函数 $y = \begin{cases} \sqrt{1-x^2} & |x|<1 \\ x^2-1 & |x|\geqslant 1 \end{cases}$ ，如图 2-4 所示。

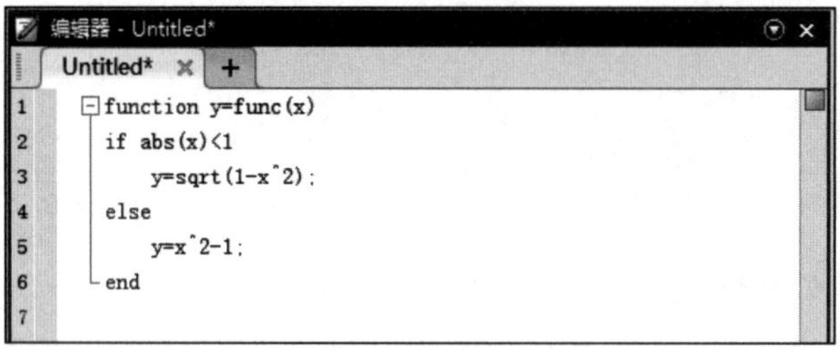

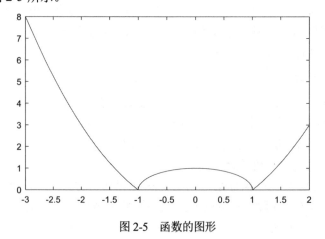

图 2-4　输入代码

3）单击"编辑器"选项卡→"文件"面板→"保存"按钮，会弹出一个保存文件的对话框。注意，不要修改文件名，直接单击"保存"按钮即可。

4）在 MATLAB 的命令行窗口中输入如下命令：

```
fplot(@(x)func(x),[-3,2])
```

运行结果如图 2-5 所示。

图 2-5　函数的图形

2.9　MATLAB 程序设计

MATLAB 提供了很多程序流程控制语句，包括数据的输入与输出、顺序结构、判断语句、分支语句、循环语句等。

2.9.1　数据的输入与输出

MATLAB 中提供的用于数据输入与输出的函数分别为 input 函数和 disp 函数。

1. 数据的输入

在 MATLAB 中，input 函数用于实现数据的输入，该函数的调用格式为：

```
A=input (提示信息,选项);
```

其中，"提示信息"是一个字符串，用于提示用户输入什么样的数据。

```
A=input('A=')
```

如果在 input 函数调用时采用's'选项，则允许用户输入一个字符串。例如，想输入一个人的姓名，可采用如下命令：

```
question = input ('What''s your name?', 's')
```

2. 数据的输出

在 MATLAB 中，disp 函数用于实现数据的输出，该函数的调用格式为：

```
disp(输出项)
```

其中，"输出项"既可以为字符串，也可以为矩阵。

当用 disp 函数显示矩阵时，将不显示矩阵的名字，而且其格式更紧密，不留任何没有意义的空行。

【例 2-26】求一元二次方程 $ax^2+bx+c=0$ 的根。

```
a=input('a=');
b=input('b=');
c=input('c=');
d=b*b-4*a*c;
x=[(-b+sqrt(d))/(2*a), (-b-sqrt(d))/(2*a)]
disp(['x1=',num2str(x(1)),',x2=',num2str(x(2))]);
```

2.9.2　顺序结构

顺序结构是最简单的程序结构，系统在编译程序时按照程序的物理位置顺序执行。这种程序的优点是容易编制，缺点是结构单一，能够实现的功能有限。例如：

```
r=1;
h=1;
s=2*r*pi*h + 2*pi*r^2;
v=pi*r^2*h;
disp('The surface area of the colume is:'),disp(s);
disp('The volume of the colume is:'),disp(v);
```

运行结果如下：

```
The surface area of the colume is:
   12.5664
The volume of the colume is:
   3.1416
```

2.9.3 判断语句

在 MATLAB 中，判断语句可以使程序中的一段代码只在满足一定条件时才执行。if 与 else 或 elseif 连用，偏向于是非选择，当某个逻辑条件满足时执行 if 后的语句，否则执行 else 语句。

1. if…end 结构

当程序只有一条判断语句时，可以选择 if…end 结构，此时程序结构为：

```
if 表达式
    执行程序块
end
```

只有一条判断语句，其中的表达式为逻辑表达式，当表达式为真时，执行相应的语句，否则直接跳到下一段语句。语句中的 end 是必不可少的，没有它，在逻辑表达式为 0 时就找不到继续执行程序的入口。

【例 2-27】判断输入的两个参数 a 和 b 是否都大于 0，是则返回 "a 和 b 都大于 0"，否则不返回，程序最后返回 "否"。

```
a=input('a=');
b=input('b=');
if a > 0 & b>0
   disp(' a 和 b 都大于 0');
end
disp('否');
```

2. if…else…end 结构

当程序有两个选择时，可以选择 if…else…end 结构，此时程序结构为：

```
if 表达式
    执行程序块 1
else
    执行程序块 2
end
```

当判断表达式为真时，执行程序块 1，否则执行程序块 2。

【例 2-28】判断输入的两个参数 a 和 b 是否都大于 0，是则返回 "a 和 b 都大于 0"，如果不全大于 0，则显示 "a 和 b 不全都大于 0"。

```
a=input('a=');
b=input('b=');
if a > 0 & b>0
   disp('a 和 b 都大于 0');
else
   disp('a 和 b 不全都大于 0');
end
```

【例 2-29】计算分段函数的值。

```
x=input('请输入 x 的值:');
if x<=0
```

```
    y= (x+sqrt(pi))/exp(3);
else
    y=log(x+sqrt(1+x*x))/3;
end
```

3. if…elseif…else…end 结构

当程序有多个选择时，可以采用 if…elseif…else…end 结构，此时程序结构为：

```
if 表达式 1
    执行程序块 1
elseif 表达式 2
    执行程序块 2
elseif ...
...
...
else
    执行程序块
end
```

其中可以包含任意多条 elseif 语句。

【例 2-30】判断输入的学生成绩所属的等级：60 分以下为不合格，60~70 分为中等，70~89 分为良好，90 分以上为优秀。

```
n=input('input the score:')
if  n>=0 &  n<60
    A='不合格'
elseif n>=60 & n<70
    A='中等'
elseif n>=70 & n<89
    A='良好'
elseif n>=90 &n<100
    A='优秀'
else
    A='输入错误'
end
```

2.9.4　分支语句

MATLAB 还提供了一种多选择语句——分支语句。分支语句的结构为：

```
switch 分支语句
  case  条件语句
    执行程序块
  case {条件语句 1, 条件语句 2, 条件语句 3,…}
    执行程序块
  otherwise
    执行程序块
end
```

其中，分支语句为一个变量（数值或者字符串变量），如果该变量的值与某一条件相符，则执行相应的语句，否则执行 otherwise 后面的语句。在每一个条件中，既可以包含一个条件语句，也可以包含多个条件语句，当包含多个条件时，将条件以单元数组的形式表示。

【例 2-31】任意底对数的实现。

```
A=input('底');
B=input('对数值');
switch a
      case exp(1)
          y = log(B);
      case 2
          y = log2(B);
      case 10
          y = log10(B);
      otherwise
          y = log(B)/log(A);
end
```

【例 2-32】某商场对顾客所购买的商品实行打折销售，标准为：小于 200 元，没有折扣；200~499 元，折扣为 5%；500~999 元，折扣为 8%；1000~2499 元，折扣为 15%；2500~4999 元，折扣为 20%；大于等于 5000 元，折扣为 25%。输入所售商品的价格，求其实际销售价格。

```
p=input('输入商品价格');
switch fix(p/100)
   case {0,1}                  % 小于 200
      r=0;
   case {2,3,4}                % 200~499
      r=5/100;
   case num2cell(5:9)          % 500~999
      r=8/100;
   case num2cell(10:24)        % 1000~2499
      r=15/100;
   case num2cell(25:49)        % 2500~4999
      r=20/100;
   otherwise                   % 大于等于 5000
      r=25/100;
end
p=p*(1-r)                      % 输出商品实际销售价格
```

2.9.5　循环语句

1. for 循环语句

在 MATLAB 中，for 语句调用的基本格式如下：

```
for  index=初值：增量：终值
   语句组 A
end
```

其中，A 为循环体。

此语句表示反复执行 N 次语句组 A。循环次数 N（需要预先指定）为：$N=1+$（终值-初值）÷增量。在每次执行时程序中的 index 值按"增量"增加。

【例 2-33】用循环求解 1+2+⋯+99+100。

```
>s=0;
```

```
for   k=1:100
      s=s+k;
end
```

【例 2-34】计算 $\sum\limits_{k=1}^{100} \dfrac{1}{2^{k+2}}$ 。

```
s=0;
for  k=1:100
   s=s+1/2^(k+2);
end
```

2. for 语句的嵌套

for 语句的嵌套也称为循环的嵌套（或称为多重循环结构），是指一个循环结构的循环体又包括一个循环结构。

【例 2-35】创建一个 100 阶的数组，数组中的每一个元素 $A(k,n)$ 满足 $A(k,n)=1/(k+n-1)$。

```
for   k=1:100
    for  n=1:100
       A(k, n)=1/(k+n-1);
    end
end
```

3. while 循环语句

在 MATLAB 中，while 语句用于将相同的程序块执行多次（次数不需要预先指定），当条件表达式为真时，执行程序块，直到条件表达式为假。while 语句的结构为：

```
while 表达式
    执行程序块
end
```

【例 2-36】用循环求解最小的 m，使其满足 $\sum\limits_{i=1}^{m} i > 100$。

```
s=0;
m=0;
while (s<=100)
    m=m+1;
    s=s+m;
end
```

2.10　本章小结

本章首先介绍了最基本、最具代表性的矩阵运算，然后简单地介绍了关系运算和逻辑运算、变量及表达式、符号运算、M 文件与 M 函数，最后介绍了 MATLAB 程序设计，以便为读者在后续章节学习图像处理编程打下基础。

第 **3** 章

图形绘制

MATLAB 不但擅长矩阵的数值运算，而且是一个强大的绘图工具。它的绘图功能很强，不仅可以绘制二维、三维图形，还可以绘制专业图像，如直方图、饼图等。由于 MATLAB 采用面向对象的技术和丰富的矩阵运算，因此在图形绘制方面既方便又高效。本章将介绍绘制二维图形和三维图形的几种常用方法。

学习目标：

⌘ 理解二维图形和三维图形绘制的基本原理、实现步骤。

⌘ 了解特殊图形的绘制。

3.1 二维绘图

MATLAB 语言是二维绘图的好工具，利用它既能简易地写出表达式，又能绘制相关曲线，非常方便实用。

在 MATLAB 中，通用的图形函数主要有 figure、subplot、hold、axis 以及 close，下面将分别对这些函数进行介绍。

1. figure 函数

figure 函数用于创建一个新的图形对象。图形对象为在屏幕上出现的单独窗口，在窗口中可以输出图形。该函数的用法为：

```
figure  % 用默认的属性值创建一个新的图形对象
```

2. subplot 函数

subplot 函数用于生成与控制多个坐标轴，把当前图形窗口分隔成几个矩形部分，不同的部分按行方向以数字进行标号。每一部分有一个坐标轴，后面的图形输出于当前的部分中。该函数的用法为：

```
subplot(m,n,p)  % 将一个图形窗口分成 m×n 个小窗口，在第 p 个小窗口中创建一个坐标轴
```

【例 3-1】调用 subplot 函数将多项式函数对应的图形绘制在不同坐标系下。

```
x=-3:0.1:1;
y=x.^2+2*x+3;
subplot(121),
plot(x,y)
subplot(122),
plot(y,x)
```

运行结果如图 3-1 所示。

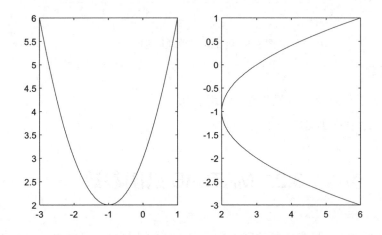

图 3-1　将多项式函数对应的图形绘制在不同坐标系下

3. hold 函数

hold 函数用于保留当前图形窗口中的图形或当前坐标轴的属性。它决定是只能在当前坐标轴中增加新的图形对象还是可以覆盖原有图形对象。

- hold on: 保留当前图形与当前坐标轴的属性值，后续的图形命令只能在当前的坐标轴中增加图形。当新图形的数据范围超出了当前坐标轴的范围时，会自动改变坐标轴的范围，以适应新图形。
- hold off: 在绘制新图形之前，将坐标轴的属性重置为默认值。

4. axis 函数

axis 函数用于确定坐标轴的刻度范围及显示的外观，用法如下：

```
axis([xmin xmax ymin ymax])      % 设置当前坐标轴的 x 轴与 y 轴的范围
```

【例 3-2】用 axis 函数确定坐标轴的范围。

```
x=linspace(0,2*pi,100);
plot(x,sin(x),'cs',x,cos(x),'g*')
axis([0,6.3,-1.2,1.2])
```

运行结果如图 3-2 所示。

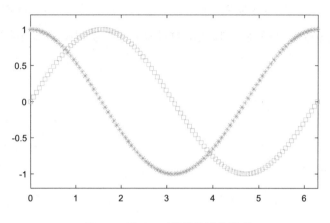

图 3-2　用 axis 函数调整过的图形

5. close 函数

close 函数用于关闭指定的图形窗口，用法如下：

```
close    % 关闭当前的图形窗口
```

3.2　MATLAB 绘图参数

plot 函数是最基本、最常用的绘图函数，用于绘制线型的二维图形。有多条曲线时，使用由坐标轴颜色顺序属性定义的颜色来依次绘制这些曲线，以便用不同颜色来区别不同的曲线；之后再使用由坐标轴线型顺序属性定义的线型具体绘制出不同线型的曲线，以便用不同线型来区别不同的曲线。用 plot 函数作图时，可以通过 4 个参数来选择曲线的类型。

3.2.1　线型

各种线型的定义符和对应的线型如表 3-1 所示。

表3-1　线型

定 义 符	线 型	定 义 符	线 型
-	实线	:	点线
--	虚线	-.	点划线

3.2.2　线条宽度

线条宽度用于指定线条的宽度，取值为整数（单位为像素点），例如：

```
plot( x, y, 'linewidth', 4)
```

3.2.3 颜色

各种颜色定义符及相应的类型如表 3-2 所示。

表3-2 颜色

定 义 符	类 型	定 义 符	类 型
R（red）	红色	m（magenta）	品红
G（green）	绿色	Y（yellow）	黄色
B（blue）	蓝色	K（black）	黑色
C（cyan）	青色	W（white）	白色

3.2.4 标记类型

各种标记类型的定义符及相应的类型如表 3-3 所示。

表3-3 标记类型

定 义 符	类 型	定 义 符	类 型
+	加号	v	下三角形
o（字母）	小圆圈	>	右三角形
*	星号	<	左三角形
.	实点	s	正方形
x	交叉号	h	正六角星
d	菱形	p	正五角星
^	上三角形		

【例 3-3】用 plot 绘制函数 $y=\sin(x)$ 的图形。

```
x=-pi:0.1:pi;
y=sin(x);
plot(x,y)
```

运行结果如图 3-3 所示。

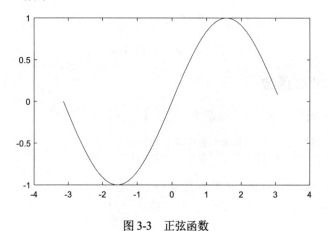

图 3-3 正弦函数

3.3 MATLAB 图形标注与修饰函数

图形绘制以后，需要对图形进行标注、说明等修饰性的处理，使之反映出更多的信息，以增强可读性。

在 MATLAB 中，可利用图形窗口的菜单和工具栏对图形进行标注、修饰等，操作简单。此外，还可以调用 MATLAB 中自带的函数进行图形的修饰。

3.3.1 title 函数

title 函数用于给当前坐标轴加上标题。每个 axes 图形对象可以有一个标题，标题位于 axes 上方的正中央。该函数的用法为：

```
title('string')      % 在当前坐标轴上方的正中央放置字符串 string 作为标题
```

【例 3-4】在当前坐标轴上方的正中央放置字符串"正弦函数"作为标题。

```
x=-pi:0.1:pi;
y=sin(x);
plot(x,y)
title('正弦函数')
```

运行结果如图 3-4 所示。

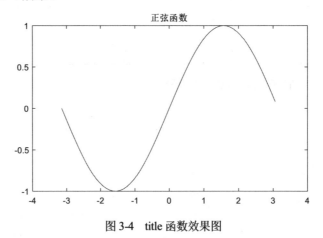

图 3-4　title 函数效果图

3.3.2 xlabel、ylabel 函数

xlabel、ylabel 函数用于给 x、y 轴贴上标签，用法如下：

```
xlabel('string')      % 给当前轴对象中的 x 轴贴标签
ylabel('string')      % 给当前轴对象中的 y 轴贴标签
```

【例 3-5】调用 xlabel、ylabel 函数对图像进行标注。

```
t = linspace(0,1);
y = exp(t);
plot(t,y)
```

```
xlabel('t_{seconds}')
ylabel('e^t')
```

运行结果如图 3-5 所示。

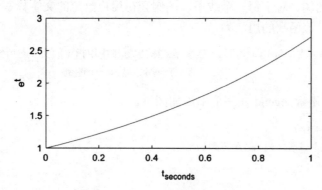

图 3-5 对 x、y 轴及全图加注说明

3.3.3 grid 函数

grid 函数用于给二维或三维图形的坐标面增加分隔线，用法如下：

```
grid on        % 给当前的坐标面增加分隔线
grid off       % 从当前的坐标面去掉分隔线
grid           % 转换分隔线显示与否的状态
```

【例 3-6】给二维正弦函数图形的坐标面增加分隔线。

```
x=-pi:0.1:pi;
y=sin(x);
plot(x,y)
title('正弦函数')
grid on
```

运行结果如图 3-6 所示。

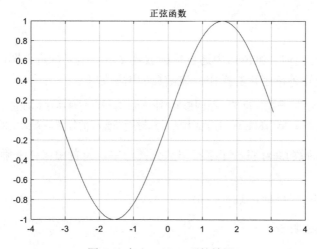

图 3-6 加入 grid on 后的效果

3.3.4 legend 函数

legend 函数用于给图形添加图例。该命令在有多种图形对象类型（线条图、条形图、饼图等）的窗口中显示图例。对于每一个线条，图例会在用户给定的文字标签旁显示线条的线型、标记符号和颜色等。该函数的用法为：

```
legend('string1', 'string2',…) % 在当前坐标轴中用指定的文字对所给数据的
                                % 每一部分显示一个图例
```

【例 3-7】调用函数 legend 在图形中添加图例。

```
x=magic(3);bar(x);
legend('第一列','第二列','第三列');
grid on
```

运行结果如图 3-7 所示。

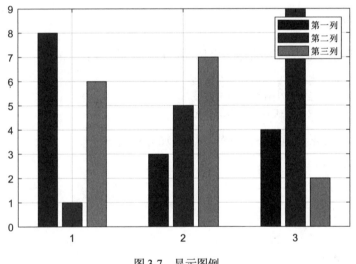

图 3-7　显示图例

3.3.5 gtext 函数

gtext 函数用于在当前二维图形中通过鼠标放置文字。当光标进入图形窗口时，会变成一个大十字，表明系统正等待用户的操作。该函数的用法如下：

```
gtext('string') % 当光标位于一个图形窗口内时，等待用户单击鼠标或按键盘上的任意键。若
                % 单击鼠标或按键盘上的任意键则在光标的位置放置给定的文字"string"
```

【例 3-8】使用函数 gtext 将一个字符串放到图形中，位置由鼠标来确定。

```
plot(peaks(80));
gtext('优美的图形','fontsize',16)
```

运行结果如图 3-8 所示。

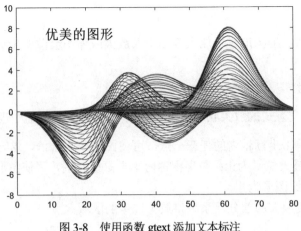

图 3-8 使用函数 gtext 添加文本标注

3.3.6 text 函数

text 函数是创建 text 图形句柄的低级函数，用于在当前轴中创建 text 对象。可用 text 函数在图形中指定的位置显示字符串。该函数的用法如下：

```
text(x,y,'string')      % 在图形中指定的位置(x,y)显示字符串 string
```

【例 3-9】调用函数 text 将文本字符串放置在图形中的指定位置。

```
x=0:pi/100:6;
plot(x,sin(x));
% 放置文本字符串
text(3*pi/4,sin(3*pi/4),'\leftarrowsin(x)=0.707','fontsize',14);
text(pi,sin(pi),'\leftarrowsin(x)=0','fontsize',14);
text(5*pi/4,sin(5*pi/4),'sin(x)=-0.707\rightarrow','horizontal','right','
fontsize',14);
```

运行结果如图 3-9 所示。

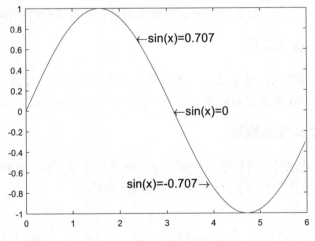

图 3-9 在图形中添加文本标注

3.3.7 zoom 函数

zoom 函数用于对二维图形进行放大或缩小（放大或缩小会改变坐标轴范围）。该函数的用法如下：

```
zoom on        % 打开交互式的放大功能
```

当一个图形处于交互式的放大状态时，可以采用两种方法来放大图形：

1）用鼠标左键单击坐标轴内的任意一点，可使图形放大一倍，这一操作可进行多次，直到达到 MATLAB 的最大显示为止；在坐标轴内单击鼠标右键，可使图形缩小一倍，这一操作可进行多次，直到还原图形为止。

2）用鼠标拖出要放大的部分，系统将放大选定的区域。

3.3.8 num2str、int2str 函数

num2str、int2str 函数分别用于将数字和整数转换为字符串，以便于图形标注。

num2str 函数的用法如下：

```
st=num2str(x)          % 将变量 x 值表示为字符串 st
```

int2str 函数的用法如下：

```
st=int2str(x)          % 将变量 x 的整数部分表示为字符串 st
```

3.4　三维绘图

前面所介绍的二维图形无法反映三维空间的实际情况，在实际工作中有时需要绘出三维图形，三维图形看起来更直观。本节主要介绍 MATLAB 提供的一些三维绘图命令及其使用方法，具体包括：三维绘图的基本流程、三维折线及曲线的绘制、三维图形坐标标记的命令、三维网格曲面的绘制、三维阴影曲面的绘制、三维图形的修饰标注和特殊图形的绘制等。

3.4.1 三维绘图的基本流程

三维绘图的基本流程为：数据准备→图形窗口和绘图区选择→绘图→设置视角→设置颜色表→设置光照效果→设置坐标轴刻度和比例→标注图形→保存、打印或导出。

3.4.2 三维折线及曲线的绘制

绘制二维折线或曲线时，可以使用 plot 命令。与这条命令类似，MATLAB 也提供了一个绘制三维折线或曲线的基本命令 plot3。该命令的格式如下：

```
plot(x1,y1,z1,option1,x2,y2,z2,option2,…)
```

其中，x1、y1、z1 所给出的数据分别为 x_1、y_1、z_1 坐标值，option1 为选项参数，以逐点折线的方式绘制一个三维折线图形；x2、y2、z2 所给出的数据分别为 x_2、y_2、z_2 坐标值，option2

为选项参数，以逐点折线的方式绘制另一个三维折线图形。

plot3 命令的功能及使用方法与 plot 命令的功能及使用方法类似，它们的区别在于前者绘制出的是三维图形。

plot3 命令参数的含义与 plot 命令的参数含义类似，它们的区别在于前者多了一个 z 方向上的参数。同样，各个参数的取值情况及其操作效果也与 plot 命令相同。上面给出的 plot3 命令格式是一种完整的格式，在实际操作中根据各个数据的取值情况可以采用下面简单的书写格式：

```
plot3(x,y,z)
plot3(x,y,z,option)
```

选项参数 option 指明了所绘图中线条的线型、颜色以及各个数据点的表示记号。

plot3 命令用以逐点连线的方法来绘制三维折线，当各个数据点的间距较小时，我们也可以使用它来绘制三维曲线。

【例 3-10】调用 plot3 函数绘制一条三维螺旋线。

```
t=0:pi/50:8*pi;
x=sin(t);
y=cos(t);
z=t;
plot3(x,y,z)
```

运行结果如图 3-10 所示。

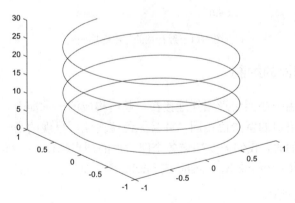

图 3-10　三维螺旋线图

3.4.3　三维图形坐标标记的命令

MATLAB 提供了用于三维图形坐标标记的命令，并提供了用于图形标题说明的语句。这种标记方式的格式是：

- xlabel(str): 将字符串 str 水平放置于 x 轴，以说明 x 轴数据的含义。
- ylabel(str): 将字符串 str 水平放置于 y 轴，以说明 y 轴数据的含义。
- zlabel(str): 将字符串 str 水平放置于 z 轴，以说明 z 轴数据的含义。
- title(str): 将字符串 str 水平放置于图形的顶部，以说明该图形的标题。

【例 3-11】调用函数为 $x=\sin t$、$y=\cos t$ 的三维螺旋线图形添加标题说明。

```
t=0:pi/50:8*pi;
x=sin(t);
y=cos(t);
z=t;
plot3(x,y,z);
xlabel('sin(t) ');
ylabel('cos(t) ');
zlabel('t');
title('三维螺旋线');
```

运行结果如图 3-11 所示。

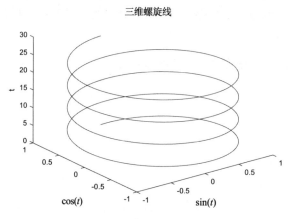

图 3-11　经标注的三维螺旋线图

3.4.4　三维网格曲面的绘制

三维网格曲面是由一些四边形相互连接在一起所构成的一种曲面，这些四边形的 4 条边所围成的颜色与图形窗口的背景色相同，并且无色调变化，呈现的是一种线架图的形式。

绘制这种网格曲面时，我们需要知道各个四边形的顶点(x,y,z)坐标值，然后使用 MATLAB 所提供的网格曲面绘图命令 mesh、meshc 或 meshz 来绘制不同形式的网格曲面。

1. 栅格数据点的产生

绘制曲面的一般情况是，先知道四边形各个顶点的二维坐标(x,y)，再利用某个函数公式计算出四边形各个顶点的 z 坐标。这里所使用的(x,y)二维坐标值是一种栅格形的数据点，可由 MATLAB 所提供的 meshgrid 产生。meshgrid 函数的调用格式为：

```
[X, Y]=meshgrid(x, y)
```

表示由向量 x 和 y 值通过复制的方法产生绘制三维图形时所需的栅格数据 X 矩阵和 Y 矩阵。

在调用该函数时，需要说明以下两点：

1）向量 x 和 y 分别代表三维图形在 x 轴、y 轴方向上的取值数据点。

2）x 和 y 各代表一个向量，X 和 Y 各代表一个矩阵。

【例 3-12】调用 meshgrid 函数绘制矩形网格。

```
x=-5:0.5:5;
y=5:-0.5:-5;
[X,Y]=meshgrid(x,y);
plot(X,Y,'o')
```

运行结果如图 3-12 所示。

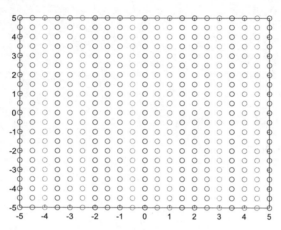

图 3-12　矩形网络

2. 网格曲面的绘制函数

在 MATLAB 中，mesh 函数用于绘制三维网格曲面图，该函数的语法格式有以下几种：

```
mesh(X,Y,Z,C)
mesh(X,Y,Z)
mesh(x,y,Z,C)
mesh(x,y,Z)
mesh(Z,C)
mesh(Z)
```

上面几种格式都可以绘制出三维网格曲面图，但是各个格式的命令参数含义有些区别，说明如下：

1）在函数调用格式 mesh(X,Y,Z,C)和 mesh(X,Y,Z)中，参数(X,Y,Z)为矩阵值，并且 X 矩阵的每一个行向量都是相同的，Y 矩阵的每一个列向量也都是相同的；参数 C 表示网格曲面的颜色分布情况，若省略该参数则表示网格曲面的颜色分布与 Z 方向上的高度值成正比。

2）在函数调用格式(x,y,Z,C)和 mesh(x,y,Z)中，参数 x 和 y 为长度分别是 n 和 m 的向量值，而参数 Z 是维数为 $m \times n$ 的矩阵。其实，这种格式的函数调用相当于执行了下面两条语句：

```
[X,Y]=meshgrid(x,y)
mesh[X,Y,Z,C]
```

3）在函数调用格式[Z,C]和 mesh(Z)中，若参数 Z 是维数为 $m \times n$ 的矩阵，则绘图时的栅格数据点的取法是 $x=1:n$ 和 $y=1:m$。其实这种格式的函数调用相当于执行了下面 5 条语句：

```
[m,n]=size(Z);
x=1:n;
```

```
y=1:m;
[X,Y]=meshgrid(x,y);
mesh(X,Y,Z,C)
```

【例 3-13】在笛卡儿坐标系中绘制函数 $f(x,y)=\dfrac{\sin\left(\sqrt{x^2+y^2}\right)}{\sqrt{x^2+y^2}}$ 的网格曲面图。

```
x=-7:0.5:7;
y=x;
[X,Y]=meshgrid(x,y);
R=sqrt(X.^2+Y.^2)+eps;
Z=sin(R)./R;
mesh(X,Y,Z)
grid on
axis([-10 10 -10 10 -1 1 ])
```

运行结果如图 3-13 所示。

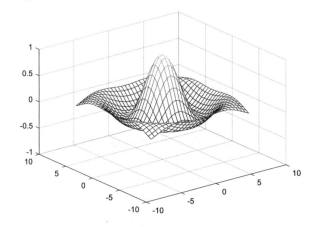

图 3-13　函数的网格曲面图

另外，MATLAB 中还有两个 mesh 的派生函数：

1）meshc 函数用于在绘图的同时在 x-y 平面上绘制函数的等值线。

2）meshz 函数用于在网格图基础上在图形底部的外侧绘制平行 z 轴的边框线。

【例 3-14】调用 meshc 和 meshz 绘制三维网格图。

```
close all; clear
[X,Y] = meshgrid(-2:.4:2);
Z = 2*X.^2-3*Y.^2;
subplot(2,2,1)
plot3(X,Y,Z)
subplot(2,2,2)
mesh(X,Y,Z)
subplot(2,2,3)
meshc(X,Y,Z)
subplot(2,2,4)
meshz(X,Y,Z)
```

运行结果如图 3-14 所示。

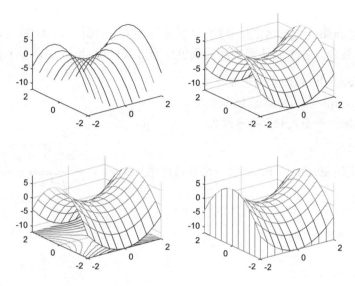

图 3-14 调用 meshc 和 meshz 绘制的三维网格图

3. 隐藏线的显示和关闭

显示或不显示的网格曲面的隐藏线将对图形的显示效果有一定的影响。在 MATLAB 中，hidden 函数即为控制隐藏线显示与否的相关命令，该函数的调用格式是：

```
hidden on        % 去掉网格曲面的隐藏线
hidden off       % 显示网格曲面的隐藏线
```

3.4.5 三维阴影曲面的绘制

前一节我们绘制的三维曲面中，各个小的曲面片是由四边形组成的，四边形的 4 条边都绘有某一种颜色，而四边形内部却无填充的颜色（为绘图窗口的底色）。

本节将介绍另外一种三维曲面的表示方法——三维阴影曲面。这种曲面也是由很多个较小的四边形构成的，但是各个四边形的 4 条边是无色的（为绘图窗口的底色），而四边形内部却填充着不同的颜色，也可认为是各个四边形带有阴影效果。MATLAB 提供了 3 个用于绘制这三类阴影曲面的函数：surf、surfc、furfl。

1. 阴影曲面绘制函数

三维阴影曲面的绘制采用 surf 函数，该函数的调用格式如下：

```
surf(X,Y,Z,C)
surf(X,Y,Z)
surf(x,y,Z,C)
surf(x,y,Z)
surf(Z,C)
surf(Z)
```

调用此种函数时，需要注意以下几点：

1）这 6 条语句中 surf 函数与 3.4.4 节所介绍的 6 条语句中 mesh 函数的调用方法及参数含义相同。

2）surf 函数与 mesh 函数的区别是前者绘制的是三维阴影曲面，后者绘制的是三维网格曲面。

3）在 surf 函数中，各个四边形表面的颜色分布方式可由 shading 命令来指定：

● shading faceted：截面式颜色分布方式。

● shading interp：插补式颜色分布方式。

● shading flat：平面式颜色分布方式。

【例 3-15】采用 shading faceted 命令来设置函数 $f(x,y) = \dfrac{2\sin\left(\sqrt{x^2+y^2}\right)}{\sqrt{x^2+y^2}}$ 的三维阴影曲面效果。

```
close all; clear
x=-7:0.5:7;
y=x;
[X,Y]=meshgrid(x,y);
R=sqrt(X.^2+Y.^2)+eps;
Z=2*sin(R)./R;
surf(X,Y,Z)
grid on
axis([-10 10 -10 10 -0.5 2.0])
shading faceted
```

运行结果如图 3-15 所示。

还可以使用 shading interp 命令来设置截面式颜色分布方式。

```
x=-7:0.5:7;
y=x;
[X,Y]=meshgrid(x,y);
R=sqrt(X.^2+Y.^2)+eps;
Z=2*sin(R)./R;
surf(X,Y,Z)
grid on
axis([-10 10 -10 10 -0.5 2.0])
shading interp
```

运行结果如图 3-16 所示。

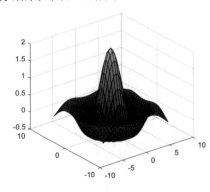

图 3-15　截面式颜色分布方式

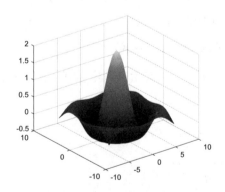

图 3-16　插补式颜色分布方式

同样，也可以使用 shading flat 命令来设置插补式颜色分布方式。

```
x=-7:0.5:7;
y=x;
[X,Y]=meshgrid(x,y);
R=sqrt(X.^2+Y.^2)+eps;
Z=2*sin(R)./R;
surf(X,Y,Z)
grid on
axis([-10 10 -10 10 -0.5 2.0])
shading flat
```

运行结果如图 3-17 所示。

2. 绘制带有等高线的阴影曲面

调用 surfc 函数在 XY 平面上绘制带有等高线的三维阴影曲面，调用这种函数的格式是：

```
surfc(X,Y,Z,C)
surfc(X,Y,Z)
surfc(x,y,Z,C)
surfc(x,y,Z)
surfc(Z,C)
surfc(Z)
```

调用此种函数时，需要注意以下两点：

1）这 6 条语句中的 surfc 函数与前面所介绍的 6 条语句中的 surf 函数的使用方法及参数含义相同。

2）surfc 命令与 surf 命令的区别是前者除了绘制出三维阴影曲面外，在 *xy* 坐标平面上还绘制有曲面在 *z* 轴方向上的等高线，而后者仅绘制出三维阴影曲面。

【例 3-16】调用函数 surfc 为图 3-17 所示的三维曲面添加等高线。

```
x=-7:0.5:7;
y=x;
[X,Y]=meshgrid(x,y);
R=sqrt(X.^2+Y.^2)+eps;
Z=2*sin(R)./R;
surfc(X,Y,Z)
grid on
axis([-10 10 -10 10 -0.5 2.0])
```

运行结果如图 3-18 所示。

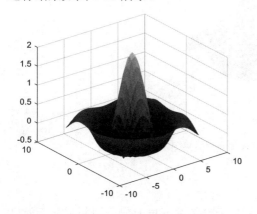

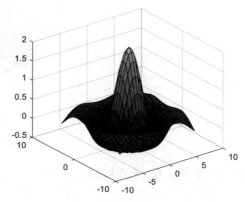

图 3-17　平面式颜色分布方式　　　　　　图 3-18　三维图形等高线

3. 绘制具有光照效果的阴影曲面

MATLAB 为用户提供了一种可以绘制具有光照效果的阴影曲面的函数 surfl，调用这种函数的格式是：

```
surfl(X,Y,Z,s)
surfl(X,Y,Z)
surfl(Z,s)
surfl(Z)
```

使用此函数，需要注意以下几点：

1）上述 4 条命令中 surfl 函数与前面介绍的 surf 函数的使用方法及参数含义类似。

2）surfl 函数与 surf 函数的区别是前者绘制出的三维阴影曲面具有光照效果，而后者绘制出的三维阴影曲面无光照效果。

3）向量参数 s 表示光源的坐标位置，s=[sx,xy,xz]。注意，若省略 s，则表示光源位置设在观测角的反时针 45°处，它是默认的光源位置。

【例 3-17】调用 surfl 函数为阴影曲面添加光照效果。

```
x=-7:0.5:7;
y=x;
[X,Y]=meshgrid(x,y);
R=sqrt(X.^2+Y.^2)+eps;
Z=2*sin(R)./R;
s=[0 -1 0];
surfl(X,Y,Z)
grid on
axis([-10 10 -10 10 -0.5 2.0])
```

运行结果如图 3-19 所示。

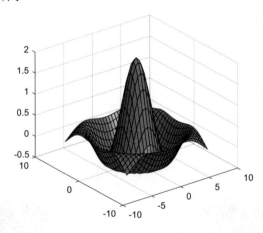

图 3-19　阴影曲面添加光照效果图

3.4.6　三维图形的修饰标注

与二维图形一样，我们也可以对三维图形的显示参数进行更改，以控制其显示效果。这里我们主要介绍设置视点位置和坐标轴范围、比例的函数。

1. 设置视点位置

三维图形在不同位置查看会看到不同的侧面和结果，因此设置一个能够查看整个图形最主要特性的视角是非常重要的。

在 MATLAB 中，可以通过函数或图形旋转工具改变视角，这里介绍通过 view 在命令行方式下设置图形视角的方法。

【例 3-18】调用 view 函数为三维图形设置视角。

```
clear; close all
subplot(2,2,1)
ezmesh(@peaks);
view(3);
[a,b]=view;
title(mat2str([a,b]))
subplot(2,2,2)
ezmesh(@peaks);
view(2);
[a,b]=view;
title(mat2str([a,b]))
subplot(2,2,3)
ezmesh(@peaks);
view([30 45]);
[a,b]=view;
title(mat2str([a,b]))
subplot(2,2,4)
ezmesh(@peaks);
view([1 1 sqrt(2)]);
[a,b]=view;
title(mat2str([a,b]))
```

运行结果如图 3-20 所示。

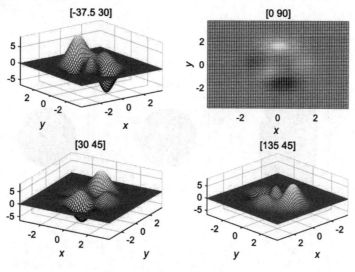

图 3-20　设置视角

2. 设置坐标轴

三维图形下坐标轴的设置和二维图形下坐标轴的设置类似，都是通过带参数的 axis 命令设置坐标轴显示范围和显示比例。

- axis([xmin xmax ymin ymax zmin zmax])：表示设置三维图形的显示范围，数组元素分别确定了每一个坐标轴显示的最大值、最小值。
- axis auto：表示根据 x、y、z 的范围自动确定坐标轴的显示范围。
- axis manual：表示锁定当前坐标轴的显示范围，除非手动进行修改。
- axis tight：表示设置坐标轴显示范围为数据所在范围。
- axis equal：表示设置各坐标轴的单位刻度长度等长显示。
- axis square：表示将当前坐标范围显示在正方形（或正方体）内。
- axis vis3d：表示锁定坐标轴比例不随对三维图形的旋转而改变。

【例 3-19】调用函数 axis 设置坐标轴。

```
close all
subplot(1,3,1)
ezsurf(@(t,s)(sin(t).*cos(s)),@(t,s)(sin(t).*sin(s)),@(t,s)cos(t),[0,1.5*pi,0,1.5*pi])
axis auto;
title('auto')
subplot(1,3,2)
ezsurf(@(t,s)(sin(t).*cos(s)),@(t,s)(sin(t).*sin(s)),@(t,s)cos(t),[0,1.5*pi,0,1.5*pi])
axis equal;
title('equal')
subplot(1,3,3)
ezsurf(@(t,s)(sin(t).*cos(s)),@(t,s)(sin(t).*sin(s)),@(t,s)cos(t),[0,1.5*pi,0,1.5*pi])
axis square;
title('square')
```

运行结果如图 3-21 所示。

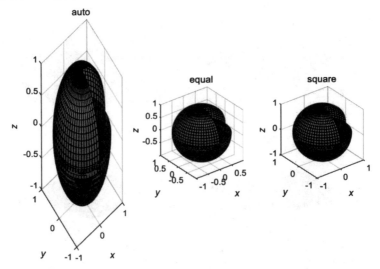

图 3-21　设置坐标轴

3.4.7　特殊图形的绘制

除了上述图形之外，很多工程及研究领域还使用其他一些不同类型的特殊二、三维图形，通过这些特殊图形的绘制，可以方便地获悉单个数据在整体数据集中所占的比例、数据点的分布、数据分布的向量信息等。下面将举例说明特殊图形的绘制。

1. 特殊二维图形绘制实例

【例 3-20】调用 bar 和 barh 函数来绘制垂直和水平直方图。

```
clear all;
bar(rand(1,10))
```

运行结果如图 3-22 所示。

【例 3-21】绘制矩阵直方图。

```
x=-2:0.1:2;
Y=exp(-x.*x);
barh(x,Y)
```

运行结果如图 3-23 所示。

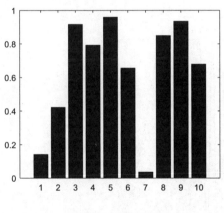

图 3-22　直方图

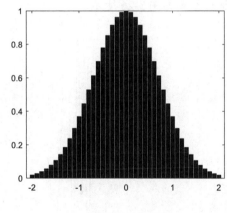

图 3-23　钟型图

【例 3-22】调用 area 函数根据向量或矩阵的各列绘制一个区域图。

```
X=magic(8);
area(X)
```

运行结果如图 3-24 所示。

【例 3-23】已知数据的误差值，调用 errorbar 函数来绘制误差的区域范围。

```
x=linspace(0,2*pi,30);
y=sin(x);
e=std(y)*ones(size(x))  % 标准差
errorbar(x,y,e)
```

运行结果如图 3-25 所示。

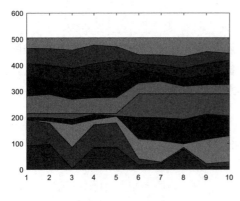

图 3-24 矩阵的区域图

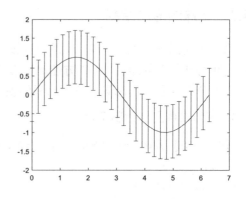

图 3-25 误差的区域范围

【例 3-24】调用 fplot 进行较精确的绘图，该函数对数据的剧烈变化处进行较密集的采样。

```
x=0.02:0.001:0.2;
subplot(121),
plot(x,sin(1./x))
subplot(122),
fplot(@(x)sin(1./x),[0.02 0.2])
```

运行结果如图 3-26 所示。

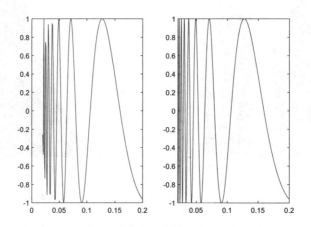

图 3-26 调用 fplot 精确绘图的结果与调用 plot 绘图的结果比较

【例 3-25】调用 polar 函数绘制极坐标图。

```
theta=linspace(0,2*pi);
r=cos(4*theta);
polar(theta,r)
```

运行结果如图 3-27 所示。

【例 3-26】调用 hist 函数来显示数据的分布情况。

```
x=-3:0.1:3;
y=randn(1000,1);
hist(y,x)
```

运行结果如图 3-28 所示。

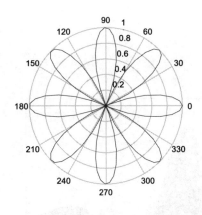

图 3-27 极坐标图

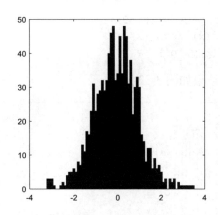

图 3-28 频数累计柱状图

【例 3-27】调用 rose 将数据大小视为角度、数据个数视为距离,并用极坐标绘制出来。

```
x=randn(1000,1);
rose(x)
```

运行结果如图 3-29 所示。

【例 3-28】调用 stairs 函数画出阶梯图。

```
x=linspace(0,10,50);
y=sin(x).*exp(-x/3);
stairs(x,y)
```

运行结果如图 3-30 所示。

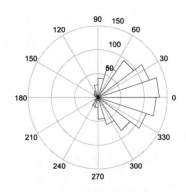

图 3-29 极坐标中的频数累计直方图

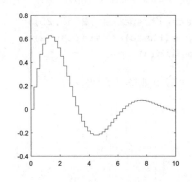

图 3-30 阶梯图

【例 3-29】调用 stem 函数产生针状图,常用来绘制数字信号。

```
x=linspace(0,10,50);
y=sin(x).*exp(-x/3);
stem(x,y)
```

运行结果如图 3-31 所示。

【例 3-30】调用 fill 函数将数据点视为多边形顶点，并将此多边形涂上颜色。

```
x=linspace(0,10,50);
y=sin(x).*exp(-x/3);
fill(x,y,'b')
```

运行结果如图 3-32 所示。

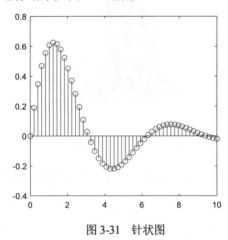 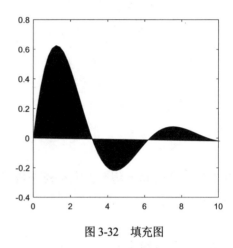

图 3-31　针状图　　　　　　　　　图 3-32　填充图

【例 3-31】调用 feather 函数将每一个数据点视为复数，并画出箭头。

```
theta=linspace(0,2*pi,20);
z=cos(theta)+i*sin(theta);
feather(z)
```

运行结果如图 3-33 所示。

【例 3-32】调用 compass 函数作图。

```
theta=linspace(0,2*pi,20);
z=cos(theta)+i*sin(theta);
compass(z)
```

运行结果如图 3-34 所示。

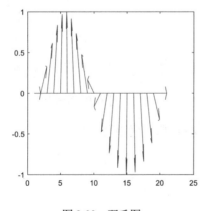 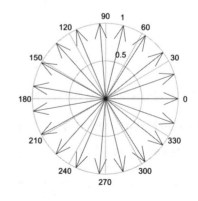

图 3-33　羽毛图　　　　　　　　　图 3-34　罗盘图

【例 3-33】调用 scatter(X,Y,S,C)在向量 X、Y 定义的位置绘制彩色的圆圈标志（X、Y 必须大小相同），S 定义了每个符号的大小，C 定义了每个标记的颜色。

```
load seamount
scatter(x,y,8,z)
```

运行结果如图 3-35 所示。

【例 3-34】调用 pie(X)使用 X 数据绘制一张饼图，X 里的每一个元素被表示为饼图的一张切片。pie (X,explode)可以分离饼图中的某一张切片。

```
x=[4 3 7 2 1 6 5];
explode=[0 0 0 0 0 1 0];
pie(x,explode)
```

运行结果如图 3-36 所示。

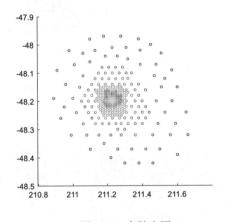

图 3-35　离散点图

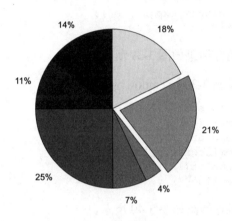

图 3-36　饼图

【例 3-35】调用 quiver 函数绘制向量图。

```
[X,Y]=meshgrid(-1.5:0.15:1.5);
Z=X.*exp(-X.^2-Y.^2);
[DX,DY]=gradient(Z,2,2);
quiver(X,Y,DX,DY)
```

运行结果如图 3-37 所示。

【例 3-36】使用命令 k=convhull(x,y)绘制凸壳图。

```
xx=-1.5:0.04:1.5;
yy=abs(sqrt(xx));
[x,y]=pol2cart(xx,yy);
k=convhull(x,y);
plot(x(k), y(k),'r-',x,y,'g*')
```

运行结果如图 3-38 所示。

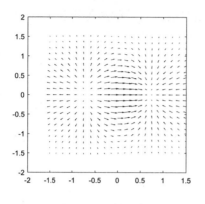

图 3-37 函数梯度图

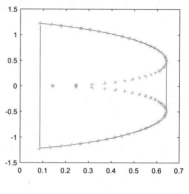

图 3-38 凸壳图

【例 3-37】loglog 函数的用法。

```
x=logspace(-2,2);
loglog(x,exp(x),'o');
grid on
```

运行结果如图 3-39 所示。

【例 3-38】semilog 函数的用法。

```
x=logspace(-2,0);
y=exp(x);
subplot(121),
semilogx(x,y,'b*');
subplot(122),
semilogy(x,y,'g+')
```

运行结果如图 3-40 所示。

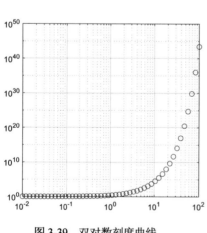

图 3-39 双对数刻度曲线

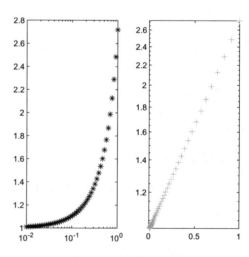

图 3-40 半对数刻度曲线图

【例 3-39】调用 plotyy 函数可以产生两个 y 轴，可在同一个图中绘制两组不同的数据或指定一组数据的两种不同显示形式。

//指定一组数据的两种不同显示形式

```
t=0:pi/30:6;
y=exp(sin(t));
plotyy(t,y,t,y,'plot','stem')
//在同一个图中绘制两组不同的数据
t=0:800;A=900;a=0.004;b=0.004;
z1=A*exp(-a*t);
z2=sin(b*t);
plotyy(t,z1,t,z2,'semilogy','plot')
```

运行结果如图 3-41、图 3-42 所示。

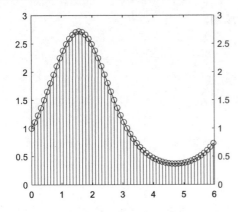

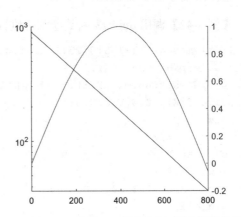

图 3-41　同一组数据的不同图形显示形式　　图 3-42　在同一个图中绘制两组不同的数据

2. 特殊三维图形的绘制实例

【例 3-40】调用 contour 和 coutour3 函数来绘制等值线图。

```
[X,Y,Z]=peaks;              % x,y 及 z 轴的数据由 peaks 函数定义
subplot(221),
contour(Z,20)
subplot(222),contour(X,Y,Z,20);  % 画出 peaks 的 z 轴二维等值线图，等值线的数目为 20
subplot(223),               % 画出 peaks 的二维等值线图，等值线的数目为 20
contour3(Z,20);
subplot(224),               % 画出 peaks 的 z 轴三维等值线图
contour3(X,Y,Z,20);         % 画出 peaks 的三维等值线图
```

运行结果如图 3-43 所示。

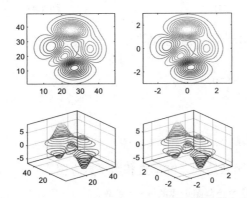

图 3-43　contour 函数和 contour3 函数之绘图比较

【例 3-41】调用 slice 函数来绘制立体空间的正交切片图。

```
[x,y,z]=meshgrid(-2:.2:2,-2:.2:2,-2:.2:2);
v=x.*exp(-x.^2-y.^2-z.^2);
slice(v,[4 14 21],21,[1 10]);
axis([0 21 0 21 0 21])
colormap(jet)
```

运行结果如图 3-44 所示。

【例 3-42】调用 quiver3 函数绘制三维向量场图。

```
[X,Y]=meshgrid(-1.5:0.25:1.5,-1:0.2:1);
Z=X.*exp(-X.^2-Y.^2);
[U,V,W]=surfnorm(X,Y,Z);      % 空间表面的法线
quiver3(X,Y,Z,U,V,W,0.5);
hold on;
surf(X,Y,Z);
colormap hsv;
view(-35,45);
axis([-2 2 -1 1 -0.6 0.6]);
hold off
```

运行结果如图 3-45 所示。

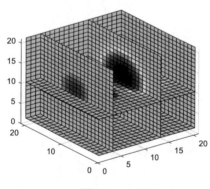

图 3-44　切片图

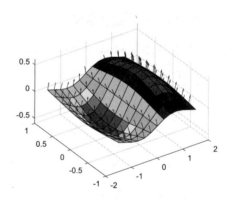

图 3-45　一个函数的法向表面

【例 3-43】调用 cylinder 函数绘制柱面图。

```
t=0:pi/10:2*pi;
[X,Y,Z]=cylinder(1.5+cos(t));
surf(X,Y,Z);
axis square
```

运行结果如图 3-46 所示。

【例 3-44】调用 bar3 函数绘制三维垂直和水平直方图。

```
Y=cool(9);      % Y 是由冷色图生成的 9×3 矩阵
bar3(Y)
```

运行结果如图 3-47 所示。

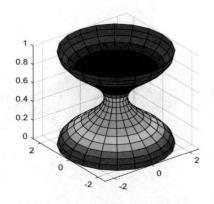

图 3-46 母线是曲面的柱面图

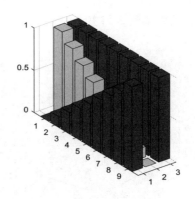

图 3-47 三维垂直直方图

【例 3-45】调用 meshz 函数将曲面加上围裙。

```
[x,y,z]=peaks;
meshz(x,y,z);
axis([-inf inf -inf inf -inf inf])
```

运行结果如图 3-48 所示。

【例 3-46】调用 waterfall 函数在 x 方向或 y 方向产生水流效果。

```
[x,y,z]=peaks;
waterfall(x,y,z);
axis([-inf inf -inf inf -inf inf])
```

运行结果如图 3-49 所示。

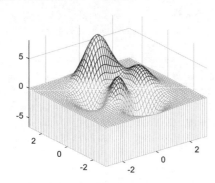

图 3-48 给 peaks 图加围裙

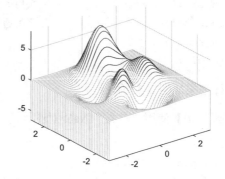

图 3-49 水流效果

【例 3-47】调用 meshc 函数画出网状图与等高线。

```
[x,y,z]=peaks;
meshc(x,y,z);
axis([-inf inf -inf inf -inf inf])
```

运行结果如图 3-50 所示。

【例 3-48】调用 surf 函数画出曲面图与等高线。

```
[x,y,z]=peaks;
surfc(x,y,z);
axis([-inf inf -inf inf -inf inf])
```

运行结果如图 3-51 所示。

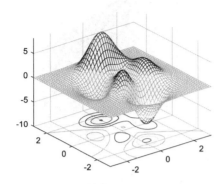

图 3-50　同时画出网状图与等高线

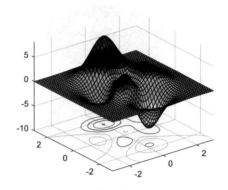

图 3-51　同时画出曲面图与等高线

【例 3-49】图形的透视。

```
[X0,Y0,Z0]=sphere(40);        % 产生单位球面的三维坐标
x=2*X0;                       % 产生半径为 2 的球面的三维坐标
y=2*Y0;
z=2*Z0;
clf,surf(X0,Y0,Z0);           % 画单位球面
shading interp;               % 采用插补明暗处理
hold on
mesh(x,y,z);
colormap(hot);
hold off;                     % 采用 hot 色彩
hidden off;                   % 产生透视效果
axis equal;
axis off;                     % 不显示坐标轴
```

运行结果如图 3-52 所示。

【例 3-50】使用"非数"NaN 对图形进行裁切处理。

```
clf;
t=linspace(0,2*pi,90);
r=1-exp(-t/2).*cos(4*t)        % 旋转母线
[X,Y,Z]=cylinder(r,60);        % 产生旋转柱面数据
ii=find(X<0&Y<0);              % 确定 x-y 平面第四象限上的数据下标
Z(ii)=NaN;                     % 剪切
surf(X,Y,Z);
colormap(spring);
shading interp;
light('position',[-3,-1,3],'style','local');   % 设置光源
material([0.5,0.4,0.3,10,0.3]);                % 设置表面反射
```

运行结果如图 3-53 所示。

图 3-52　透视球

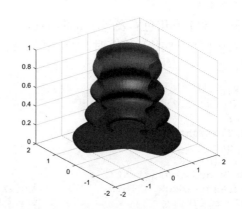

图 3-53　剪切四分之一后的图形

【例 3-51】使用"非数"NaN 对图形进行裁切处理。

```
P=peaks(40);
P(18:20,9:15)=NaN;      % 镂空
surfc(P);
colormap(summer);
light('position',[50,-10,5]),lighting flat;
material([0.9,0.9,0.6,15,0.4]);
```

运行结果如图 3-54 所示。

【例 3-52】图形的裁切。

```
clf,x=[-7:0.2:7];
y=x;
[X,Y]=meshgrid(x,y);
ZZ=X.^2-Y.^2;
ii=find(abs(X)>5|abs(Y)>5);    % 确定超出[-5,5]范围的格点下标
ZZ(ii)=zeros(size(ii));        % 强制为 0
surf(X,Y,ZZ);
shading interp;
colormap(copper);
light('position',[0,15,1]);
lighting phong;
material([0.8 0.8 0.5 10 0.5])
```

运行结果如图 3-55 所示。

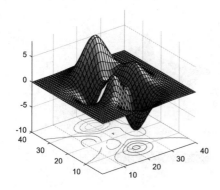

图 3-54　镂方孔的曲面

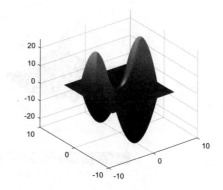

图 3-55　经裁切处理后的图形

【例 3-53】利用色彩表现函数的特征，即图形的思维表示。当三维网线图、曲面图的第四个输入参数取一些特殊矩阵时，色彩就能表现或加强函数的某个特征，如梯度、曲率、方向导数等。

```
clear;
x=3*pi*(-1.2:1.2/15:1.2);
y=x;
[X,Y]=meshgrid(x,y);
R=sqrt(X.^2+Y.^2)+eps;
Z=sin(R)./R;
[dzdx,dzdy]=gradient(Z);
dzdr=sqrt(dzdx.^2+dzdy.^2);        % 计算对 r 的导数
dz2=del2(Z);                       % 计算曲率
subplot(121),surf(X,Y,Z);
title(' surf(X,Y,Z)');
shading faceted;
colorbar('horiz'),brighten(0.2);
subplot(122),surf(X,Y,Z,R);
title(' surf(X,Y,Z,R)');
shading faceted;
colorbar('horiz');
figure(2)
subplot(121),surf(X,Y,Z,dzdx);
shading faceted;
colorbar('horiz'),brighten(0.1);
title('surf(X,Y,Z,dzdx)');
subplot(122),surf(X,Y,Z,dzdx);
shading faceted;
colorbar('horiz');
title(' surf(X,Y,Z,dzdy)');
figure(3)
subplot(121),surf(X,Y,Z,abs(dzdr));
shading faceted;
colorbar('horiz'),brighten(0.6);
title('surf(X,Y,Z,abs(dzdr))');
subplot(122),surf(X,Y,Z,abs(dz2));
shading faceted;
colorbar('horiz');
title(' surf(X,Y,Z,abs(dz2))');
```

运行结果分别如图 3-56、图 3-57 和图 3-58 所示。

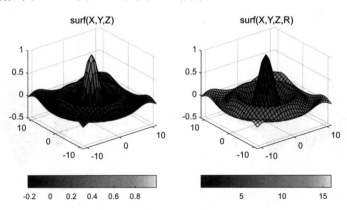

图 3-56　色彩分别表现函数的高度和半径特征

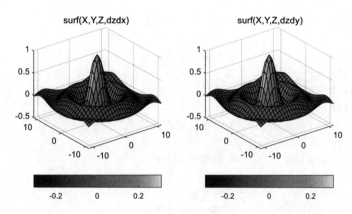

图 3-57　色彩分别表示函数的 x 方向和 y 方向导数特征

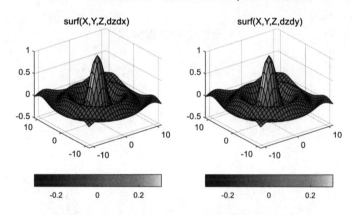

图 3-58　色彩分别表示函数的径向导数和曲率特征

【例 3-54】彗星状轨迹图。

```
shg;n=12;
t=n*pi*(0:0.0006:1);
x=sin(t);y=cos(t);
plot(x,y,'g');
axis square;
hold on
comet(x,y,0.01);
hold off
```

运行结果如图 3-59 所示。

【例 3-55】使用卫星返回地球的运动轨迹。

```
shg;R0=1;              % 地球半径为一个单位
a=12*R0;
b=9*R0;
T0=2*pi;               % T0 是轨道周期
T=5*T0;
dt=pi/100;
t=[0:dt:T]';
```

```
f=sqrt(a^2-b^2);              % 地球与另一个焦点的距离
th=12.5*pi/180;               % 卫星轨道与 x-y 平面的倾角
E=exp(-t/20);                 % 轨道收缩率
x=E.*(a*cos(t)-f);
y=E.*(b*cos(th)*sin(t));
z=E.*(b*sin(th)*sin(t));
plot3(x,y,z,'g');             % 画全程轨迹
[X,Y,Z]=sphere(30);
X=R0*X;Y=R0*Y;Z=R0*Z;         % 获得单位球坐标
grid on,hold on;
surf(X,Y,Z),shading interp;   % 画地球
x1=-18*R0;X2=6*R0;            % 确定坐标范围
y1=-12*R0;y2=12*R0;
z1=-6*R0;z2=6*R0;
view ([115 35]),              % 设置视角和画运动线
comet3(x,y,z,0.02),
hold off
```

运行结果如图 3-60 所示。

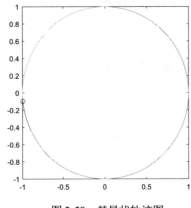

图 3-59　彗星状轨迹图

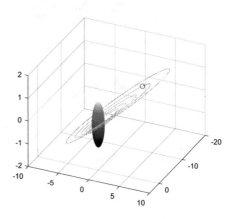

图 3-60　卫星返回地球轨线示意图

【例 3-56】调用 rotate 函数使图形旋转。

```
shg;clf;
[X,Y]=meshgrid([-2:.2:2]);
Z=4*X.*exp(-X.^2-Y.^2);
G=gradient(Z);
subplot(121),
surf(X,Y,Z,G);
subplot(122),
h=surf(X,Y,Z,G);
rotate(h,[-2,-2,0],30,[2,2,0]),   % 使图形旋转
colormap(jet)
```

运行结果如图 3-61 所示。

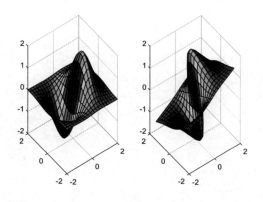

图 3-61　图形对象的旋转

3.5　本章小结

本章主要介绍了 MATLAB 绘图的流程、函数、工具、图形修饰，以及特殊坐标轴的绘制和多种特殊绘图函数。

本章的例子只用到了最简单、最基本、最经典的绘图函数和标注函数，建议读者仔细阅读，最好自己实践一番。

第 **4** 章

图像处理基础

图像处理工具箱是一个函数的集合，扩展了 MATLAB 数值计算环境的能力，支持大量图像操作。要学习 MATLAB 图像处理，首先应掌握一些关于 MATLAB 图像的基础知识，如图像的类型有哪些、图像处理的基本函数有什么。本章将介绍图像的文件格式、常用的图像类型、基本的图像处理函数、图像类型转换等。

学习目标：

⌘ 掌握 MATLAB 图像存储、图像数据类型、图像类型。
⌘ 掌握图像文件的读、写、信息查询。
⌘ 掌握多幅图像、特殊图像的显示技术。
⌘ 掌握颜色模型的转换并能够编程实现。
⌘ 熟悉使用 MATLAB 进行图像处理所需函数的调用步骤。

4.1 MATLAB 图像文件的格式

图像是对人类感知外界信息能力的一种增强形式，是自然界景物的客观反映，是各种观测系统以不同形式和手段观测客观世界而获得的、可以直接或间接作用于人眼的实体。

数字图像是用数字化数值得到的有限像素来表示的。数字图像是将模拟图像数字化得到的，它以像素为基本元素，可以用计算机或数字设备存储和处理的图像。

像素是数字图像的基本元素，是在对模拟图像数字化时将图像中连续变化的图像数值进行离散化得到的。每个像素具有整数行（高）和列（宽）的位置坐标，同时每个像素都具有整数灰度值或颜色值。

图像格式是指图像文件的存储格式，下面列出 MATLAB 支持的几种常见的图像文件格式：

● BMP（Windows Bitmap）：有 1 位（bit）、4 位、8 位、24 位非压缩图像，8 位 RLE（Run

Length Encoded）的图像。文件内容包括文件头（一个 BITMAP FILEHEADER 数据结构）、位图信息数据块（位图信息头 BITMAP INFOHEADER 和一个颜色表）和图像数据。

- CUR（Windows Cursor Resource）：有 1 位、4 位、8 位非压缩图像。
- GIF（Graphics Interchange Format）：任何 1 位到 8 位的可交换图像。
- HDF（Hierarchical Data Format）：有 8 位、24 位光栅图像数据集。
- ICO（Windows Icon resource）：有 1 位、4 位、8 位非压缩图像。
- JPEG（Joint Photographic Experts Group）：一种称为联合图像专家组的图像压缩格式。
- PCX（Windows Paintbrush）：可处理 1 位、4 位、8 位、16 位、24 位等图像数据。文件内容包括文件头、图像数据和扩展色图数据。
- PNG（Portable Network Graphics）：包括 1 位、2 位、4 位、8 位和 16 位灰度图像，8 位和 16 位索引图像，24 位和 48 位真彩色图像。
- RAS（Sun Raster image）：有 1 位位图、8 位索引、24 位真彩色和带有透明度的 32 位真彩色。
- TIFF（Tagged Image File Format）：处理 1 位、4 位、8 位、24 位非压缩图像，1 位、4 位、8 位、24 位压缩（packbit）图像，1 位 CCITT 压缩图像等。文件内容包括文件头、参数指针表与参数字段、参数数据表、图像数据四部分。
- XWD（X Windows Dump）：包括 1、8 位 Zpixmaps，Xybitmaps，1 位 XYPixmaps。

4.2　常用图像的类型

在 MATLAB 中，大多数图像是用二维数组（矩阵）来存储的，矩阵中的每一个元素对应图像中的一个像素，元素采用的数据类型为 double（双精度）浮点型或 8 位、16 位无符号整数（uint8、uint16）类型。

MATLAB 支持 4 种图像类型，即二值图像、索引图像、灰度图像、RGB 图像。

4.2.1　二值图像

二值图像只需要一个数据矩阵，每个像素只取两个灰度值之中的一个。二值图像可以采用 unit8 或 double 类型来存储，MATLAB 中以二值图像作为返回结果的函数都使用 unit8 类型。

【例 4-1】调用 imshow 函数显示一幅二值图像。

```
bw=zeros(90,90);
bw(2:2:88,2:2:88)=1;
imshow(bw);
```

运行结果如图 4-1 所示。

4.2.2　索引图像

索引图像包括一个数据矩阵 X 和一个颜色映射矩阵 MAP。其中，X 可以为二维数组（矩阵），元素采用双精度浮点数据类型或 uint8、uint16 数据类型；MAP 是一个包含三列、若干行的数据阵列，其每一个元素的值均为[0,1]之间的双精度浮点型数据。MAP 矩阵的每一行分别为红色、绿色、蓝色的颜色值。

在 MATLAB 中，索引图像是从像素值到颜色值的直接映射。像素颜色由数据矩阵 X 作为索引指向矩阵 MAP。值 1 指向矩阵 MAP 中的第一行，值 2 指向第二行，以此类推。

颜色图通常和索引图像存储在一起。当在调用函数 imread 时，MATLAB 自动将颜色图与索引图像同时加载。在 MATLAB 中，可以选择所需要的颜色映射表（也称为色表或颜色图），而不必局限于使用默认的颜色映射表。

【例 4-2】调用 image 函数显示一幅索引图像。

```
[X,MAP]=imread('autumn.tif');
image(X);
colormap(MAP)
```

运行结果如图 4-2 所示。

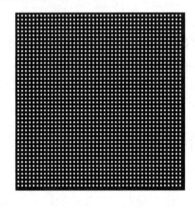

图 4-1　二进制图像 　　　　　　　　　　图 4-2　索引图像

4.2.3　灰度图像

一幅灰度图像是一个数据矩阵 I，其中的数据代表了在一定范围内的像素值。矩阵中的元素可以是双精度的浮点型、8 位或 16 位无符号的整数类型。

在 MATLAB 中，要显示一幅灰度图像，需要调用图像缩放函数 imagesc（image scale）。其中，imagesc 函数中的第二个参数用于确定灰度范围。

灰度范围中的第一个值（通常是 0）对应于颜色映射表中的第一个值（颜色），灰度范围中的第二个值（通常是 1）对应于颜色映射表中的最后一个值（颜色）。在灰度范围中间的线性变换值对应于颜色映射表中剩余的值（颜色）。

【例 4-3】调用函数 imshow 显示一幅灰度图像。

```
I=imread('cell.tif');
imshow(I);
```

运行结果如图 4-3 所示。

图 4-3　灰度图像

4.2.4　RGB 图像

RGB 图像即真彩图像，在 MATLAB 中存储为数据矩阵。数组中的元素定义了图像中每一个像素的红、绿、蓝颜色值。需要指出的是，RGB 图像不使用 Windows 颜色图。像素的颜色由保存在像素位置上对应的红、绿、蓝的灰度值组合来确定。一般把 RGB 图像存储为每个像素为 24 位的图像，其中的红、绿、蓝三色分别占 8 位，这样每个像素可以有一千多万种颜色的选择。

MATLAB 的真彩图像数组可以是双精度的浮点型数、8 位或 16 位无符号的整数类型。在真彩图像的双精度型数组中，每一种颜色都用 0 和 1 之间的数值来表示。

例如，颜色值是（0，0，0）的像素，显示的为黑色；颜色值是（255，255，255）的像素，显示的为白色。每一像素的三个颜色值保存在数组的第三维中。例如，像素（10，5）的红、绿、蓝三基色分量的颜色值分别保存在元素 RGB(10，5，1)、RGB(10，5，2)、RGB(10，5，3)中。

【例 4-4】利用 image 函数来显示一幅 RGB 图像。

```
RGB=imread('tissue.png');
image(RGB)
```

运行结果如图 4-4 所示。

在上面显示的 RGB 图像中，要确定像素（12，9）的颜色，可以在命令行中输入：

```
>> RGB(12,9,:)
ans(:,:,1) =
    227
ans(:,:,2) =
    253
ans(:,:,3) =
    240
```

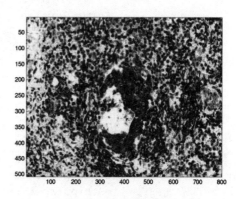

图 4-4　真彩图像

4.3　图像处理的基本函数

图像处理是 MATLAB 中很重要的功能之一。MATLAB 图像处理工具箱集成了很多图像处理的算法，可以实现诸多功能，为使用者带来很大便利。下面对一些常用的函数进行详细介绍，并提供实例讲解。

4.3.1　图像文件的查询

在 MATLAB 中，调用 imfinfo 函数时加上文件及其完整路径名可用于查询一个图像文件的信息，其函数调用格式为：

```
info=imfinfo(filename.fmt)
info=imfinfo(filename)
```

其中，参数 fmt 对应于各个图像处理工具箱所支持的图像文件格式。

此函数获得的图像信息主要有 Filename（文件名）、FileModDate（最后修改日期）、FileSize（文件大小）、Format（文件格式）、FormatVersion（文件格式的版本号）、Width（图像宽度）、Height（图像高度）、BitDepth（每个像素的位数）、ColorType（颜色类型，例如: 'truecolor'）等。

【例 4-5】调用 imfinfo 函数查询图像文件信息。

```
>> info=imfinfo('autumn.tif')
info =
  包含以下字段的 struct:
       Filename: 'C:\Program Files\Polyspace\R2020a\toolbox\images\imdata\
autumn.tif'
                    FileModDate: '13-4 月-2015 13:23:12'
                       FileSize: 214108
                         Format: 'tif'
                  FormatVersion: []
                          Width: 345
                         Height: 206
                       BitDepth: 24
                      ColorType: 'truecolor'
                FormatSignature: [73 73 42 0]
                      ByteOrder: 'little-endian'
                 NewSubFileType: 0
                  BitsPerSample: [8 8 8]
                    Compression: 'Uncompressed'
        PhotometricInterpretation: 'RGB'
                    StripOffsets: [1×30 double]
                 SamplesPerPixel: 3
                    RowsPerStrip: 7
                 StripByteCounts: [1×30 double]
                     XResolution: 72
                     YResolution: 72
                  ResolutionUnit: 'Inch'
                        Colormap: []
            PlanarConfiguration: 'Chunky'
                      TileWidth: []
                     TileLength: []
                    TileOffsets: []
                 TileByteCounts: []
                    Orientation: 1
                      FillOrder: 1
               GrayResponseUnit: 0.0100
                  MaxSampleValue: [255 255 255]
                  MinSampleValue: [0 0 0]
                   Thresholding: 1
                         Offset: 213642
               ImageDescription: 'Copyright The MathWorks, Inc.'
```

4.3.2 图像文件的读取

MATLAB 提供了两个用于图像文件读取的函数 imread，其常见的调用格式为：

```
A = imread(filename,fmt)
```

其作用是把图像文件中的数据读取到矩阵 A 中，文件名由 filename 指定，文件扩展名用 fmt 指定。如果读取的图像为灰度图像，则 A 为一个二维矩阵；如果读取的图像为 RGB 图像，则 A 为一个 $m \times n \times 3$ 的三维矩阵。filename 表示的文件名必须在 MATLAB 的搜索路径范围内，否则在 filename 的文件名前必须提供完整的路径。

除此之外，imread 函数还有其他几种调用格式：

```
[X,map] = imread(filename.fmt)
[X,map] = imread(filename)
[X,map] = imread(URL,…)
[X,map] = imread(…,idx)  (CUR,ICO and TIFF only)
[X,map] = imread(…,'frames',idx)  (GIF only)
[X,map] = imread(…,ref)  (HDF only)
[X,map] = imread(…,'BackgroundColor',BG)  (PNG only)
[A,map,alpha] = imread(…)  (ICO,CUR and PNG only)
```

其中，idx 是指读取图标（CUR、ICO、TIFF）文件中第 idx 个图像，默认值为 1；'frames',idx 是指读取 GIF 文件中的图像帧，idx 值可以是数量、向量或'all'；ref 是指整数值；alpha 是指透明度。

【例 4-6】读取图像文件。

```
A=imread('trees.tif')              % 读入图像文件并将像素值阵列赋给矩阵 A
```

运行结果如图 4-5 所示。

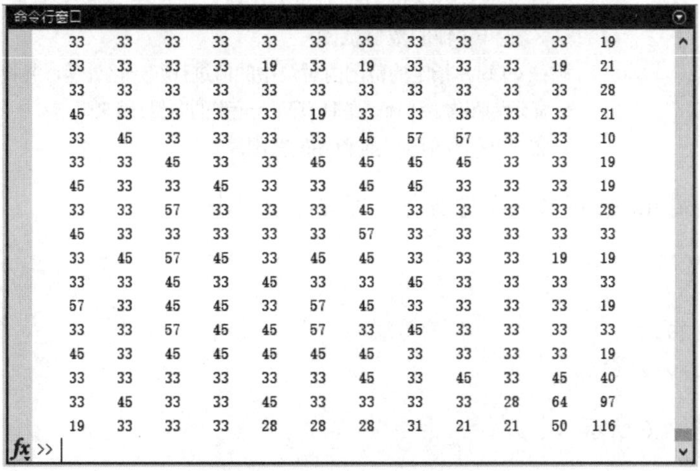

33	33	33	33	33	33	33	33	33	33	33	19
33	33	33	33	19	33	19	33	33	33	19	21
33	33	33	33	33	33	33	33	33	33	33	28
45	33	33	33	33	19	33	33	33	33	33	21
33	45	33	33	33	33	45	57	57	33	33	10
33	33	45	33	33	45	45	45	45	33	33	19
45	33	33	45	33	33	45	45	33	33	33	19
33	33	57	33	33	33	45	33	33	33	33	28
45	33	33	33	33	33	57	33	33	33	33	33
33	45	57	45	33	45	45	33	33	33	19	19
33	33	45	33	45	33	33	45	33	33	33	33
57	33	45	45	33	57	45	33	33	33	33	19
33	33	57	45	45	57	33	45	33	33	33	33
45	33	45	45	45	45	45	33	33	33	33	19
33	33	33	33	33	33	45	33	45	33	45	40
33	45	33	33	45	33	33	33	33	28	64	97
19	33	33	33	28	28	28	31	21	21	50	116

图 4-5　图像文件的读取

4.3.3 图像数据类型的转换

在 MATLAB 中，默认情况下 MATLAB 会将图像中的数据存储为 double 类型，即 64 位浮点数类型。这种存储方法的优点在于，使用中不需要数据类型的转换，因为几乎所有的 MATLAB 及其工具箱函数都可以使用 double 作为参数类型。对于图像存储来说，用 64 位表示的图像数据会导致图像数据占用巨大存储空间。

MATLAB 还支持无符号整数类型（uint8 和 uint16），uint 类型的优势在于节省空间，涉及运算时要转换成 double 类型，具体的调用方法如下：

```
im2double()        % 将图像数组中存储的数据转换成 double 精度类型
im2uint8()         % 将图像数组中存储的数据转换成 unit8 类型
im2uint16()        % 将图像数组中存储的数据转换成 unit16 类型
```

4.3.4 图像文件的显示

在 MATLAB 中，显示图像的最基本方法是调用 image 函数。该函数会产生图像对象的句柄，并允许对象的属性进行设置。

imagesc 函数也具有 image 函数的功能，不同的是 imagesc 函数还会自动将输入数据比例化，以全色图的方式显示出来。image 函数的调用方法如下：

```
image(C)
image(x,y,C)
image(x,y,C,'PropertyName',PropertyValue,...)
image('PropertyName',PropertyValue,...)
handle = image(...)
```

其中，x, y 分别表示图像显示位置左上角的坐标，C 表示所需显示的图像。

imagesc 函数具有对显示的图像进行自动缩放的功能，调用方法如下：

```
imagesc(C)          % 表示将输入变量 C 内含的数据显示为图像
imagesc(x,y,C)      % 将变量 C 内含的数据显示为图像，并使用 x 和 y 变量设定
                    % x 轴和 y 轴的数值范围
imagesc(...,clims)  % 在 clims 指定的范围内对 C 中的值进行归一化处理，并将归一化处理后的值
                    % 显示为图像。clims 是具有两个元素的向量,用来限定 C 中的数值的数据范围,
                    % 将这些值映射到当前色图的范围内
```

【例 4-7】调用 image 函数对图像进行处理并显示出来。

```
I = imread('cell.tif');
figure(1);
image(100,100,I);
colormap(gray(256));
```

运行结果如图 4-6 所示。

【例 4-8】调用 imagesc 函数对图像进行处理并显示出来。

```
I = imread('forest.tif');
figure(1);
imagesc(100,100,I);
colormap(gray(256));
```

运行结果如图 4-7 所示。

图 4-6　调用 image 函数处理并显示图像的示例

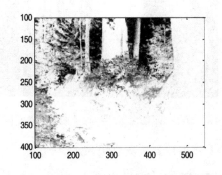

图 4-7　调用 imagesc 函数处理并显示图像的示例

4.3.5　imshow 函数

imshow 函数相比于 image 函数和 imagesc 函数更为常用，它能自动设置图像的各种属性。Imshow 函数可用于显示各类图像。对于每类图像，imshow 函数的调用方法略有不同，常用的几种调用方法如下：

```
imshow filename          % 显示图像文件
imshow(BW)               % 显示二值图像，BW 为表示黑白二值图像的矩阵
imshow(X,MAP)            % 显示索引图像，X 为索引图像矩阵，MAP 为颜色映射表
imshow(I)               % 显示灰度图像，I 为二值图像矩阵
imshow(RGB)             % 显示 RGB 图像，参数 RGB 为 RGB 图像矩阵
imshow(I,[low high])    % 将非图像数据显示为图像，需要考虑数据是否超出了所显示图像类型的
                        % 允许取值范围，其中[low high]用于定义待显示数据的取值范围
```

【例 4-9】直接显示图像。

```
imshow('moon.tif');
```

运行结果如图 4-8 所示。

【例 4-10】显示双精度灰度图像。

```
bw=zeros(100,100);
bw (2:2:98,2:2:98)=1;
imshow(bw);
whos bw;
```

运行结果如图 4-9 所示。

【例 4-11】显示索引图像。

```
[X,MAP]=imread('autumn.tif');
imshow(X,MAP);
colorbar;
```

运行结果如图 4-10 所示。

 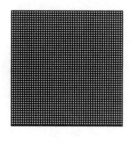 

图 4-8　直接显示图像　图 4-9　双精度灰度图像的显示　　　　图 4-10　显示索引图像

【例 4-12】按灰度级显示。

```
I=imread('moon.tif');
imshow(I)
```

运行结果如图 4-11 所示。

【例 4-13】显示真彩色图像。

```
RGB=imread('pears.png');
imshow(RGB);
```

运行结果如图 4-12 所示。

【例 4-14】按最大灰度范围显示图像。

```
I=imread('tire.tif');
imshow(I,[])
```

运行结果如图 4-13 所示。

图 4-11　显示灰度图像　　　　图 4-12　显示真彩色图像　　　　图 4-13　按最大灰度范围显示图像

4.3.6　用于图像特殊显示的函数

有关图像显示的函数或其辅助函数，除了上面讲述的以外，MATLAB 还提供了一些用于图像特殊显示的函数。

1. 添加颜色条

在 MATLAB 中，可以用 colorbar 函数将颜色条添加到坐标轴对象中，如果该坐标轴包含一个图像对象，那么添加的颜色条将指示出该图像中不同颜色的数据值，这一用法对于了解被显示图像的灰度级别特别有用。该函数的调用方法如下：

```
Colorbar                            % 在当前坐标轴的右侧添加新的垂直方向的颜色条
```

```
colorbar(...,'peer',axes_handle)% 创建与 axes_handle 所代表的坐标轴相关联的颜色条
colorbar('location')                % 在相对于坐标轴的指定方位添加颜色条
colorbar(...,'PropertyName',propertyvalue) % 指定用来创建颜色条的坐标轴的属性
                                    % 名称和属性值
```

【例 4-15】在灰度图像的显示中增加一个颜色条。

```
I=imread('tire.tif');
imshow(I,[])
colorbar
```

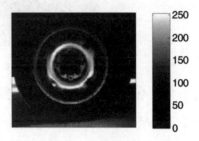

图 4-14　增加颜色条

运行结果如图 4-14 所示。

2. 在一个区域内显示多个图像

在 MATLAB 中，想要在一个区域内显示多个图像，可以用函数 subimage 来实现。

【例 4-16】一个区域内显示多个图像。

```
load trees;
[x2,map2]=imread('forest.tif');
subplot(1,2,1),
subimage(X,map);         % 显示索引图像
colorbar
subplot(1,2,2),
subimage(x2,map2);
colorbar
```

运行结果如图 4-15 所示。

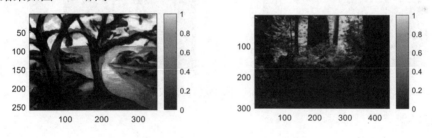

图 4-15　一个区域内显示多个图像

3. 在不同的图形窗口显示不同的图像

在 MATLAB 中，想要在不同的图形窗口显示不同的图像，可以用 figure 函数来实现。

【例 4-17】在不同的图形窗口显示不同的图像。

```
[X1,map1] = imread('forest.tif');    % 读入图像
[X2,map2] = imread('trees.tif');
imshow(X1,map1),
figure,
imshow(X2,map2)
```

运行结果如图 4-16 所示。

图 4-16　窗口 1 显示的图像和窗口 2 显示的图像

4．在同一个图形窗口显示多图

在 MATLAB 中，想要在同一个图形窗口显示多图，可以用 subplot 函数来实现。

【例 4-18】同一个图形窗口显示多图。

```
load trees;
[x2,map2]=imread('forest.tif');    % 读入图像
subplot(1,2,2),
imshow(x2,map2);
colorbar
subplot(1,2,1),
imshow(X,map);
colorbar
```

运行结果如图 4-17 所示。

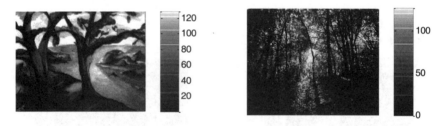

图 4-17　同一个图形窗口显示多图

5．纹理映射

纹理映射是一种将二维图像映射到三维图形表面的一种显示技术。MATLAB 中的 warp 函数可以实现纹理映射，该函数的调用方法如下：

```
warp(X,map)      % 将索引图像显示在默认表面上
warp(I,n)        % 将灰度图像显示在默认表面上
warp(BW)         % 将二值图像显示在默认表面上
warp(RGB)        % 将真彩图像显示在默认表面上
warp(z,...)      % 将图像显示 z 表面上
warp(x,y,z,...)  % 将图像显示（x,y,z）表面上
h = warp(...)    % 返回图像的句柄
```

【例 4-19】将指定图像文件的图像纹理映射到圆柱面和球面。

```
[x,y,z] = cylinder;
I = imread('forest.tif');
```

```
subplot(1,2,1),warp(x,y,z,I);            % 将图像纹理映射到圆柱面
[x,y,z] = sphere(50);
subplot(1,2,2),warp(x,y,z,I);            % 将图像纹理映射到球面
```

运行结果如图 4-18 所示。

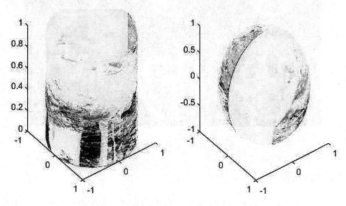

图 4-18　图像纹理映射到圆柱面和球面

6. 显示多帧图像

多帧图像是一种包含多幅图像（即帧）的图像文件，又称为多页图像或图像序列。在 MATLAB 中，它是一个四维数组，其中第四维用来指定帧的序号。

在一个多帧图像数组中，每一幅图像必须有相同的大小和颜色分量，每一幅图像还要使用相同的颜色映射表。另外，图像处理工具箱中的许多函数（比如 imshow）只能对多幅图像矩阵的前两维或三维进行操作，也可以对四维数组使用这些函数，但是必须单独处理每一帧。

如果将一个数组传递给一个函数，并且数组的维数超过该函数设计的操作维数，那么得到的结果就不可预知了。

函数 montage 可以使多帧图像一次显示出来，也就是将每一帧分别显示在一幅图像的不同区域，所有子区的图像都用同一个色彩条。其调用格式为：

```
montage(I)         % 显示灰度图像 I 共 k 帧，I 为 m×n×1×k 的数组
montage(BW)        % 显示二值图像 BW 共 k 帧，BW 为 m×n×1×k 的数组
montage(X,map)     % 显示索引图像 X 共 k 帧，颜色映射表由 map 指定为所有的帧图像的映射表，
                   % X 为 m×n×1×k 的数组
montage(RGB)       % 显示真彩色图像 RGB 共 k 帧，RGB 为 m×n×3×k 的数组
```

【例 4-20】调用 montage 函数显示图像。

```
mri=uint8(zeros(128,128,1,6));
for frame=1:6
[mri(:,:,:,frame),map]=imread('mri.tif',frame);  % 把每一帧读入内存中
end
montage(mri,map);
```

运行结果如图 4-19 所示。

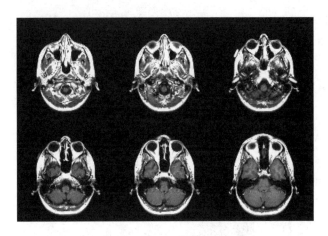

图 4-19 多帧图像的显示

7. 多帧图像转换为动画

在 MATLAB 中,对于包含多帧的图像,可以同时显示多帧,也可以用动画的形式显示图像的各个帧。函数 immovie 可以将多帧图像转换为动画,其调用格式为:

```
mov = immovie(D,map)
```

其中,D 为多帧索引图像阵列,map 为索引图像的对应色阶。对于其他类型的图像,则需要首先将其转换为索引图像,因为这种函数只对索引图像有效。

8. 图像的缩放

在 MATLAB 中,函数 zoom 可以将图像或二维图形进行放大或缩小显示。zoom 本身是一个开关键,常见的调用方法为:

```
zoom on      % 用于打开缩放模式
zoom off     % 用于关闭缩放模式
zoom in      % 用于放大图像
zoom out     % 用于缩小图像
```

4.3.7 图像文件的存储

在 MATLAB 中,函数 imwrite 用于存储图像文件,其常用的调用格式为:

```
imwrite(A,filename,fmt)
imwrite(X,map,filename,fmt)
imwrite(…,filename)
imwrite(…,Param1,Val1,Param2,Val2…)
```

其中,imwrite(…,Param1,Val1,Param2,Val2,…)可以让用户控制 HDF、JPEG、TIFF 等一些图像文件格式的输出特性。

将 tif 格式的图像保存为 jpg 格式的图像:

```
[x,map]=imread('canoe.tif');
imwrite(x,map,'canoe.jpg','JPG','Quality',75)
```

4.4　图像类型的转换

在对图像进行处理时，很多时候会对图像的类型有特殊的要求。例如，对索引图像进行滤波时，必须把它转换为 RGB 图像，否则只是对图像数据的下标进行滤波，得到的是毫无意义的结果。在 MATLAB 中，提供了许多图像类型转换的函数，从这些函数的名称就可以看出它们的功能。

4.4.1　dither 函数

在 MATLAB 中，用 dither 函数实现对图像的抖动。该函数通过颜色抖动（颜色抖动即改变边沿像素的颜色，使像素周围的颜色近似于原始图像的颜色，从而以空间分辨率来换取颜色分辨率）来增强输出图像的颜色分辨率。该函数可以把 RGB 图像转换成索引图像或把灰度图像转换成二值图像。其调用方法如下：

```
X=dither(RGB, map)        % 根据指定的颜色映射表 map 把 RGB 图像转换成索引图像 X
X=dither(I)               % 把灰度图像 I 转换成二值图像 BW
```

【例 4-21】将 RGB 图像进行抖动处理转换成索引图像。

```
clear all;
I=imread('autumn.tif');
map=pink(512);
X=dither(I,map);          % 将 RGB 图像经过抖动处理转换成索引图像
subplot(1,2,1),
imshow(I);
subplot(1,2,2),
imshow(X,map);
```

运行结果如图 4-20 所示。

图 4-20　把 RGB 图像经过抖动处理转换成索引图像

【例 4-22】调用 dither 函数将灰度图像经过抖动处理转换成二值图像。

```
clear all;
I=imread('rice.png');
BW=dither(I);            % 将灰度图像经过抖动处理转换成二值图像
subplot(1,2,1),
imshow(I);
subplot(1,2,2),
imshow(BW);
```

运行结果如图 4-21 所示。

图 4-21 将灰度图像经过抖动处理转换成二值图像

4.4.2 gray2ind 函数

在 MATLAB 中，gray2ind 函数用于把灰度图像或二值图像转换成索引图像，调用方法如下：

```
[X,map]= gray2ind(I,n)    % 按照指定的灰度级 n 把灰度图像 I 转换成索引图像 X，
                          % map 为 gray(n)，n 的默认值为 64
```

【例 4-23】调用 gray2ind 函数将灰度图像转换成索引图像。

```
clear all;
I=imread('cameraman.tif');
[X,map]=gray2ind(I,32);        % 将灰度图像转换成索引图像
subplot(1,2,1),
imshow(I);
subplot(1,2,2),
imshow(X,map);
```

运行结果如图 4-22 所示。

图 4-22 将灰度图像转换成索引图像

4.4.3 grayslice 函数

在 MATLAB 中，grayslice 函数用于设定阈值将灰度图像转换为索引图像。该函数的调用方法如下：

```
X=grayslice(I,n)    % 将灰度图像 I 均匀量化为 n 个等级，然后转换为伪彩色图像 X
X=grayslice(I,v)    % 按指定的阈值向量 v（其中每个元素在 0 和 1 之间）对图像 I 进行阈值划分，
                    % 然后转换成索引图像。I 可以是 double、uint8 或 uint16 类型
```

【例 4-24】调用 grayslice 函数将灰度图像转换为索引图像。

```
clear
I=imread('cell.tif');
X2=grayslice(I,8);              % 将灰度图像转换为索引图像
subplot(1,2,1);
subimage(I);
subplot(1,2,2);
subimage(X2,jet(8));
```

运行结果如图 4-23 所示。

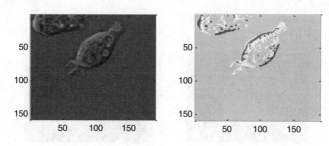

图 4-23　设定阈值将灰度图像转换为索引图像

4.4.4　im2bw 函数

在 MATLAB 中，im2bw 函数用于设定阈值将灰度、索引、RGB 图像转换为二值图像，调用方法如下：

```
BW=im2bw(I, level)
BW=im2bw(X, map, level)
BW=im2bw(RGB, level)           % level 是一个归一化阈值，取值范围为[0,1]
```

【例 4-25】调用 im2bw 函数将真彩色转换为二值图像。

```
clear
I=imread('autumn.tif');
X=im2bw(I,0.5);                % 将真彩色转换为二值图像
subplot(1,2,1),
imshow(I);
subplot(1,2,2),
imshow(X);
```

运行结果如图 4-24 所示。

图 4-24　将真彩色转换为二值图像

4.4.5　ind2gray 函数

在 MATLAB 中，ind2gray 函数用于将索引图像转换为灰度图像，调用方法如下：

```
I= ind2gray(X, map)
```

【例 4-26】调用 ind2gray 函数将索引图像转换为灰度图像。

```
clear
load trees
I=ind2gray(X,map);              % 将索引图像转换为灰度图像
subplot(1,2,1);
imshow(X,map);
subplot(1,2,2);
imshow(I);
```

运行结果如图 4-25 所示。

图 4-25　将索引图像转换为灰度图像

4.4.6　ind2rgb 函数

在 MATLAB 中，ind2rgb 函数用于将索引图像转换为 RGB 图像，调用方法如下：

```
RGB=ind2rgb(X, map)
```

【例 4-27】调用 ind2rgb 函数将索引图像转换为 RGB 图像。

```
clear
[I,map]=imread('m83.tif');
X=ind2rgb(I,map);               % 将索引图像转换为 RGB 图像
subplot(1,2,1);
imshow(I,map);
subplot(1,2,2);
imshow(X);
```

运行结果如图 4-26 所示。

图 4-26　将索引图像转换为 RGB 图像

4.4.7　mat2gray 函数

在 MATLAB 中，mat2gray 函数用于将数据矩阵转换为灰度图像，调用方法如下：

```
I=mat2gray(A,[max,min]) % 按指定的取值区间[max,min]将数据矩阵A转换为灰度图像I。如不
                        % 指定区间，默认取最大区间。其中，A和I均为double类型
I=mat2gray(A)
```

【例 4-28】调用 mat2gray 函数将数据矩阵转换为灰度图像。

```
clear
I=imread('tire.tif');
A=filter2(fspecial('sobel'),I);
J=mat2gray(A);          % 将数据矩阵转换为灰度图像
subplot(1,2,1);
subimage(A);
subplot(1,2,2);
subimage(J);
```

运行结果如图 4-27 所示。

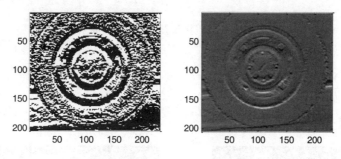

图 4-27　将数据矩阵转换为灰度图像

4.4.8　rgb2gray 函数

在 MATLAB 中，rgb2gray 函数用于将一幅真彩色图像转换成灰度图像，调用方法如下：

```
I= rgb2gray(RGB)
```

【例 4-29】调用 rgb2gray 函数将一幅真彩色图像转换成灰度图像。

```
clear
RGB=imread('autumn.tif');
X=rgb2gray(RGB);           % 将一幅真彩色图像转换成灰度图像
subplot(1,2,1);
imshow(RGB);
subplot(1,2,2);
imshow(X);
```

运行结果如图 4-28 所示。

图 4-28　将一幅真彩色图像转换成灰度图像

4.4.9 rgb2ind 函数

在 MATLAB 中，rgb2ind 函数用于将真彩色图像转换成索引色图像，调用方法如下：

```
[X,map] = rgb2ind(RGB, n)     % 使用最小量化算法把真彩色图像转换为索引图像
                              % 其中，n 指定 map 中的颜色项数，最大不能超过 65 536
X = rgb2ind(RGB, map)         % 在颜色映射表中找到与真彩色图像颜色值最接近的颜色作为
                              % 转换后的索引图像的像素值。map 中颜色项数不能超过 65 536
[X,map]= rgb2ind(RGB, tol)    % 使用均匀量化算法把真彩色图像转换为索引图像，map 中最多包含
                              % (floor(1/tol)+1)^3 种颜色，tol 的取值在 0.0 和 1.0 之间
[...] = rgb2ind(..., dither_option)  % dither_option 用于开启或关闭 dither，dither_
                              % option 可以是 'dither' (默认值) 或 'nodither'
```

【例 4-30】调用 rgb2ind 函数将真彩色图像转换成索引色图像。

```
clear
RGB=imread('onion.png');
[X,MAP]=rgb2ind(RGB,0.7);        % 将真彩色图像转换成索引色图像
subplot(1,2,1);
imshow(RGB);
subplot(1,2,2);
imshow(X,MAP);
```

运行结果如图 4-29 所示。

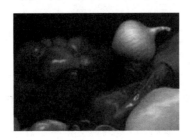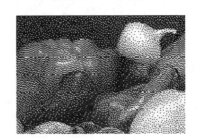

图 4-29　将真彩色图像转换成索引色图像

4.5　MATLAB 中的颜色模型

所谓颜色模型，是指某个三维颜色空间中一个可见光的子集，它包含某个颜色域的所有颜色。例如，RGB 颜色模型就是三维直角坐标颜色系统的一个单位正方体。颜色模型的用途是在某个颜色域内方便地指定颜色，由于每一个颜色域都是可见光的子集，因此任何一个颜色模型都无法包含所有的可见光。

大多数的彩色图形显示设备一般都是使用红、绿、蓝三原色，我们的真实感图形学中的主要颜色模型也是 RGB 模型，但是红、绿、蓝颜色模型用起来不太方便，它与直观的颜色概念（如色调、饱和度和亮度等）没有直接联系。颜色模型主要有 RGB、HSV、YCbCr、NTSC等。下面将具体介绍这些函数。

4.5.1　RGB 模型

RGB 是从颜色发光的原理来设定的，RGB 模型分成了三个颜色通道：红（R）、绿（G）、蓝（B）。RGB 色彩模式使用 RGB 模型为图像中每一个像素的 RGB 分量分配一个 0~255 范围内的强度值。

RGB 图像只使用三种颜色，就可以使它们按照不同的比例混合，在屏幕上重现 16 777 216 种颜色，每个颜色通道（即每种色）分为 255 级亮度，在 0 时"灯"最弱（即关掉），在 255 时"灯"最亮。

4.5.2　HSV 模型

HSV 模型是一种复合主观感觉的颜色模型。H、S、V 分别指的是色调（Hue）、饱和度（Saturation）和明度（Value）。在 HSV 模型中，一种颜色的参数是由 H、S、V 三个分量构成的三元组。

HSV 模型不同于 RGB 模型的单位立方体，而是对应于一个圆柱坐标系中的一个立体锥形子集。在这个锥形中，边界表示不同的颜色。H 分量表示颜色的种类，取值范围为 0~1，对应着颜色从红、黄、绿、蓝绿、蓝、紫到黑变化，且它的值由绕 V 轴的旋转角来决定，每一种颜色和它的补色之间相差 180。

S 分量的取值范围也是 0~1，表示所选颜色的纯度与该颜色最大纯度的比例。对应着颜色从未饱和（灰度）向完全饱和（无白色元素）变化，当 S=0.5 时表示所选颜色的纯度为二分之一。V 分量的取值范围同样是 0~1，从锥形顶点 0 变化到顶部 1，相应的颜色逐渐变亮，顶点表示黑色，顶部表示颜色强度最大。

4.5.3　YCbCr 模型

YCbCr 模型又被称为 YUV 模型，是视频图像和数字图像中常用的颜色模型。在 YCbCr 模型中，Y 为亮度，Cb 和 Cr 共同描述图像的色调（色差），并且 Cb、Cr 分别为蓝色分量和红色分量相对于参考值的坐标。

YCbCr 模型中的数据可以是双精度类型，但存储空间为 8 位无符号整数类型的数据存储空间，且 Y 的取值范围为 16~235，Cb 和 Cr 的取值范围为 16~240。在目前通用的图像压缩算法中（如 JPEG 算法），首要的步骤就是将图像颜色空间转换为 YCbCr 空间。

4.5.4　NTSC 模型

NTSC 模型是一种用于电视图像的颜色模型。NTSC 模型使用的是 Y.I.Q 颜色坐标系。其中，Y 为光亮度，表示灰度信息；I 为色调，Q 为饱和度，均表示颜色信息。因此，该模型的主要优点就是将灰度信息和颜色信息区分开。

4.5.5　HSI 颜色空间

HSI 颜色空间是从人的视觉系统出发，用色调（Hue）、饱和度（Saturation）和亮度（Intensity）来描述颜色。

HSI 颜色空间可以用一个圆锥空间模型来描述。采用这种方式虽然比较复杂，但是能把色调、亮度和饱和度的变化情形表现得很清楚。

通常把色调和饱和度统称为色度，用来表示颜色的类别与深浅程度。人的视觉对亮度的敏感程度远强于对颜色浓淡的敏感程度，因此人们经常采用 HSI 颜色空间（它比 RGB 颜色空间更符合人的视觉特性）。

在图像处理和计算机视觉中大量算法都可以在 HSI 颜色空间中方便地使用，它们可以分开处理而且是相互独立的。因此，HSI 颜色空间可以大大简化图像分析和处理的工作量。HSI 和 RGB 颜色空间只是同一物理量的不同表示法，因而它们之间存在着转换关系。

4.6　MATLAB 颜色模型的转换

在实际应用中，颜色模型都是不同情况下颜色需求的产物，为了系统的统一性，就需要不同颜色模型之间的转换。MATLAB 提供了一些颜色模型转换函数，下面分别进行介绍。

4.6.1　rgb2hsv 函数

在 MATLAB 中，rgb2hsv 函数用于将 RGB 模型转换到 HSV 模型，调用方法如下：

```
HSVMAP=rgb2hsv(RGBMAP)        % 将 RGB 颜色映射表转换成 HSV 颜色映射表
HSV=rgb2hsv(RGB)              % 将 RGB 图像转换为 HSV 图像
```

【例 4-31】调用 rgb2hsv 函数将 RGB 模型转换到 HSV 模型。

```
clear
RGB=imread('autumn.tif');
HSV=rgb2hsv(RGB);            % 将 RGB 模型转换到 HSV 模型
subplot(1,2,1),
imshow(RGB),
title('RGB 图像');
subplot(1,2,2),
imshow(HSV),
title('HSV 图像');
```

运行结果如图 4-30 所示。

RGB 图像 　　　　　　　　　　　　　　　HSV 图像

图 4-30　将 RGB 模型转换到 HSV 模型

4.6.2　hsv2rgb 函数

在 MATLAB 中，hsv2rgb 函数用于将 HSV 模型转换到 RGB 模型，调用方法如下：

```
RGBMAP=hsv2rgb(HSVMAP)          % 将 HSV 颜色映射表转换成 RGB 颜色映射表
RGB=hsv2rgb(HSV)                % 将 HSV 图像转换为 RGB 图像
```

【例 4-32】调用 hsv2rgb 函数将 HSV 模型转换到 RGB 模型。

```
clear
RGB=imread('autumn.tif');
HSV=rgb2hsv(RGB);               % 将 HSV 模型转换到 RGB 模型
RGB1=hsv2rgb(HSV);
subplot(1,3,1),
imshow(RGB),
title('RGB 图像');
subplot(1,3,2),
imshow(HSV),
title('HSV 图像');
subplot(1,3,3),
imshow(RGB1),
title('还原的图像');
```

运行结果如图 4-31 所示。

RGB 图像　　　　　　　　　　　　HSV 图像　　　　　　　　　　　　还原的图像

图 4-31　将 HSV 模型转换到 RGB 模型

4.6.3　rgb2ntsc 函数

在 MATLAB 中，rgb2ntsc 函数用于将 RGB 颜色模型转换到 NTSC 颜色模型。该函数的调用方法如下：

```
YIQMAP=rgb2ntsc(RGBMAP)        % 将 RGB 颜色映射表转换为 YIQ 颜色映射表
                               % 其中，RGBMAP 和 YIQMAP 均为 double 类型
YIQ=rgb2ntsc(RGB)   % 表示将 RGB 图像转换为 NTSC 图像
                    % 其中，RGB 为 double、uint8 或 uint16 类型，YIQ 为 double 类型
```

所使用的计算方法为：

$$\begin{bmatrix} R \\ G \\ B \end{bmatrix} = \begin{bmatrix} 1.000 & 0.956 & 0.621 \\ 1.000 & -0.272 & -0.647 \\ 1.000 & -1.102 & 1.703 \end{bmatrix} \begin{bmatrix} Y \\ I \\ Q \end{bmatrix}$$

【例 4-33】调用 rgb2ntsc 函数将 RGB 模型转换到 NTSC 模型。

```
clear
RGB=imread('onion.png');
YIQ=rgb2ntsc(RGB);       % 将 RGB 模型转换到 NTSC 模型
figure
```

```
subplot(2,3,1);
subimage(RGB);
title('RGB 图像')
subplot(2,3,2);
subimage(mat2gray(YIQ));
title('NTSC 图像')
subplot(2,3,3);
subimage(mat2gray(YIQ(:,:,1)));
title('Y 分量')
subplot(2,3,4);
subimage(mat2gray(YIQ(:,:,2)));
title('I 分量')
subplot(2,3,5);
subimage(mat2gray(YIQ(:,:,3)));
title('Q 分量')
```

运行结果如图 4-32 所示。

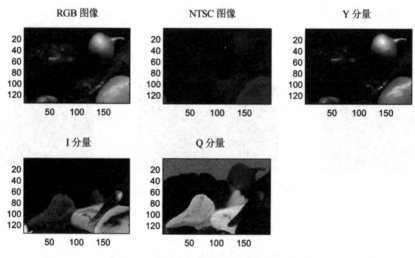

图 4-32　将 RGB 模型转换到 NTSC 模型

4.6.4　ntsc2rgb 函数

在 MATLAB 中，ntsc2rgb 函数用于将 NTSC 模型转换到 RGB 模型。该函数的调用方法如下：

```
RGBMAP=ntsc2rgb(YIQMAP)    % 将 YIQ 颜色映射表转换为 RGB 颜色映射表
                          % 其中，YIQMAP 和 RGBMAP 均为 double 类型
RGB=ntsc2rgb(YIQ)         % 将 YIQ 图像转换为 RGB 图像
                          % 其中，YIQ 和 RGB 均为 double 类型
```

所使用的计算方法为：

$$\begin{bmatrix} Y \\ I \\ Q \end{bmatrix} = \begin{bmatrix} 0.299 & 0.587 & 0.114 \\ 0.596 & -0.274 & -0.322 \\ 0.211 & -0.523 & 0.312 \end{bmatrix} \begin{bmatrix} R \\ G \\ B \end{bmatrix}$$

【例 4-34】调用 ntsc2rgb 函数将 NTSC 模型转换到 RGB 模型。

```
clear
load spine;                   % 读入图像
YIQMAP=rgb2ntsc(map);         % 将 NTSC 模型转换到 RGB 模型
map1=ntsc2rgb(YIQMAP);
YIQMAP=mat2gray(YIQMAP);
Ymap=[YIQMAP(:,1),YIQMAP(:,1),YIQMAP(:,1)];
Imap=[YIQMAP(:,2),YIQMAP(:,2),YIQMAP(:,2)];
Qmap=[YIQMAP(:,3),YIQMAP(:,3),YIQMAP(:,3)];
subplot(2,3,1);
subimage(X,map);
title('原始图像')
subplot(2,3,2);
subimage(X,YIQMAP);
title('转换图像')
subplot(2,3,3);
subimage(X,map1);
title('还原图像')
subplot(2,3,4);
subimage(X,Ymap);
title('NTSC 的 Y 分量')
subplot(2,3,5);
subimage(X,Imap);
title('NTSC 的 I 分量')
subplot(2,3,6);
subimage(X,Qmap);
title('NTSC 的 Q 分量')
```

运行结果如图 4-33 所示。

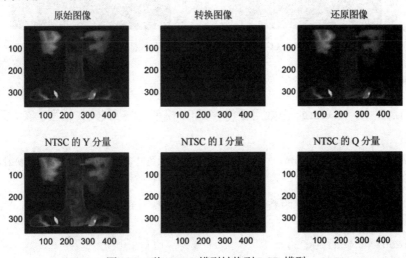

图 4-33　将 NTSC 模型转换到 RGB 模型

4.6.5　rgb2ycbcr 函数

在 MATLAB 中，rgb2ycbcr 函数用于将 RGB 模型转换到 YCbCr 模型。该函数的调用方法如下：

```
YCbCrMAP=rgb2ycbcr(RGBMAP)          % 将 RGB 颜色映射表转换为 YCbCr 颜色映射表
YCbCr =rgb2ycbcr (RGB)              % 将 RGB 图像转换为 YCbCr 图像
```

所使用的计算方法为：

$$\begin{bmatrix} Y \\ Cb \\ Cr \end{bmatrix} = \begin{bmatrix} 16 \\ 128 \\ 128 \end{bmatrix} \begin{bmatrix} 65.481 & 128.553 & 24.966 \\ -37.797 & -74.203 & 112.000 \\ 112.000 & -93.786 & -18.214 \end{bmatrix} \begin{bmatrix} R \\ G \\ B \end{bmatrix}$$

【例 4-35】调用 rgb2ycbcr 函数将 RGB 模型转换到 YCbCr 模型。

```
clear
RGB=imread('onion.png');            % 读入图像
YCbCr=rgb2ycbcr(RGB);               % 将 RGB 模型转换到 YCbCr 模型
subplot(1,2,1);
subimage(RGB);
title('原图像');
subplot(1,2,2);
subimage(YCbCr);
title('转换后的图像');
```

运行结果如图 4-34 所示。

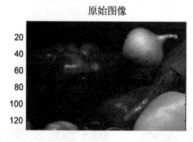 

图 4-34　将 RGB 模型转换到 YCbCr 模型

4.6.6　ycbcr2rgb 函数

在 MATLAB 中，ycbcr2rgb 函数用于将 YCbCr 模型转换到 RGB 模型。该函数的调用方法如下：

```
RGBMAP=ycbcr2rgb(YCbCrMAP)          % 将 YCbCr 颜色映射表转换为 RGB 颜色映射表
RGB=ycbcr2rgb(YCbCr)                % 将 YCbCr 图像转换为 RGB 图像
```

【例 4-36】调用 ycbcr2rgb 函数将 YCbCr 模型转换到 RGB 模型。

```
clear
RGB=imread('onion.png');
YCbCr=rgb2ycbcr(RGB);               % 将 YCbCr 模型转换到 RGB 模型
subplot(1,3,1);
subimage(RGB);
title('原图像');
subplot(1,3,2);
subimage(YCbCr);
```

```
title('转换后的图像');
RGB2=ycbcr2rgb(YCbCr);
subplot(1,3,3);
subimage(RGB2);
title('还原的图像');
```

运行结果如图 4-35 所示。

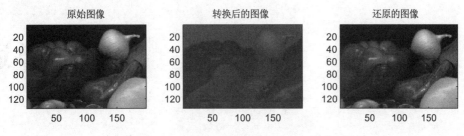

图 4-35　YCbCr 模型转换到 RGB 模型

4.7　本章小结

本章首先介绍了图像的文件格式、常用的图像类型，然后介绍了图像文件的查询、图像文件的读取、图像文件的数据类型的转换、图像文件的显示、图像文件的特殊显示、图像文件的存储、图像类型转换等内容，最后介绍了颜色模型的转换。掌握这些内容是进行 MATLAB 图像处理的基础。

第5章

图像运算

MATLAB 是一套高性能的数值计算和可视化软件，集数值分析、矩阵运算、信号处理和图形显示于一体，构成了一个方便、界面友好的用户环境。图像处理中最基本的运算就是图像运算。MATLAB 提供了图像运算的多种相关函数，这些函数使用起来简单方便，读者可以通过仔细阅读本章内容来掌握图像的各种运算。

学习目标:

- ⌘ 理解图像的点运算、代数运算、几何运算的基本定义和常见方法。
- ⌘ 熟悉图像仿射变换的相关函数、实现步骤。
- ⌘ 理解邻域操作、区域运算的基本原理和实现步骤。

5.1 图像的点运算

通过对图像中的每个像素值进行计算，从而改善图像显示效果的运算叫作点运算。点运算常用于改变图像的灰度范围及分布，是图像数字化及图像显示的重要工具。点运算因其作用性质有时也称为对比度增强和拉伸、灰度变换等。

在真正进行图像处理之前，有时可以用点运算来克服图像数字化设备的局限性。典型的点运算应用包括光度学标定、对比度增强、显示标定、图像分割、图像裁剪等。

点运算是像素的逐点运算，输出图像是输入图像的映射，输出图像每个像素点的灰度值仅由对应的输入像素点的灰度值决定。点运算不会改变图像内像素点之间的空间关系。设输入图像为 $A(x,y)$，输出图像为 $B(x,y)$，则点运算可表示为 $B(x,y)=f[A(x,y)]$。

点运算完全由灰度映射函数 f 决定。根据 f 的不同可以将图像的点运算分为线性点运算和非线性点运算两种。显然点运算不会改变图像内像素点之间的空间关系。

5.1.1 线性点运算

在线性点运算中，灰度变换函数就是线性函数时的运算。线性点运算是指灰度变换函数

f(*D*)为线性函数时的运算。用 D_A 表示输入点的灰度值、D_B 表示相应输出点的灰度值，则函数 *f* 的形式如下：

$$f(D_A) = aD_A + b = D_B$$

图 5-1 为对应的线性函数图。

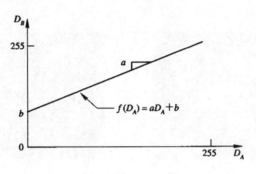

图 5-1　线性函数图

当 *a*>1 时，输出图像的对比度会增大；当 *a*<1 时，输出图像的对比度会减小；当 *a*=1、*b*=0 时，输出图像就是输入图像的简单复制；当 *a*=1、*b*≠0 时，输出图像在整体效果上比输入图像要明亮或灰暗。

【例 5-1】利用线性点运算来处理图像。

```
clear
A=imread('cell.tif');    % 读入图像
I=double(A);
J=I*0.43+60;             % 线性点运算
J=uint8(J);
subplot(1,2,1),
imshow(A);
subplot(1,2,2),
imshow(J);
```

运行结果如图 5-2 所示。

图 5-2　线性点运算图

【例 5-2】求图像的负像。

```
clear
I=imread('cell.tif');    % 读入图像
I=double(I);
```

```
J=-1*I;                        % 求图像的负像
subplot(1,2,1),
imshow(I,[]);
subplot(1,2,2),
imshow(J,[]);
```

运行结果如图 5-3 所示。

 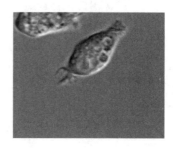

图 5-3　负像的求取

5.1.2　非线性点运算

非线性点运算对应于非线性的灰度映射函数，典型的映射包括平方函数、窗口函数、值域函数、多值量化函数等。图 5-4 给出了几种典型的非线性点运算的映射函数图。

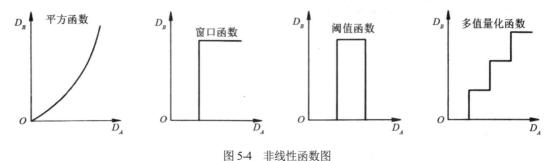

图 5-4　非线性函数图

【例 5-3】利用非线性点运算来处理图像。

```
clear
a=imread('moon.tif');          % 读入图像
subplot(1,3,1);
imshow(a);
x=1:255;
y=x+x.*(255-x)/255;            % 非线性点运算
subplot(1,3,2);
plot(x,y);
b1=double(a)+0.006*double(a).*(255-double(a));
subplot(1,3,3);
imshow(uint8(b1));
```

运行结果如图 5-5 所示。

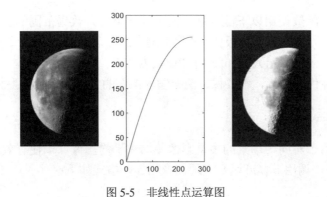

图 5-5　非线性点运算图

5.2　图像的代数运算

图像的代数运算是两幅或者多幅输入图像之间进行点对点的加、减、乘、除运算后得到输出图像的过程。我们可以把图像的代数运算简单地理解成数组的运算。

设 $A(x,y)$、$B(x,y)$ 为输入图像，$C(x,y)$ 为输出图像，则图像的代数运算有如下 4 种形式：

$$C(x,y)=A(x,y)+B(x,y)$$
$$C(x,y)=A(x,y)-B(x,y)$$
$$C(x,y)=A(x,y)\times B(x,y)$$
$$C(x,y)=A(x,y)\div B(x,y)$$

图像的代数运算在图像处理中有着广泛的应用，除了可以实现自身所需的算术运算，还能为许多复杂的图像处理做准备。例如，图像减法就可以用来检测同一场景或物体生成的两幅或多幅图像的误差。

可以使用 MATLAB 基本算术运算符（+、-、×、÷等）来执行图像的算术运算，但是在此之前必须将图像转换为适合进行基本算术运算的双精度数据类型。

常见的算术运算函数如表 5-1 所示。

表5-1　常见的算术运算函数

函 数 名	说 明
imabsdiif	两幅图像的绝对差
imadd	两幅图像的叠加
imcomplement	图像求反，即实现负片（底片）效果
imdivide	两幅图像的除法
imlincomb	两幅图像的线性组合
immultiply	两幅图像的乘法
imsubtract	两幅图像的减法

在 MATLAB 中，图像代数运算函数无须再进行数据类型间的转换，这些函数能够接受 uint8 和 uintl6 类型的数据，并返回相同格式的图像结果。

图像的代数运算函数使用以下截取规则使运算结果符合数据范围的要求：超出数据范围的整型数据将被截取为数据范围的极值，分数结果将被四舍五入。例如，若数据类型是 uint8，那么大于 255 的结果（包括无穷大 inf）将被设置为 255。

无论进行哪一种代数运算，都要保证两幅输入图像的大小相等且类型相同。

5.2.1 图像加法运算

图像相加一般用于对同一场景的多重影像叠加求平均图像，以便有效地降低加性随机噪声。在 MATLAB 中，调用 imadd 函数实现图像相加，格式如下：

```
Z=imadd(X,Y);
```

其中，$Z=X+Y$。

【例 5-4】利用图像的代数运算对图像进行处理。

```
clear
i=imread('rice.png');          % 读入图像
subplot(2,2,1);
imshow(i);
clear
j=imread('cameraman.tif');
subplot(2,2,2);
imshow(j);
k=imadd(i,j,'uint16');         % 调用 imadd 函数实现图像相加
subplot(2,2,3);
imshow(k,[]);
f=imadd(i,45);
subplot(2,2,4);
imshow(f);
```

运行结果如图 5-6 所示。

图 5-6　进行加法运算后的图像

【例 5-5】调用 imnoise 函数对噪声进行相加运算。

```
clear
a=imread('moon.tif');                          % 读入图像
a1=imnoise(a,'gaussian',0,0.006);              % 加入噪声
a2=imnoise(a,'gaussian',0,0.006);
a3=imnoise(a,'gaussian',0,0.006);
a4=imnoise(a,'gaussian',0,0.006);
k=imlincomb(0.25,a1,0.25,a2,0.25,a3,0.25,a4);  % 噪声相加
```

```
subplot(1,3,1);
imshow(a);
subplot(1,3,2);
imshow(a1);
subplot(1,3,3);
imshow(k);
```

运行结果如图 5-7 所示。

图 5-7　进行噪声相加处理后的图像

【例 5-6】增加图像的亮度。

```
R=imread('onion.png');          % 读入图像
R2=imadd(R,100);                % 增加图像的亮度
subplot(1,2,1),
imshow(R);
subplot(1,2,2),
imshow(R2);
```

运行结果如图 5-8 所示。

图 5-8　增加亮度处理后的图像

5.2.2　图像减法运算

图像相减是常用的图像处理方法，用于检测变化及运动的物体。图像减法也称为差分方法，在 MATLAB 中可以用图像数组直接相减来实现，也可以调用 imsubtract 函数来实现。imsubtract 函数的调用格式如下：

```
Z=imsubtract(X,Y);
```

其中，$Z=X-Y$。

【例 5-7】减去图像不均匀背景。

```
clear
I=imread('rice.png');                    % 读入图像
```

```
background=imopen(I,strel('disk',15));
I2=imsubtract(I,background);          % 减去图像不均匀背景
subplot(1,2,1),
imshow(I);
subplot(1,2,2),
imshow(I2);
```

运行结果如图 5-9 所示。

图 5-9　减去图像不均匀背景

【例 5-8】使用图像的减法运算。

```
clear
i=imread('cell.tif');                % 读入图像
subplot(2,2,1);
imshow(i);
back=imopen(i,strel('disk',15));
subplot(2,2,2);
imshow(back);
i1=imsubtract(i,back);               % 进行图像的减法运算
subplot(2,2,3);
imshow(i1);
i2=imsubtract(i,45);
subplot(2,2,4);
imshow(i2);
```

运行结果如图 5-10 所示。

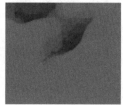

图 5-10　进行减法运算后的图像

【例 5-9】降低 R 图像的亮度。

```
clear
R=imread('onion.png');               % 读入图像
R2=imsubtract(R,100);                % 降低 R 图像的亮度
subplot(1,2,1),
imshow(R);
subplot(1,2,2),
```

```
imshow(R2);
```

运行结果如图 5-11 所示。

图 5-11　降低亮度后的图像

5.2.3　图像乘法运算

图像乘法运算可以实现图像的掩模处理，即屏蔽掉图像的某些部分（需要屏蔽的部分用 0 表示）。一幅图像乘以一个常数通常被称为缩放（注意这里的缩放与前文的 Zoom Out 和 Zoom In 表示的缩放不是一个含义）。如果使用的缩放因数大于 1，将增强图像的亮度；如果因数小于 1，就会使图像变暗。

此外，时域的卷积和相关运算与频域的乘积运算对应，因此乘法运算有时也被用作一种技巧来实现卷积或相关处理。

在 MATLAB 中，可以调用 immultiply 函数实现两幅图像的相乘，格式如下：

```
Z=immultiply(X,Y);
```

其中，$Z=X\times Y$。

【例 5-10】对图像进行乘法运算。

```
clear
i=imread('cell.tif');          % 读入图像
subplot(1,3,1);
imshow(i);
i16=uint16(i);
j=immultiply(i16,i16);         % 对图像进行乘法运算
subplot(1,3,2);
imshow(j);
j2=immultiply(i,0.5);
subplot(1,3,3);
imshow(j2);
```

运行结果如图 5-12 所示。

图 5-12　进行乘法运算后的图像

5.2.4 图像除法运算

图像的除法运算可用于校正成像设备的非线性影响。在 MATLAB 中，可以调用 imdivide 函数进行两幅图像的相除，格式如下：

```
Z=imdivide(X,Y),
```

其中，$Z=X\div Y$。

【例 5-11】使用图像的除法运算。

```
clear
i=imread('tire.tif');              % 读入图像
subplot(1,3,1);
imshow(i);
back=imopen(i,strel('disk',15));
i1=imdivide(i,back);               % 使用图像的除法运算
subplot(1,3,2);
imshow(i1,[]);
i2=imdivide(i,2);
subplot(1,3,3);
imshow(i2);
```

运行结果如图 5-13 所示。

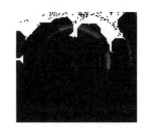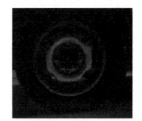

图 5-13　进行除法运算后的图像

5.2.5 线性组合运算

对于 uint8 和 uintl6 类型的数据，每步运算都要进行数据截取，将会减少输出图像的信息量。对于图像的线性组合运算，较好的办法是调用函数 imlincomb。该函数按双精度执行所有代数运算，仅对最后的输出结果进行截取，在 MATLAB 中的调用格式如下：

```
Z=imlincomb(A,X,B,Y,C)    % 其中，Z=A×X+B×Y+C
Z=imlincomb(A,X,C)        % 其中，Z=A×X+C
Z=imlincomb(A,X,B,Y)      % 其中，Z=A×X+B×Y
```

【例 5-12】对图像进行线性组合运算。

```
clear
i=imread('cameraman.tif');              % 读入图像
j=imlincomb(2.5,i);                     % 对图像进行线性组合运算
subplot(2,2,1);
imshow(i);
subplot(2,2,2);
imshow(j);
j1=uint8(filter2(fspecial('gaussian'),i));
```

```
k=imlincomb(1,i,-1,j1,128);
subplot(2,2,3);
imshow(k);
j2=imread('cameraman.tif');
k2=imlincomb(1,i,1,j2,'uint16');
subplot(2,2,4);
imshow(k2,[]);
```

运行结果如图 5-14 所示。

图 5-14   进行线性组合运算后的图像

【例 5-13】计算两幅图像的平均值。

```
clear
I1=imread('rice.png');                    % 读入图像
I2=imread('cameraman.tif');
% K=imdivide(imadd(I1,I2),2);            % 计算两幅图像的平均值
K=imlincomb(0.4,I1,0.4,I2);
subplot(1,3,1),
subimage(I1);
subplot(1,3,2),
subimage(I2);
subplot(1,3,3),
subimage(K);
```

运行结果如图 5-15 所示。

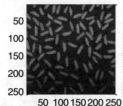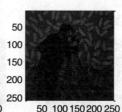

图 5-15   计算两幅图像的平均值

5.3   图像的逻辑运算

图像的逻辑运算在图像的增强、图像识别、图像复原和区域分割等领域有着广泛的应用。逻辑运算会通过位运算引起图像像素点的数值变化。MATLAB 提供了一些逻辑运算函数，如表 5-2 所示。

表5-2 图像的逻辑运算函数

函 数	说 明
bitand	位与运算函数
bitcmp	位补运算函数
bitor	位或运算函数
bitxor	位异或运算函数
bitshift	位移位运算函数

【例 5-14】对图像进行逻辑运算。

```
clear
i=imread('tape.png');          % 读入图像
subplot(2,3,1);
imshow(i);
j=imdivide(i,2);               % 对图像进行逻辑运算
k1=bitand(i,j);
subplot(2,3,2);
imshow(k1);
k2=bitcmp(i);
subplot(2,3,3);
imshow(k2);
k3=bitor(i,j);
subplot(2,3,4);
imshow(k3);
k4=bitxor(i,j);
subplot(2,3,5);
imshow(k4);
k5=bitshift(i,2);
subplot(2,3,6);
imshow(k5)
```

运行结果如图 5-16 所示。

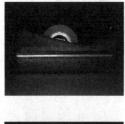
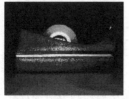

图 5-16 进行逻辑运算后的图像

5.4 图像的几何运算

图像的几何运算是指引起图像几何形状发生改变的变换，包括图像的缩放、旋转和剪切等。几何运算与点运算不同，可以看成是像素在图像内的移动过程，该移动过程可以改变图像中物体对象（像素）之间的空间关系。几何运算可以是不受任何限制的，但是通常都需要做出一些限制以保持图像的外观顺序。

5.4.1 图像的插值

用来估计像素在图像像素间某一位置处取值的过程叫作图像的插值。有很多种图像的插值的方法，但是插值操作的方式都是相同的。无论使用何种插值方法，首先都需要找到与输出图像像素相对应的输入图像点，然后通过计算该点附近某一像素集合的权平均值来指定输出像素的灰度值。

像素的权是根据像素到点的距离而定的，不同插值方法的区别就在于所考虑的像素集合不同。最常见的差值方法如下：

- 最近邻插值（nearest neighbor interpolation）：表示输出像素将被指定为像素点所在位置处的像素值。
- 双线性插值（bilinear interpolation）：表示输出像素值是像素 2×2 邻域内的权平均值。
- 双三次插值（bicubic interpolation）：表示输出像素值是像素 4×4 邻域内的权平均值。

双线性插值利用(x,y)点的 4 个最近邻像素的灰度值按照以下方法计算(x,y)点的灰度值。

设输出图像的宽度为 W、高度为 H，输入图像的宽度为 w、高度为 h，按照线性插值的方法，将输入图像的宽度方向分为 W 等份、高度方向分为 H 等份，那么输出图像中任意一点(x,y)的灰度值就应该由输入图像中四点(a,b)、$(a+1,b)$、$(a,b+1)$和$(a+1,b+1)$的灰度值来确定。

其中，a 和 b 的值分别为：

$$a = \left[x \times \frac{w}{W} \right] \quad 0 \leqslant x < W$$

$$b = \left[y \times \frac{h}{H} \right] \quad 0 \leqslant y < H$$

(x,y)点的灰度值 $f(x,y)$ 应为：

$$f(x,y) = (b+2-y)f(x,b) + (a+1-x)f(x,b+1)$$

其中，

$$f(x,b) = (a-b)f(a+1,b) + (a+1-x)f(a,b)$$

$$f(x,b+1) = (x-a)f(a+1,b+1) + (a+1-x)f(a,b+1)$$

双线性插值如图 5-17 所示。

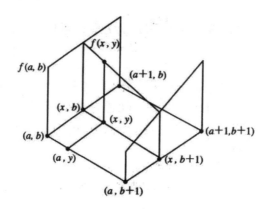

图 5-17 双线性插值

5.4.2 图像的平移

图像的平移非常简单，所用到的是直角坐标系的平移变换公式：

$$\begin{cases} x' = x + \Delta x \\ y' = y + \Delta y \end{cases}$$

其中，x 方向与 y 方向是矩阵的行列方向。

【例 5-15】对图像进行平移。

```
clear
I=imread('office_4.jpg');                                    % 读入图像
figure;
subplot(121);
imshow(I);
I=double(I);
I1=zeros(size(I))+255;
h=size(I1);
I1(50+1:h(1),50+1:h(2),1:h(3))=I(1:h(1)-50,1:h(2)-50,1:h(3)); % 平移变换
I1=uint8(I1);
subplot(122);
imshow(I1);
```

运行结果如图 5-18 所示。

图 5-18 图像的平移

5.4.3　图像的缩放

图像的缩放是指在保持原有图像形状的基础上对图像的大小进行放大或缩小。在 MATLAB 中，可以使用 imresize 函数来改变一幅图像的大小，该函数的调用格式如下：

```
B=imresize(A,M,METHOD)
```

其中，A 是原图像；M 为缩放系数；B 为缩放后的图像；METHOD 为插值方法，可取值为'nearest'、'bilinear'和'bicubic'。

【例 5-16】利用不同的方法对图像进行缩放。

```
clear
i=imread('cell.tif');                    % 读入图像
j=imresize(i,0.5);
j1=imresize(i,2.5);
j2=imresize(i,0.05,'nearest');           % 使用不用的方法对图像进行缩放
j3=imresize(i,0.05,'bilinear');
j4=imresize(i,0.05,'bicubic');
subplot(2,3,1);
imshow(i);
subplot(2,3,2);
imshow(j);
subplot(2,3,3);
imshow(j2);
subplot(2,3,4);
imshow(j1);
subplot(2,3,5);
imshow(j3);
subplot(2,3,6);
imshow(j4);
```

运行结果如图 5-19 所示。

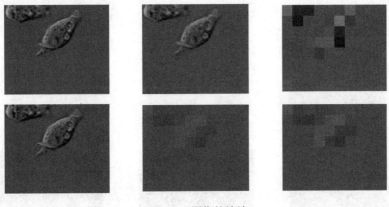

图 5-19　图像的缩放

5.4.4　图像的旋转

在 MATLAB 中，可以使用 imrotate 函数来旋转图像，该函数的调用格式如下：

```
B=imrotate(A,ANGLE,METHOD,BBOX)
```

其中，A 表示需要旋转的图像；ANGLE 表示旋转的角度，正值为逆时针；METHOD 表示插值方法；BBOX 表示旋转后的显示方式，有两种选择，一种是 loose，旋转后图像的大小与原图像的大小一样，另一种是 crop，旋转后的图像包含原图像。

【例 5-17】利用 imrotate 函数对图像进行旋转。

```
clear
[A,map]=imread('trees.tif');            % 读入图像
J=imrotate(A,40,'bilinear');            % 对图像进行旋转
J1=imrotate(A,40,'bilinear','crop');
subplot(1,3,1),
imshow(A,map)
subplot(1,3,2),
imshow(J,map)
subplot(1,3,3),
imshow(J1,map)
```

运行结果如图 5-20 所示。

图 5-20　图像的旋转

【例 5-18】调用 loose 函数对图像进行旋转。

```
clear
[A,map]=imread('trees.tif');            % 读入图像
J=imrotate(A,40,'bilinear');            % 对图像进行旋转
J1=imrotate(A,40,'bilinear','loose');
subplot(1,3,1),
imshow(A,map)
subplot(1,3,2),
imshow(J,map)
subplot(1,3,3),
imshow(J1,map)
```

运行结果如图 5-21 所示。

图 5-21　调用 loose 函数对图像进行旋转

从上面的两个例子可以发现，将 crop 换为 loose 对图像进行旋转后图像的大小和原图的大小一样。

5.4.5　图像的镜像

通俗地讲，镜像就是在镜子中所成的像，特点是左右颠倒或者上下颠倒。图像的镜像分为水平镜像和垂直镜像两种。

水平镜像的计算公式如下：

$$\begin{cases} x' = x \\ y' = -y \end{cases}$$

由于表示图像的矩阵坐标不能为负，因此需要在进行镜像计算之后再进行坐标的平移。

$$\begin{cases} x'' = x' = x \\ y'' = y' + N + 1 = N + 1 - y \end{cases}$$

垂直镜像的计算公式如下：

$$\begin{cases} x' = -x \\ y' = y \end{cases}$$

同样，表示图像的矩阵坐标不能为负，在进行镜像计算之后再进行坐标的平移。

$$\begin{cases} x'' = x' + M + 1 = M + 1 - x \\ y'' = y = y \end{cases}$$

在 MATLAB 中，flipud(X)函数用于实现矩阵的上下翻转；fliplr(X)函数用于实现矩阵的左右翻转。

【例 5-19】调用 flipud(X)函数和 fliplr(X)函数对图形进行翻转处理。

```
clear
I=imread('football.jpg');              % 读入图像
figure;
subplot(221)
;imshow(I);
title('原始图像')
I=double(I);
h=size(I);
I_fliplr(1:h(1),1:h(2),1:h(3))=I(1:h(1),h(2):-1:1,1:h(3)); % 水平镜像变换
I1=uint8(I_fliplr);
subplot(222);
imshow(I1);
title('水平镜像变换')
I_flipud(1:h(1),1:h(2),1:h(3))=I(h(1):-1:1,1:h(2),1:h(3)); % 垂直镜像变换
I2=uint8(I_flipud);
subplot(223);
imshow(I2);
title('垂直镜像变换')
%对角镜像变换
I_fliplr_flipud(1:h(1),1:h(2),1:h(3))=I(h(1):-1:1,h(2):-1:1,1:h(3));
```

```
I3=uint8(I_fliplr_flipud);
subplot(224);
imshow(I3);
title('对角镜像变换')
```

运行结果如图 5-22 所示。

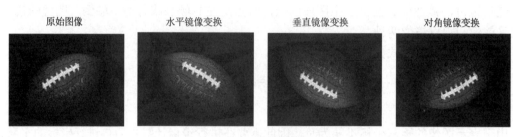

原始图像　　　　水平镜像变换　　　　垂直镜像变换　　　　对角镜像变换

图 5-22　图像的镜像变换

【例 5-20】对图像进行平移、镜像、旋转和放大变换处理。

```
clear
I=imread('greens.jpg');                    % 读入图像
figure;
subplot(121);
imshow(I);
I=double(I);
I1=zeros(size(I))+255;
h=size(I1);
I1(50+1:h(1),50+1:h(2),1:h(3))=I(1:h(1)-50,1:h(2)-50,1:h(3));  % 平移变换
I2(1:h(1),1:h(2),1:h(3))=I1(h(1):-1:1,1:h(2),1:h(3));          % 镜像变换
I3=imrotate(I2,45,'nearest');                                  % 旋转变换
I4=imresize(I3,3,'nearest');                                   % 放大 3 倍
I4=uint8(I4);
subplot(122);
imshow(I4);
```

运行结果如图 5-23 所示。

图 5-23　图像的几何变换

5.4.6　图像的裁剪

图像的裁剪是指将图像不需要的部分切除，只保留感兴趣的部分。在 MATLAB 中，通过调用 imcrop 函数可以从一幅图像中抽取一个矩形的部分，该函数的调用格式如下：

```
I2=imcrop(I)       % 交互式地对灰度图像进行剪切，显示图像，允许用鼠标指定剪裁矩形
X2=imcrop(X,map)   % 交互式地对索引图像进行剪切，显示图像，允许用鼠标指定剪裁矩形
```

```
RGB2=imcrop(RGB)        % 交互式地对真彩图像进行剪切，显示图像，允许用鼠标指定剪裁矩形
I2=imcrop(I,rect)       % 非交互式地对指定灰度图像进行剪裁，按指定的矩阵框 rect 剪切图像
                        % rect 四元素向量为[xmin,ymin,width,height]，表示矩形的左下角的
                        % 长度及宽度
X2=imcrop(X,map,rect)   % 非交互式地对指定索引图像进行剪裁
RGB2=imcrop(RGB,rect)   % 非交互式地对指定真彩图像进行剪裁
[…]=imcrop(x,y, …)      % 在指定坐标系(x,y)中剪切图像
```

【例 5-21】对图像进行交互式裁剪。

```
clear
I=imread('circuit.tif');
subplot(1,2,1)
,imshow(I);
I0=imcrop;                       % 对图像进行交互式裁剪
subplot(1,2,2),
imshow(I0);
```

运行结果如图 5-24 所示。

图 5-24　图像的交互式裁剪

【例 5-22】通过指定参数对图像进行裁剪。

```
clear
i=imread('circuit.tif');
i2=imcrop(i,[50 80 80 70]);              % 通过指定参数对图像进行裁剪
subplot(1,2,1);
imshow(i);
subplot(1,2,2);
imshow(i2);
```

运行结果如图 5-25 所示。

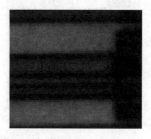

图 5-25　通过参数对图像进行裁剪的结果

5.5 仿射变换

仿射变换可以理解为对坐标进行缩放、旋转、平移后取得的新坐标的值，也可以理解为经过对坐标的缩放、旋转、平移后原坐标在新坐标系中的值，可以用以下函数来描述：

$$f(x) = Ax + b$$

其中，A 是变形矩阵，b 是平移矩阵。在二维空间里，A 可以按 4 个步骤分解：平移变换、伸缩变换、扭曲变换、旋转变换。

5.5.1 平移变换

平移变换的变换矩阵为：

$$A_s = \begin{bmatrix} S & 0 \\ 0 & S \end{bmatrix} \qquad S \geqslant 0$$

【例 5-23】对图像进行平移。

```
clear
I=checkerboard(20,2);
subplot(121);
imshow(I);                    % 显示图像
title('原始图像')
axis on;
s=1.2;T=[s 0;0 s;0 0];
tf=maketform('affine',T);
I1=imtransform(I,tf,'bicubic','FillValues',0.7);    % 对图像进行平移
subplot(122);
imshow(I1);
title('图像平移')
axis on;
```

运行结果如图 5-26 所示。

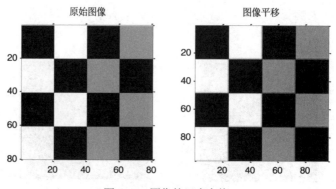

图 5-26　图像的尺度变换

5.5.2　伸缩变换

伸缩变换的变换矩阵为：

$$A_t = \begin{bmatrix} 1 & 0 \\ 0 & t \end{bmatrix}, \ A_t A_s = \begin{bmatrix} S & 0 \\ 0 & st \end{bmatrix}$$

【例 5-24】对图像进行伸缩变换。

```
clear
j=imread('cameraman.tif');        % 读入图像
t=maketform('affine',[.5 0 0;.5 2 0;0 0 1]);   % 对图像进行伸缩变换
i1=imtransform(j,t);
i2=size(j);
i3=zeros(i2(1)*2,i2(2));
for i=1:i2(1)
for k=1:i2(2)
i3(2*i,uint8(i*0.5+k*0.5))=j(i,k);
end;
end;
i3=uint8(i3);
subplot(1,3,1);
imshow(j);
title('原始图像')
subplot(1,3,2);
imshow(i1);
title('结构变换 ')
subplot(1,3,3);
imshow(i3);
title('空间变换')
```

运行结果如图 5-27 所示。

结构变换 空间变换

原始图像

图 5-27　图像的伸缩变换

5.5.3　扭曲变换

扭曲变换的变换矩阵为：

$$A_u = \begin{bmatrix} 1 & u \\ 0 & 1 \end{bmatrix}, \ A_u A_t A_s = \begin{bmatrix} s & stu \\ 0 & st \end{bmatrix}$$

【例 5-25】对图像进行扭曲变换。

```
clear
I=checkerboard(20,2);
subplot(121);
imshow(I);                        % 显示图像
title('原始图像')
axis on;
u=0.3;
T=[1 u;0 1;0 0];
tf=maketform('affine',T);
I1=imtransform(I,tf,'bicubic','FillValues',0.3);    % 扭曲变换
subplot(122);
imshow(I1);
title('扭曲图像')
axis on;
```

运行结果如图 5-28 所示。

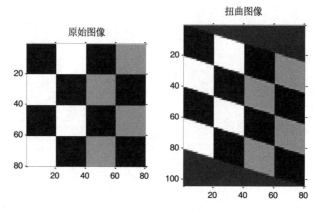

图 5-28   图像的扭曲变换

5.5.4   旋转变换

旋转变换的变换矩阵为：

$$A_\theta = \begin{bmatrix} \cos\theta & -\sin\theta \\ \sin\theta & \cos\theta \end{bmatrix} \qquad 0 \leqslant \theta \leqslant 2\pi$$

$$A_\theta A_u A_t A_s = \begin{bmatrix} s\cos\theta & stu\cos\theta - st\sin\theta \\ s\sin\theta & stu\sin\theta - st\cos\theta \end{bmatrix}$$

【例 5-26】对图像进行旋转变换。

```
clear
I = checkerboard(20,2);
subplot(1,2,1);
imshow(I);                        % 显示图像
title('原始图像')
```

```
angle=15*pi/180;
sc=cos(angle);
ss=sin(angle);
T=[sc -ss; ss  sc;0 0];
tf=maketform('affine',T);
I1=imtransform(I,tf,'bicubic','FillValues',0.3);    % 对图像进行旋转变换
subplot(122);
imshow(I1);
title('旋转图像')
```

运行结果如图 5-29 所示。

图 5-29　图像的旋转变换

【例 5-27】仿射变换。

```
clear
I=imread('cameraman.tif');       % 读入图像
I1=imresize(I,[60 60]);
figure;
subplot(121);
imshow(I);
T=maketform('projective',[1 1;31 1;31 31;1 31],[5 5;40 5;35 30;-10 30]);
T1=makeresampler('cubic','circular');
T2=imtransform(I1,T,T1,'size',[150 200],'XYScale',1);  % 仿射变换
subplot(122);
imshow(T2);
```

运行结果如图 5-30 所示。

图 5-30　图像的仿射变换

5.6 邻域与区域操作

以像素点为中心相关的一系列像素点集叫作图像的邻域，如图 5-31 所示。邻域操作（或称为邻域运算）是指输出 G 的像素值取决于输入 F 的像素值及其某个邻域内的像素值。

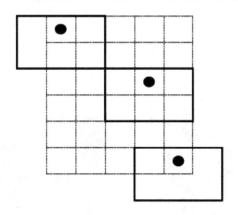

图 5-31　6×5 矩阵中的 2×3 邻域块

邻域大小是指一个远小于图像尺寸且形状规则的像素块，例如 2×2、3×3 的正方形，或用来近似表示圆及椭圆等形状的多边形。邻域类型主要有滑动邻域操作、分离邻域操作。

5.6.1 滑动邻域操作

滑动邻域操作每次在一个像素上进行。输出图像的每一个像素都是通过对输入图像某邻域内的像素值采用某种代数运算得到的。图 5-31 说明了一个元素 2×3 的邻域块在一个 6×5 的矩阵中滑动的情况，每一个邻域的中心像素都用一个黑点标出。

中心像素是指输入图像真正要进行处理的像素。如果邻域的行和列都是奇数，那么中心像素就是邻域的中心；如果行或列有一维为偶数，那么中心像素将位于中心偏左或偏上方。

一个邻域矩阵中心像素的坐标可表示为：

$$\text{floor}\big(\big(([m,n]+1)/2\big)\big)$$

邻域操作的一般算法如下：

1）选择一个像素。

2）确定该像素的邻域。

3）用一个函数对邻域内的像素进行计算并返回这个标量结果。

4）在输出图像对应的位置填入输入图像邻域中的中心位置。

5）重复计算，遍及每一个像素点。

在 MATLAB 中，nlfilter 函数用于滑动邻域操作，常见的调用方式为：

`B=nlfilter(A,[m n],fun)` % A 为输入图像，B 为输出图像，m×n 为邻域尺寸，fun 为运算函数

colfilt 函数用于对图像进行快速邻域操作，调用方法如下：

```
B=colfilt(A,[m n],'sliding',fun)          % 指定'sliding'函数进行滑动邻域操作
```

im2col 函数、col2im 函数用于对图像进行列操作，它们的调用方法如下：

```
B=im2col(A,[m n],'sliding')               % 将一幅图像排成列
B=col2im(A,[m n],[mm,nn],'sliding')       % 将图像进行列重构处理
```

常见的运算函数如表 5-3 所示。

表5-3　常见的运算函数

函　数	说　明
mean	求向量的平均值
mean2	求矩阵的平均值
std	求向量的标准差
std2	求矩阵的标准差
median	求向量的中值
max	求向量的最大值
min	求向量的最小值
var	求向量的方差

除了上述的几个常用运算函数外，还可以用 inline 自定义函数。

【例 5-28】使用滑动邻域操作对图像进行处理。

```
clear
i=imread('cell.tif');          % 读入图像
fun=@(x)median(x(:));
b=nlfilter(i,[3 3],fun);       % 使用滑动邻域操作对图像进行处理
subplot(1,2,1);
imshow(i);
title('原始图像')
subplot(1,2,2);
imshow(b);
title('滑动处理后的图像')
```

运行结果如图 5-32 所示。

原始图像　　　　　　　　滑动处理后的图像

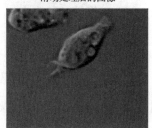

图 5-32　滑动邻域操作前后的图像

【例 5-29】调用函数 mean 进行滑动处理。

```
clear
```

```
I=imread('tire.tif');              % 读入图像
I2=nlfilter(I,[5 5],'mean2');      % 调用函数 mean 进行滑动处理
subplot(121),
imshow(I,[]);
title('原始图像')
subplot(122),
imshow(I2,[]);
title('滑动处理')
```

运行结果如图 5-33 所示。

原始图像　　　　　　　　　　　　滑动处理

图 5-33　滑动处理

【例 5-30】调用 inline 自定义函数进行滑动处理。

```
clear
I=imread('cell.tif');        % 读入图像
f=inline('max(x(:))');       % 调用 inline 自定义函数进行滑动处理
I2=nlfilter(I,[3 3],f);
subplot(1,2,1),
imshow(I);
subplot(1,2,2),
imshow(I2);
```

运行结果如图 5-34 所示。

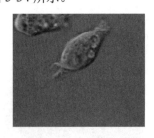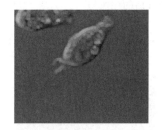

图 5-34　调用自定义函数进行滑动处理

【例 5-31】对图像进行快速滑动邻域操作。

```
clear
I=imread('cell.tif');        % 读入图像
I2=colfilt(I,[5 5],'sliding','mean');   % 对图像进行快速滑动邻域操作
subplot(121),
imshow(I,[]);
subplot(122),
```

```
imshow(I2,[]);
```

运行结果如图 5-35 所示。

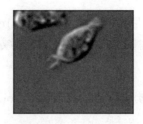

图 5-35 快速滑动邻域操作

【例 5-32】调用列操作函数对图像进行滑动处理。

```
clear
I=imread('cell.tif');              % 读入图像
I1=im2col(I,[3 3],'sliding');    % 调用列操作对图像进行滑动处理
I1=uint8([0 -1 0 -1 4 -1 0 -1 0]*double(I1));
I2=col2im(I1,[3,3],size(I),'sliding');
subplot(121),
imshow(I,[]);
subplot(122),
imshow(I2,[]);
```

运行结果如图 5-36 所示。

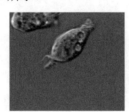

图 5-36 列操作

5.6.2 分离邻域操作

分离邻域操作也称图像的块操作。在分离邻域操作中，将矩阵划分为 $m \times n$ 的矩形。分离邻域从左上角开始覆盖整个矩阵，邻域之间没有重叠部分。如果分割的邻域不能很好地匹配图像的大小，那么可以对图像进行 0 填充。

试着将一个 11×22 的矩阵划分为 9 个 4×8 邻域，如图 5-37 所示。这时需要进行 0 填充，即将数值 0 添加到图像矩阵所需的底部和右侧，让图像矩阵大小变为 12×24。

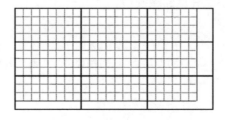

图 5-37 图像的分离邻域处理

在 MATLAB 中，进行图像邻域分离操作的函数是 blkproc，常见的调用方式为：

```
B=blkproc(A,[m n],fun)
```

其中，A 为将要进行处理的图像矩阵；[m n]为要处理的分离邻域大小；fun 为运算函数。colfilt 函数用于对图像进行快速分离邻域操作，调用方法如下：

```
B=colfilt(A,[m n],'distinct',fun)
```

与滑动邻域操作类似，im2col 函数和 col2im 函数为列操作函数，它们的调用方法如下：

```
B=im2col(A,[m n],'distinct')              % 将一幅图像排成列
B=col2im(A,[m n],[mm,nn],'distinct')      % 将图像列重构
```

【例 5-33】使用分离邻域操作对图像进行处理。

```
clear
i=imread('cameraman.tif');                % 读入图像
fun=inline('std2(x)*ones(size(x))');
i1=blkproc(i,[2 2],[2 2],fun);            % 使用分离邻域操作对图像进行处理
i2=blkproc(i,[2 2],fun);
i3=blkproc(i,[5 5],fun);
subplot(2,2,1);
imshow(i);
subplot(2,2,2);
imshow(i1);
subplot(2,2,3);
imshow(i2);
subplot(2,2,4);
imshow(i3);
```

运行结果如图 5-38 所示。

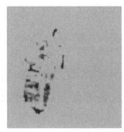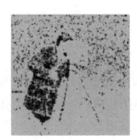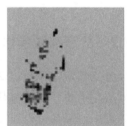

图 5-38　分离邻域操作

【例 5-34】对图像进行快速分离邻域操作。

```
clear
I=imread('cell.tif');                     % 读入图像
f=inline('ones(64,1)* mean(x)');          % 对图像进行快速分离邻域操作
I2=colfilt(I,[8 8],'distinct',f);
subplot(1,2,1),
imshow(I,[])
subplot(1,2,2),
```

```
imshow(I2,[])
```

运行结果如图 5-39 所示。

图 5-39 快速分离邻域操作

【例 5-35】调用列操作函数进行分离邻域操作。

```
clear
I=imread('cell.tif');              % 读入图像
I1=im2col(I,[8 8],'distinct');  % 用列操作函数进行分离邻域操作
I1=ones(64,1)* mean(I1);
I2=col2im(I1,[8,8],size(I),'distinct');
subplot(121),
imshow(I,[]);
subplot(122),
imshow(I2,[]);
```

运行结果如图 5-40 所示。

图 5-40 调用列操作函数进行分离邻域操作

5.6.3 列处理操作

当对图像进行滑动邻域操作和分离邻域操作时，为了加快处理速度，可以使用列处理操作。在 MATLAB 中，进行图像列处理操作的函数是 colfilt，常见的调用方法为：

```
B=colfilt(A,[m,n],block_type,fun)
```

其中，A 为将要进行处理的图像矩阵，[m n] 为分块大小，block_type 的值可以为 sliding，fun 为运算函数。

【例 5-36】使用列处理操作对图像进行处理。

```
clear
i=imread('cameraman.tif');                        % 读入图像
i2=uint8(colfilt(i,[4,4],'sliding',@mean));    % 使用列处理操作对图像进行处理
```

```
i3=uint8(colfilt(i,[4,4],'sliding',@max));
i4=uint8(colfilt(i,[4,4],'sliding',@min));
subplot(2,2,1);
imshow(i);
subplot(2,2,2);
imshow(i2);
subplot(2,2,3);
imshow(i3);
subplot(2,2,4);
imshow(i4);
```

运行结果如图 5-41 所示。

图 5-41　对图像进行列处理操作

5.6.4　区域的选择

在进行图像处理时，有时候只需对图像中的某个特定区域进行滤波，而不需要对整个图像进行处理。

在 MATLAB 中，对指定区域进行处理可以通过一个二值图像来实现，这个二值图像称为 mask 图像。

用户选定一个区域后会生成一个与原图大小相同的二值图像，选定的区域为白色，其余部分为黑色。通过掩模图像就可以实现对特定区域的选择性处理。

MATLAB 图像处理工具箱提供了 roicolor 和 roipoly 两个函数用于对选择的特定区域生成二值掩模，下面分别进行介绍。

1. roicolor 函数

在 MATLAB 中，roicolor 函数可以通过灰度来选择区域，调用方法如下：

```
BW = roicolor(A,low,high)    % 通过指定灰度范围来返回掩模 mask 图像
BW = roicolor(A,v)           % 按向量 v 指定的灰度返回掩模 mask 图像
```

【例 5-37】利用灰度选择法对图像进行处理。

```
clear
I=imread('eight.tif');       % 读入图像
BW=roicolor(I,128,255);      % 利用灰度选择法对图像进行处理
subplot(121),
subimage(I);
subplot(122),
subimage(BW);
```

运行结果如图 5-42 所示。

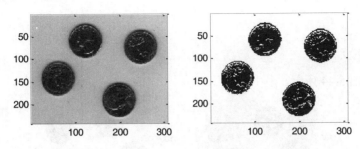

图 5-42 灰度选择区域

2. roipoly 函数

在 MATLAB 中，roipoly 函数可以用于选择图像中的多边形区域，调用格式如下：

```
BW=roipoly(I,c,r)                % 用向量 c、r 指定多边形各点的 x、y 坐标
                                 % BW 选中的区域为 1，其他部分的值为 0
BW = roipoly(I)                  % 建立交互式的处理界面
BW = roipoly(x,y,I,xi,yi)        % 向量 x 和 y 建立非默认的坐标系，然后在指定的坐标系下
                                 % 选择由向量 xi 和 yi 指定的多边形区域
```

【例 5-38】调用 roipoly 函数对图像进行处理。

```
clf
I=imread('coins.png');           % 读入图像
c=[222  272  300  270  221  194];     % 选择图像中的多边形区域
r=[21  21  75  121  121  75];
BW=roipoly(I,c,r);          % 调用 roipoly 函数对图像进行处理
subplot(121),
subimage(I);
subplot(122),
subimage(BW);
```

运行结果如图 5-43 所示。

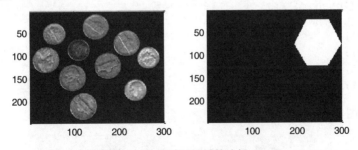

图 5-43 多边形区域的选择

区域的选择还可以通过矩阵产生法来实现，也即是用矩阵构造的方法选择区域。

【例 5-39】用矩阵构造的方法选择区域。

```
I=imread('eight.tif');              % 读入图像
% BW=zeros(size(I));                % 用矩阵构造的方法选择区域
% BW(100:150,50:140)=1;
```

```
BW=I>150;
subplot(121),
subimage(I);
subplot(122),
subimage(BW);
```

运行结果如图 5-44 所示。

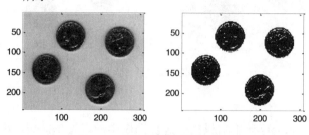

图 5-44　用矩阵构造法选择区域

5.6.5　区域滤波

在 MATLAB 中，roifilt2 函数可用于对指定区域的进行滤波或处理，调用方法如下：

```
J=roifilt2(h,I,BW)
```

其中，h 为滤波器，I 为输入图像，BW 为指定区域，J 为输出图像。

还可以调用 fun 函数对指定区域进行处理（或运算），调用方法如下：

```
J=roifilt2(I,BW,fun)
```

【例 5-40】对指定区域进行锐化。

```
clf
I=imread('eight.tif');           % 读入图像
c=[222 272 300 270 221 194];     % 对指定区域进行锐化
r=[21  21  75  121 121  75];
BW=roipoly(I,c,r);
h=fspecial('unsharp');           % 滤波函数
J=roifilt2(h,I,BW);
subplot(121),
subimage(I);
subplot(122),
subimage(J);
```

运行结果如图 5-45 所示。

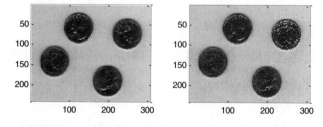

图 5-45　对指定区域进行锐化

【例 5-41】对指定区域进行滤波处理。

```
I=imread('coins.png');              % 读入图像
c=[222  272  300  270  221  194];
r=[21  21  75  121  121  75];
BW=roipoly(I,c,r);                  % 对指定区域进行滤波处理
f=inline('uint8(abs(double(x)-100))');
J=roifilt2(I,BW,f);
subplot(121),
subimage(I);
subplot(122),
subimage(J);
```

运行结果如图 5-46 所示。

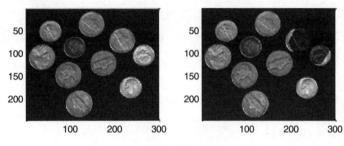

图 5-46　对指定区域进行滤波处理

5.6.6　区域填充

在 MATLAB 中，函数 roifill 可用于对指定区域进行填充，调用方法如下：

```
J=roifill(I,c,r)      % 填充由向量 c 和 r 指定的多边形,其中 c 和 r 分别为多边形各顶点的 x、
                      % y 坐标,可用于擦除图像中的小物体
J=roifill(I)          % 用于交互式处理界面
J=roifill(I,BW)       % 用 BW(和 I 大小一致)掩模填充此区域。如果为多个多边形,则分别
                      % 执行插值填充
```

【例 5-42】调用函数 roifill 对指定区域进行填充。

```
clf
I=imread('coins.png');        % 读入图像
c=[222 272 300 270 221 194];
r=[21 21 75 121 121 75];
J=roifill(I,c,r);             % 对指定区域进行填充
subplot(121),
imshow (I);
subplot(122),
imshow (J);
```

运行结果如图 5-47 所示。

图 5-47　对指定区域进行填充

5.7　本章小结

　　本章首先介绍了点运算，然后介绍了图像的基本运算，包括图像的代数运算、逻辑运算、几何运算、仿射变换、邻域操作以及区域操作等。读者要熟悉本章提到的函数，并掌握其用法，为后面的复杂图像处理打下基础。

第6章

图像变换

图像的频率是图像在平面空间上的梯度，是表征图像内变化剧烈程度的指标。例如，大面积的海洋在图像中是一片图像变化缓慢的区域，对应的频率值很低；地表属性变换剧烈的边缘区域在图像中是一片图像变化剧烈的区域，对应的频率值较高。图像的变换是指把图像从空间域转换到变换域，其在图像处理中占有重要的地位，在图像的去噪、图像压缩、特征提取和图像识别方面发挥着重要的作用。

学习目标：

✂ 了解傅里叶变换的相关知识。

✂ 掌握应用 MATLAB 语言进行 FFT（快速傅里叶变换）及逆变换的方法。

✂ 掌握离散余弦变换和 Radon 变换的基本原理、实现步骤。

✂ 掌握小波变换的基本原理、实现步骤。

6.1　傅里叶变换

傅里叶变换是信号处理中最重要、应用最广泛的变换。傅里叶变换理论及其物理解释两者的结合对图像处理领域诸多问题的解决提供了有利的思路，在分析某一问题时可以从空域和频域两个角度来考虑问题并来回切换，利用频域中特有的性质，可以使图像处理过程简单、有效，被广泛应用于图像处理中。

6.1.1　傅里叶变换的物理意义

傅里叶变换是数字信号处理领域一种很重要的算法。傅里叶原理表明：任何连续测量的时序或信号，都可以表示为不同频率的正弦波信号的无限叠加。根据该原理创立的傅里叶变换算法利用直接测量到的原始信号，以累加方式来计算该信号中不同正弦波信号的频率、振幅和相位。

和傅里叶变换算法对应的是傅里叶逆变换算法。该逆变换从本质上说也是一种累加处理，这样就可以将单独改变的正弦波信号转换成一个信号。因此，可以说傅里叶变换将原来难以处理的时域信号转换成了易于分析的频域信号（信号的频谱），可以利用一些工具对这些频域信号进行处理、加工。最后，还可以利用傅里叶逆变换将这些频域信号转换成时域信号。

从现代数学的眼光来看，傅里叶变换是一种特殊的积分变换。它能将满足一定条件的某个函数表示成正弦基函数的线性组合或者积分。在不同的研究领域，傅里叶变换具有多种不同的变体形式，如连续傅里叶变换和离散傅里叶变换（DFT）。

在数学领域，尽管最初傅里叶分析是作为热过程的解析分析的工具，但是其思想方法仍然具有典型的还原论和分析主义的特征。"任意"的函数通过一定的分解，都能够表示为正弦函数线性组合的形式，而正弦函数在物理上是被充分研究而相对简单的函数类：

1）傅里叶变换是线性算子，若赋予适当的范数，它还是酉算子。

2）傅里叶变换的逆变换容易求出，而且形式与正变换非常类似。

3）正弦基函数是微分运算的本征函数，从而使得线性微分方程的求解可以转化为常系数的代数方程的求解。在线性时不复杂的卷积运算为简单的乘积运算，从而提供了计算卷积的一种简单手段。

4）离散形式的傅里叶的物理系统内，频率是一个不变的性质，系统对于复杂激励的响应可以通过组合其对不同频率正弦信号的响应来获取。

5）著名的卷积定理指出傅里叶变换可以化复杂的卷积运算为简单的乘积运算，从而提供了计算卷积的一种简单手段（其算法被称为快速傅里叶变换（FFT）算法）。

基于上述的良好性质，傅里叶变换在物理学、数论、组合数学、信号处理、概率、统计、密码学、声学、光学等领域有着广泛的应用。

6.1.2 傅里叶变换在图像中的应用

傅里叶变换在实际中有非常明显的物理意义，设 f 是一个能量有限的模拟信号，则其傅里叶变换就表示 f 的谱。从纯粹的数学意义上看，傅里叶变换是将一个函数转换为一系列周期函数来处理的。从物理效果来看，傅里叶变换是将图像从空间域转换到频率域，其逆变换是将图像从频率域转换到空间域。换句话说，傅里叶变换的物理意义是将图像的灰度分布函数变换为图像的频率分布函数，傅里叶逆变换是将图像的频率分布函数变换为灰度分布函数。

傅里叶变换以前，图像（未压缩的位图）是由对在连续空间（现实空间）上的采样得到一系列点的集合，我们习惯用一个二维矩阵表示空间上的各点，则图像可由 $z=f(x,y)$ 来表示。

由于空间是三维的、图像是二维的，因此空间中物体在另一个维度上的关系就由梯度来表示，这样我们可以通过观察图像得知物体在三维空间中的对应关系。因为实际上对图像进行二维傅里叶变换得到频谱图就是图像梯度的分布图，当然频谱图上的各点与图像上的各点并不存在一一对应的关系，即使在不移频的情况下也是如此。

傅里叶频谱图上我们看到的明暗不一的亮点实际上表示图像上某一点与邻域点差异的强弱，即梯度的大小，即该点频率的大小（可以这么理解，图像中的低频部分指低梯度的点，高频部分相反）。

一般来讲，梯度大则该点的亮度强，否则该点亮度弱。这样通过观察傅里叶变换后的频谱图也叫功率图，我们首先就可以看出图像的能量分布，如果频谱图中暗的点数更多，那么实际图像是比较柔和的（因为各点与邻域差异都不大，梯度相对较小）；反之，如果频谱图中亮的点数多，那么实际图像一定是尖锐的，边界分明且边界两边像素差异较大。

对频谱移频到原点以后，可以看出图像的频率分布是以原点为圆心、对称分布的。将频谱移频到圆心除了可以清晰地看出图像频率分布以外，还有一个好处，它可以分离出有周期性规律的干扰信号，比如正弦干扰。从一幅带有正弦干扰、移频到原点的频谱图上可以看出除了中心以外，还存在以某一点为中心、对称分布的亮点集合，这个集合就是干扰噪声产生的，这时可以很直观地通过在该位置放置带阻滤波器来消除干扰。

6.1.3　连续傅里叶变换

函数 $f(x)$ 的傅里叶变换存在的条件是满足狄里赫莱条件：具有有限个间断点；具有有限个极值点；绝对可积。

1）一维连续傅里叶变换：

$$F(u) = \int_{-\infty}^{+\infty} f(x) \exp[-j2\pi ux] dx$$

其逆变换为：

$$f(x) = \int_{-\infty}^{+\infty} F(u) \exp[j2\pi ux] du$$

如果为实函数，那么 $f(x)$ 傅里叶变换用复数表示。

2）二维连续傅里叶变换：

$$F(u,v) = \int_{-\infty}^{\infty} \int_{-\infty}^{\infty} f(x,y) e^{-j2\pi(ux+vy)} dx dy$$

其逆变换为：

$$f(x,y) = \int_{-\infty}^{\infty} \int_{-\infty}^{\infty} F(u,v) e^{j2\pi(ux+vy)} du dv$$

【例 6-1】利用二维连续傅里叶变换来显示图像的幅度频谱。

```
clear
figure(1);                          % 建立图形窗口 1
title('二维频率域网络');
[u,v] = meshgrid(-2:0.02:2);        % 生成二维频域网格
F1 = abs(sinc(u.*pi));
F2 = abs(sinc(v.*pi));
F=F1.*F2;                           % 计算幅度频谱 F=|F(u,v)|
surf(u,v,F);                        % 平滑三维曲面上的网格
shading interp;                     % 平滑三维曲面上的小格
figure(2);                          % 建立图形窗口 2
F1=histeq(F);                       % 扩展 F 的对比度以增强视觉效果
imshow(F1);                         % 用图像来显示幅度频谱
```

```
title('幅度频率');
```

运行结果如图 6-1 和图 6-2 所示。

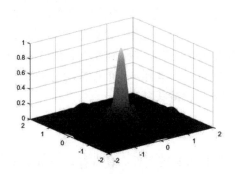

图 6-1 二维频域网格图

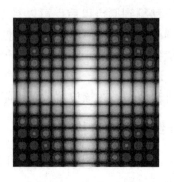

图 6-2 频率幅度图

3）一维离散傅里叶变换：

$$F(u) = \sum_{x=0}^{N-1} f(x) e^{-j2\pi ux/N} , \quad u = 0,1,2,\cdots,N-1 ,$$

其逆变换定义为：

$$f(x) = \frac{1}{N} \sum_{u=0}^{N-1} F(u) e^{j2\pi ux/N}$$

4）二维离散傅里叶变换。二维连续傅里叶变换在二维坐标上进行采样，对空域的采样间隔为 Δx 和 Δy，对频域的采样间隔 Δu 为 Δv，它们的关系为：

$$\Delta u = \frac{1}{N\Delta x}$$

$$\Delta v = \frac{1}{N\Delta y}$$

式中，N 是在图像一个维上的采样总数。二维离散傅里叶变换及逆变换定义如下：

$$F(u,v) = \frac{1}{N^2} \sum_{x=0}^{N-1}\sum_{y=0}^{N-1} f(x,y) \exp[-j2\pi(ux+vy)/N]$$

$$f(x,y) = \frac{1}{N^2} \sum_{u=0}^{N-1}\sum_{v=0}^{N-1} F(u,v) \exp[j2\pi(ux+vy)/N]$$

其中，$u,v = 0,1,\cdots,N-1$；$n = 0,1,\cdots,N-1$。

6.1.4 快速傅里叶变换

快速傅里叶变换（FFT）是一种计算离散傅里叶变换（DFT）的快速有效的方法。虽然频谱分析和 DFT 运算很重要，但是在很长一段时间里 DFT 运算比较复杂，并没有得到真正的运用，而频谱分析大多仍采用模拟信号滤波的方法解决，直到 1965 年首次提出 DFT 运算的一种快速算法以后情况才发生了根本变化，人们开始认识到 DFT 运算的一些内在规律，从而很快地发展和完善了一套高速有效的运算方法——快速傅里叶变换算法。

FFT 的出现使 DFT 的运算大大简化，运算时间缩短一至两个数量级，使 DFT 的运算在实际中得到广泛应用。下面分别介绍这些函数的用法。

对于一个有限长序列 $\{f(x)\}(0 \leqslant x \leqslant N-1)$，它的傅里叶变换由下式表示：

$$F(u) = \sum_{n=0}^{N-1} f(x)W_n^{ux}$$

令 $W_N = e^{-j\frac{2\pi}{N}}, W_N^{-1} = e^{j\frac{2\pi}{N}}$，傅里叶变换可写成下式：

$$F(u) = \sum_{x=0}^{N-1} f(x)W_N^{ux}$$

从上面的运算可以看出：要得到一个频率分量，需进行 N 次乘法和 $N-1$ 次加法运算。要完成整个变换需要 N^2 次乘法和 $N(N-1)$ 次加法运算。当序列较长时，必然要花费大量的时间。

观察上述系数矩阵，发现 W_N^{ux} 是以 N 为周期的，即

$$W_N^{(u+LN)(x+KN)} = W_N^{ux}$$

在 MATLAB 中，函数 fft、fft2 和 fftn 可以分别实现一维、二维和 N 维 DFT 算法；函数 ifft、ifft2 和 ifftn 则用来计算反 DFT。ffishift 函数可以把傅里叶操作（fft、fft2、fftn）得到的结果中的零频率成分移到矩阵的中心，这有利于观察频谱。

1. fft 函数

该函数的调用格式如下：

```
A=fft(X,N,DIM)
```

其中，X 表示输入图像；N 表示采样间隔点，如果 X 小于该数值，那么 MATLAB 将会对 X 进行零填充，否则将进行截取，使之长度为 N；DIM 表示要进行离散傅里叶变换。

2. fft2 函数

该函数的调用格式如下：

```
A=fft2(X,MROWS,NCOLS)
```

其中，MROWS 和 NCOLS 指定对 X 进行零填充后的 X 大小。这可以实现一维、二维和 N 维 DFT。

3. fftn 函数

该函数的调用格式如下：

```
A=fftn(X,SIZE)
```

SIZE 是一个向量，其中每一个元素都将指定 X 相应维进行零填充后的长度。

函数 ifft、ifft2 和 ifftn 的调用格式与对应的离散傅里叶变换函数一致,分别可以实现一维、二维和 N 维 DFT。

4. ffishift 函数

该函数的调用格式如下:

```
A=fft(X,DIM)
```

对于一维 fft,fftshift 是将左右元素互换;对于 fft2,fftshift 进行对角元素的互换。

【例 6-2】显示图像及傅里叶变换谱。

```
load imdemos saturn2;            % 加载 MATLAB 图像 saturn2
subplot(1,2,1),
imshow(saturn2);                 % 显示图像
title('原始图像');
S= fftshift(fft2(saturn2));      % 计算傅里叶变换并移位
subplot(1,2,2),
imshow(log(abs(S)),[ ]);         % 显示傅里叶变换谱
title('变换频谱');
```

运行结果如图 6-3 所示。

图 6-3 图像及傅里叶变换谱

【例 6-3】显示真彩图像及傅里叶变换频谱。

```
A=imread('onion.png');           % 加载真彩图像
B=rgb2gray(A);                   % 将真彩图像转换为灰度图像
subplot(1,2,1),
imshow(B);                       % 显示灰度图像
title('灰度图像');
C=fftshift(fft2(B));             % 计算傅里叶变换并移位
subplot(1,2,2),
imshow(log(abs(C)),[ ]);         % 显示傅里叶变换谱
title('变换频谱');
```

运行结果如图 6-4 所示。

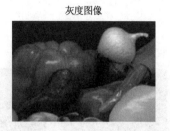
灰度图像

变换频谱

图 6-4　傅里叶变换频谱

【例 6-4】对图像进行傅里叶变换，显示频域振幅图像，再对图像进行傅里叶逆变换，显示图像，看是否与原图像相同。

```
clear
A=imread('cell.tif');            % 读入图像
subplot(1,3,1),
imshow(A);
title('原始图像');
B=fftshift(fft2(A));             % 计算傅里叶变换并移位
subplot(1,3,2),
imshow(log(abs(B)), [ ], 'InitialMagnification','fit');
title('二维傅里叶变换');
C= ifft2(B);
subplot(1,3,3),
imshow(log(abs(C)), [ ], 'InitialMagnification','fit');
title('逆变换后图像');
```

运行结果如图 6-5 所示。

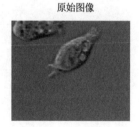
原始图像

二维傅里叶变换

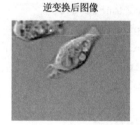
逆变换后图像

图 6-5　对图像进行傅里叶变换和逆变换

【例 6-5】对图像进行傅里叶变换和逆变换。

```
I=imread('trees.tif');         % 读入图像
J=fft2(I);                     % 对图像进行傅里叶变换
K=ifft2(J);                    % 对图像进行傅里叶逆变换
subplot(2,2,1),
imshow(I);
subplot(2,2,2),
imshow(log(abs(J)),[]);
subplot(2,2,3),
imshow(log(abs(fftshift(J))),[]);
```

```
subplot(2,2,4),
imshow(uint8(abs(K)));
```

运行结果如图 6-6 所示。

图 6-6　傅里叶变换和逆变换

6.1.5　傅里叶变换的性质

离散傅里叶变换之所以在图像处理中被广泛使用，成为图像处理的有力工具，就是因为它有良好的性质，下面将介绍离散傅里叶变换的若干性质。

1．线性

傅里叶变换的线性性质如下：

$$F[c_1 f_1(x,y) + c_2 f_2(x,y)] = c_1 F_1(u,v) + c_2 F_2(u,v)$$

【例 6-6】验证二维 DFT 的线性性质。

```
f=imread('tire.tif');          % 读入图像
g=imread('eight.tif');
[m,n]=size(g);
f(m,n)=0;
f=im2double(f);
g=im2double(g);
subplot(221)
imshow(f,[])
title('f')
subplot(222)
imshow(g,[])
title('g')
F=fftshift(fft2(f));           % 计算傅里叶变换并移位
G=fftshift(fft2(g));
subplot(223)
imshow(log(abs(F+G)),[])
FG=fftshift(fft2(f+g));        % 进行二维 DFT 的线性性质验证
title('DFT(f)+DFT(g)')
subplot(224)
imshow(log(abs(FG)),[])
title('DFT(f+g)')
```

运行结果如图 6-7 所示。

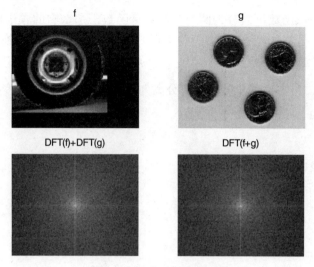

图 6-7　二维 DFT 的线性性质

2. 周期性

$$F(u+mN, v+nN) = F(u,v)$$

一个有界图像函数必须是周期性的。在有些情况下，需对 x,y 或 u,v 进行延拓，使图像达到一个周期 N。

3. 缩放性

傅里叶变换的缩放性表明，对于两个标量 a 和 b，有：

$$f(ax, by) \Leftrightarrow \frac{1}{|ab|} F\left(\frac{u}{a}, \frac{v}{b}\right)$$

特别是当 $a,b=-1$ 时，有：

$$f(-x, -y) \Leftrightarrow F(-u, -v)$$

上式表明，离散傅里叶变换具有符号改变对应性。

4. 可分离性

二维 DFT 可视为是由沿 x,y 方向的两个一维 DFT 所构成的。

$$\exp[-\mathrm{j}2\pi(ux+vy)/N] = \exp(-\mathrm{j}2\pi ux/n) \cdot \exp(-\mathrm{j}2\pi vy/N)$$

这个性质可使二维傅里叶变换依次进行两次一维傅里叶变换来实现。这样，对于任何可分离性函数

$$f(x,y) = f_1(x)f_2(y)$$

则有：

$$F(u,v) = \int_{-\infty}^{+\infty} f_1(x)f_2(y)\mathrm{e}^{-\mathrm{j}2\pi(ux+vy)}\mathrm{d}x\mathrm{d}y = \int_{-\infty}^{+\infty} f_1(x)\mathrm{e}^{-\mathrm{j}2\pi ux}\mathrm{d}x \int_{-\infty}^{+\infty} f_2(y)\mathrm{e}^{-\mathrm{j}2\pi vy}\mathrm{d}y = F_1(u)F_2(v)$$

如果一个二维图像函数可被分为两个一维分量函数，那么它的频谱可被分解为两个一分量函数，对于图像处理来说就是先对"行"进行变换再对"列"进行变换（或者先对"列"进行变换，再对"行"进行变换）。

【例 6-7】验证二维离散傅里叶变换可分离为两个一维离散傅里叶变换。

```
f=imread('cell.tif');    % 读入图像
subplot(131)
imshow(f,[])
title('原始图像')
F=fftshift(fft2(f));
subplot(132)
imshow(log(1+abs(F)),[])
title('用 fft2 实现变换')
[m,n]=size(f);
F=fft(f);                 % 沿 x 方向求离散傅里叶变换
G=fft(F')';               % 沿 y 方向求离散傅里叶变换
F=fftshift(G);
subplot(133)
imshow(log(1+abs(F)),[])
title('用 fft 实现变换')
```

运行结果如图 6-8 所示。

原始图像  用 fft2 实现变换  用 fft 实现变换

图 6-8　二维离散傅里叶变换可分离为两个一维离散傅里叶变换

5．平移性

傅里叶变换对的平移定理由下式给出：

$$f(x-x_0, y-y_0) \Leftrightarrow F(u,v)\exp[-j2\pi(ux_0+vy_0)/N]$$

$$F(u-u_0, v-v_0) \Leftrightarrow f(x,y)\exp[j2\pi(ux_0+vy_0)/N]$$

上面两式表明：

当空域图像原点平移到(x_0,y_0)时，其对应的频谱 $F(u,v)$ 要乘上 $\exp[-j2\pi(ux_0+vy_0)/N]$，频域中原点位移到$(u_0,v_0)$时，其对应的 $f(x,y)$ 要与 $\exp[j2\pi(ux_0+vy_0)/N]$ 相乘。

通常，图像频谱中心在点$(0,0)$，为了便于观察，多将频谱的中心移至频域的中心。为此，令 $u_0=v_0=N/2$，于是

$$\exp\left[j2\pi(u_0x+v_0y)/N\right]=e^{j\pi(x+y)}=(-1)^{x+y}$$

得到

$$f(x,y)(-1)^{x+y}\Leftrightarrow F(u-N/2,v-N/2)$$

即将图像阵元 $f(x,y)$ 乘以因子 $(-1)^{x+y}$ 后进行傅里叶变换，其频谱中心便移位到了 $(N/2,N/2)$。

【例 6-8】对给定的图像进行傅里叶变换平移。

```
f(1000,1000)=0;          %  读入图像
f=mat2gray(f);           %  转换为灰度图像
[Y,X]=meshgrid(1:1000,1:1000);
f(350:649,475:524)=1;
g=f.*(-1).^(X+Y);
subplot(221),
imshow(f,[]),
title('原始图像 f(x,y)')
subplot(222),
imshow(g,[]),
title('空域调制图像 g(x,y)=f(x,y)*(-1)^{x+y}')
F=fft2(f);
subplot(223),
imshow(log(1+abs(F)),[]),
title('f(x,y)的傅里叶频谱')
G=fft2(g);
subplot(224),
imshow(log(1+abs(G)),[]),
title('g(x,y)的傅里叶频谱')
```

运行结果如图 6-9 所示。

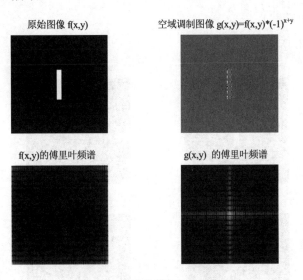

图 6-9　傅里叶变换的平移效果

6. 旋转不变性

设采用极坐标，令

$$\begin{cases} x = r\cos\theta \\ y = r\sin\theta \end{cases}$$

$$\begin{cases} u = \omega\cos\varphi \\ v = \omega\sin\varphi \end{cases}$$

则 $f(x,y)$ 和 $F(u,v)$ 可以分别表示成 $f(r, \theta)$ 和 $F(\omega, \phi)$。

这样在极坐标中就可以变换为:

$$f\left(r, \theta + \theta_0\right) \Leftrightarrow F\left(\omega, \varphi + \theta_0\right)$$

$$F(\omega, \varphi + \theta_0) \int_0^\infty \int_0^{2\pi} f(r, \theta) \cdot e^{-j2\pi r\omega} \cos\left[\varphi - (\theta - \theta_0)\right] \cdot r \mathrm{d}r \mathrm{d}\theta$$

【例 6-9】创建一个图像,对其进行旋转,并求出对应的傅里叶频谱。

```matlab
f=zeros(1000,1000);                      % 创建一个二值图像,中间为白色,其他为黑色
f(350:649,475:524)=1;
subplot(221);
imshow(f,[])
title('原始图像')
F=fftshift(fft2(f));
subplot(222);
imshow(log(1+abs(F)),[])
title('原始图像的频谱')
f=imrotate(f,45,'bilinear','crop');      % 对其进行旋转
subplot(223)
imshow(f,[])
title('旋转45度图')
Fc=fftshift(fft2(f));
subplot(224);
imshow(log(1+abs(Fc)),[])
title('旋转图像的频谱')
```

运行结果如图 6-10 所示。

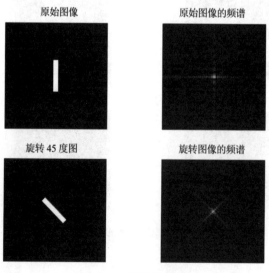

图 6-10　旋转不变性

7．平均值

二维离散函数的平均值定义为：

$$\bar{f}(x,y) = \frac{1}{N^2}\sum_{x=0}^{N-1}\sum_{x=0}^{N-1}f(x,y)$$

另外，在二维傅里叶变换定义式中，令 $u_0=0,v_0=0$，得

$$F(0,0) = \frac{1}{N}\sum_{x=0}^{N-1}\sum_{y=0}^{N-1}f(x,y)\mathrm{e}^{-\mathrm{j}\frac{2\pi}{N}(x\cdot0+y\cdot0)} = N\left[\frac{1}{N^2}\sum_{x=0}^{N-1}\sum_{y=0}^{N-1}f(x,y)\right] = N\bar{f}(x,y)$$

根据该性质可知，在原始情况下，直流分量位于谱矩阵的左上角。

在实际图像处理过程中，为了便于使频率项的排列形式更便于分析、更直观，应对谱矩阵重新排列，使零频率直流分量位于矩阵的中心，这样从中心向矩阵的边缘、空间频率逐渐增加。

8．卷积定理

卷积定理是线性系统分析中最重要的一条定理，下面先考虑一维傅里叶变换：

$$f(x)*g(x) = \int_{-\infty}^{\infty}f(z)g(x-z)\mathrm{d}z \Leftrightarrow F(u)G(u)$$

同样二维情况也是如此：

$$f(x,y)*g(x,y) \Leftrightarrow F(u,v)G(u,v)$$

【例 6-10】利用傅里叶变换的性质对图像进行处理。

```
clear;clc;
f=[1,8;3,5];
F=fft2(f);                    % 二维离散傅里叶变换
F1=fft(f(1,:));               % 逐行进行一维离散傅里叶变换
F2=fft(f(2,:));
G=[F1;F2];
F3=fft(G(:,1));
F4=fft(G(:,2));
H=[F3,F4];                    % 组合图像经过两次一维离散傅里叶变换的结果
K=fftshift(F);                % 平移二维离散傅里叶变换的结果的原点
L=fft2([1,-8;-3,5]) ;
ff=[ones(256),8*ones(256);3*ones(256),5*ones(256)]/8;
imshow(ff);
```

运行结果如图 6-11 所示。

图 6-11 傅里叶变换前后的图像

【例 6-11】绘制一个二值图像矩阵，并将其傅里叶函数可视化。

```
f=zeros(30,30);
f(5:24,13:17)=1;
subplot(221),
imshow(f, 'InitialMagnification','fit')
F=fft2(f);
F2=log(abs(F));
subplot(222),
imshow(F2,[-1 5], 'InitialMagnification','fit');
colormap(jet);
F=fft2(f,256,256);          % 零填充为 256×256 矩阵
subplot(223),
imshow(log(abs(F)),[-1 5],'InitialMagnification','fit');
colormap(jet);
F2=fftshift(F);             % 将图像频谱中心由矩阵原点移至矩阵中心
subplot(224),
imshow(log(abs(F2)),[-1 5],'InitialMagnification','fit');
colormap(jet);
```

运行结果如图 6-12 所示。

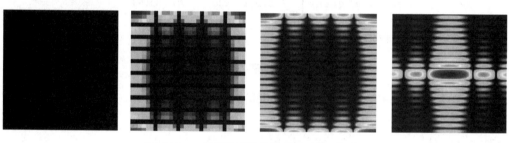

图 6-12　二值图像矩阵的傅里叶函数可视化

【例 6-12】创建一幅黑白二值图像，在 128×128 的黑色背景中心产生一个 4×4 的白色方块，对其进行傅里叶变换。

```
a=zeros(128,128);     % 创建一幅二值图像，在 128×128 的黑色背景中心产生一个 4×4 的白色方块
a(63:66,63:66)=1;
A=fft2(a);            % 进行傅里叶变换
A=log(abs(A+1));      % 对复数矩阵取模
b=fftshift(A);
b=log(abs(b+1));
for i=1:128
    for j=1:128
        B(i,j)=log(1+abs(A(i,j)));
    end
end
figure;
subplot(221),
imshow(a);
subplot(222),
imshow(A);
subplot(223),
```

```
imshow(b);
subplot(224),
imshow(B);
```

运行结果如图 6-13 所示。

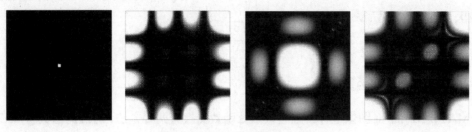

图 6-13　二值图像的傅里叶变换

6.2　离散余弦变换

离散余弦变换（Discrete Cosine Transform，DCT）是一种与傅里叶变换紧密相关的数学运算。在傅里叶级数展开式中，如果被展开的函数是实偶函数，那么其傅里叶级数中只包含余弦项，再将其离散化可导出余弦变换，因此称为离散余弦变换。

6.2.1　一维离散余弦变换

$f(x)$为一维离散函数，$x=0,1,\cdots,N-1$，进行离散变换后：

$$F(u) = \sqrt{\frac{2}{N}} \sum_{x=0}^{N-1} f(x) \cos\left[\frac{\pi}{2N}(2x+1)u\right], u = 1, 2, \cdots, N-1$$

$$F(0) = \frac{1}{\sqrt{N}} \sum_{x=0}^{N-1} f(x), u = 0$$

其逆变换为：

$$f(x) = \frac{1}{\sqrt{N}} F(0) + \sqrt{\frac{2}{N}} \sum_{u=1}^{N-1} F(u) \cos\left[\frac{\pi}{2N}(2x+1)u\right], x = 0, 1, \cdots, N-1$$

其中，$g(x,0) = \frac{1}{\sqrt{N}}, g(x,u) = \sqrt{\frac{2}{N}} \cos\frac{(2x+1)u\pi}{2N}$。

6.2.2　二维离散余弦变换

$f(m,n)$为二维离散函数，$m,n=0,1,2,\cdots,N-1$，进行离散变换后：

$$F(u,v) = a(u)a(v) \sum_{m=0}^{N-1} \sum_{n=0}^{N-1} f(m,n) \cos\frac{(2m+1)u\pi}{2N} \cos\frac{(2n+1)v\pi}{2N}$$

其逆变换为：

$$F(m,n) = \sum_{u=0}^{N-1}\sum_{v=0}^{N-1} a(u)a(v)F(u,v)\cos\frac{(2m+1)u\pi}{2N}\cos\frac{(2n+1)v\pi}{2N}$$

其中，$m,n=0,1,2,\cdots,N-1$，$a(u)=a(v)=\begin{cases}\sqrt{\dfrac{1}{N}} & u=0\text{或}v=0 \\[2mm] \sqrt{\dfrac{2}{N}} & u,v=1,2,\cdots,N-1\end{cases}$ 。

6.2.3 二维离散余弦函数

在 MATLAB 中，对图像进行二维离散余弦函数变换有两种方法，对应的函数有 dct2 函数和 dctmtx 函数。

dct2 函数的调用格式如下：

```
B=dct2(A)
B=dct2(A,m,n)
```

其中，B＝dct2(A) 计算 A 的 DCT 变换 B，A 与 B 的大小相同；B＝dct2(A,m,n)和B=dct2(A,[m,n])通过对 A 补 0 或剪裁使 B 的大小为 $m\times n$。

dctmtx 函数的调用格式如下：

```
D=dctmtx(n)
```

其中，D＝dctmtx(n)返回一个 $n\times n$ 的 DCT 矩阵，为 double 类型。

【例 6-13】调用 dct2 函数对图像进行 DCT。

```
RGB=imread('onion.png');
subplot(131),
imshow(RGB);
title('原始图像');
I=rgb2gray(RGB);        % 转换为灰度图像
subplot(132),
imshow(I);
title('DCT');
J=dct2(I);             % 调用 dct2 函数对图像进行 DCT
subplot(133),
imshow(log(abs(J)),[]),colormap(jet(64));
colorbar;
```

运行结果如图 6-14 所示。

原始图像   DCT

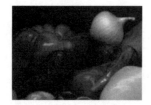 

图 6-14　进行 DCT 前后的图像

【例 6-14】将 DCT 结果中绝对值小于 10 的系数舍弃，调用 idct2 函数重构图像。

```
RGB=imread('peppers.png');
subplot(131),
imshow(RGB)
I=rgb2gray(RGB);        % 转换为灰度图像
J=dct2(I);
K=idct2(J);
subplot(132),
imshow(K,[0 255])
J(abs(J)<10)=0;         % 舍弃系数
K2=idct2(J);
subplot(133),
imshow(K2,[0 255])
```

运行结果如图 6-15 所示。

图 6-15　离散余弦变换

【例 6-15】调用 dctmtx 函数对图像进行 DCT。

```
clear;
close all
I=imread('cameraman.tif');
subplot( 121),
imshow(I);
title('原始图像');
I=im2double(I);
T=dctmtx(8);
B=blkproc(I,[8 8], 'P1*x*P2',T,T);
Mask=[ 1 1 1 1 0 0 0 0
       1 1 1 0 0 0 0 0
       1 1 0 0 0 0 0 0
       1 0 0 0 0 0 0 0
       0 0 0 0 0 0 0 0
       0 0 0 0 0 0 0 0
       0 0 0 0 0 0 0 0
       0 0 0 0 0 0 0 0];
B2=blkproc(B,[8 8],'P1.*x',Mask);   % 此处为点乘
I2=blkproc(B2,[8 8], 'P1*x*P2',T',T);
subplot(122),
imshow(I2);                         % 重构后的图像
title('DCT');
```

运行结果如图 6-16 所示。

原始图像

DCT

图 6-16　调用 dctmtx 函数对图像进行 DCT

6.3　Radon 变换

CT 的工作原理就是投影重建（或称为投影重构）。投影重建一般是指从一个物体的多个轴向投影来重建目标图像的过程。CT 成像的基本数学原理是 Radon 变换及其逆变换。

目前，Radon 变换及其逆变换是图像处理中的一种重要方法。许多图像重建有效地利用了这种方法，它不必知道图像内部的具体细节，仅利用图像的摄像值即可很好地反演出原图像。

Radon 变换就是将数字图像矩阵在某一指定角度射线方向上进行投影变换。例如，二维函数的投影就是其在指定方向上的线积分：在垂直方向上的二维线积分就是在 x 轴上的投影；在水平方向上的二维线积分就是在 y 轴上的投影。

设直角坐标系 (x,y) 转动 θ 角后得到旋转坐标系 $(\hat{x},\hat{y})$，由此得知

$$\hat{x}=x\cos\theta+y\sin\theta$$

$p(\hat{x},\theta)$ 为原函数 $f(\hat{x},\hat{y})$ 的投影（$f(x,y)$ 沿着旋转坐标系中 $\hat{x}$ 轴 θ 方向的线积分）。

根据定义公式知其表达式为：

$$p(\hat{x},\theta)=\int_{-\infty}^{\infty}\int_{-\infty}^{\infty}f(x,y)\delta(x\cos\theta+y\sin\theta-x)\mathrm{d}x\mathrm{d}y,0\leqslant\theta\leqslant\pi$$

这就是函数 $f(x,y)$ 的 Radon 变换。

从理论上讲，图像重建过程就是逆 Radon 变换过程，其逆变换的表达式为：

$$f(x,y)=(\frac{1}{2\pi})^2\int_0^\pi\int_{-\infty}^{\infty}\frac{\dfrac{\partial p(\hat{x},\theta)}{\partial\hat{x}}}{(x\cos\theta+y\sin\theta)-\hat{x}}\mathrm{d}\hat{x}\mathrm{d}\theta$$

Radon 公式就是通过图像的大量线性积分来还原图像。为了达到准确的目的，我们需要不同的 θ 建立很多旋转坐标系，从而可以得到大量的投影函数，为重建图像的精确度提供基础。

由 Radon 变换及投影定理可以方便地写出滤波逆投影方程：

$$f(x,y)=\int_0^\pi g[r\cos(\theta-\varphi),\theta]\mathrm{d}\theta = \int_0^\pi g[x\cos\theta + y\sin\theta]\mathrm{d}\theta$$

$$=\int_0^\pi\int_{-\infty}^{+\infty} p(\hat{x},\theta)h[r\cos(\theta-\varphi)-\hat{x}]\mathrm{d}\hat{x}\mathrm{d}\theta$$

其中，g 函数为角度为 θ 时的累加函数；h 函数为滤波因子；$p(\hat{x},\theta)$ 为仪器得出的测量值函数。方程式中 g 函数起到一个中间变换的作用，最终关系式为：

$$\int_{-\infty}^{+\infty} p(s',\theta)h[s-s']\mathrm{d}s' = g(s,\theta)$$

由此可以根据给定点(r,θ)在范围$(0,\pi)$上进行积分，得出该点位的函数值。将所有的定点依次积分就得到了重建的图像。

在 MATLAB 中，计算图像在指定角度上的 Radon 变换，其调用函数为：

```
[R,xp] = radon(I,theta)
```

其中，I 表示需要变换的图像，theta 表示变换的角度，R 的各行返回 theta 中各方向上的 Radon 变换值，xp 表示向量沿轴向对应的坐标。

其逆变换的调用函数为：

```
IR = iradon(R,theta)
```

利用 R 各列中的投影值来构造图像 I 的近似值。投影数越多，获得的图像越接近原始图像，角度 theta 必须是固定增量的均匀向量。Radon 逆变换可以根据投影数据重建图像，因此在 X 射线断层摄影分析中常常使用。

【例 6-16】对图像进行 Radon 变换处理。

```
clear all;
close all;
I = zeros(256, 256);      % 创建图像
[r, c] = size(I);
I(floor(1/5*r:4/5*r), floor(3/5*c:4/5*c)) = 1;
figure;
subplot(2, 2, 1);
imshow(I);
title('原始图像');
[R, xp] = radon(I, [0 45 90]);        % 在 0、45、90 度方向做 Radon 变换
subplot(2, 2, 2);
plot(xp, R(:, 1));
title('水平方向的 radon 变换曲线');
subplot(2, 2, 3);
plot(xp, R(:, 2));
title('45 度方向的 radon 变换曲线');
subplot(2, 2, 4);
```

```
plot(xp, R(:, 3));
title('垂直方向的 radon 变换曲线');
```

运行结果如图 6-17 所示。

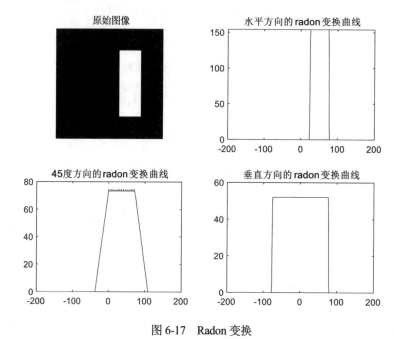

图 6-17 Radon 变换

【例 6-17】连续角度的 Radon 变换：先创建一幅简单的图像，然后令变换角度从 0° 以 1° 的增量变化到 180°。

```
I= zeros(200,200);               % 创建简单图像
I(25:75, 25:75) =1;
subplot(1,2,1);
imshow(I);
title('原始图像');
theta = 0:180;                   % 规定变换角度的范围
[R,xp] = radon(I,theta);         % 计算 Radon 变换
subplot(1,2,2);
imagesc(theta,xp,R);             % 以图像方式显示变换结果 R
% 其 x 轴和 y 轴分别为 theta 和 xp
title('R_{\theta} (X\prime)');   % 显示图像标题
xlabel('\theta (degrees)');      % 显示 x 坐标
ylabel('X\prime');               % 显示 y 坐标
set(gca,'Xtick',0:20:180);       % 设置 x 坐标刻度
colormap(hot);                   % 设置调色板
colorbar;
```

运行结果如图 6-18 所示。

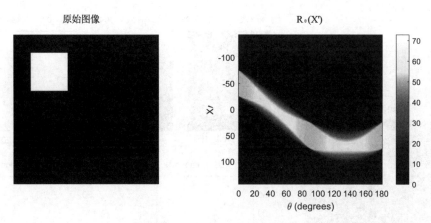

图 6-18　连续角度的 Radon 变换

【例 6-18】调用 radon 函数和 iradon 函数计算图像的投影并从投影中重建图像。

```
clear;
P= imread('rice.png');
subplot(2,3,1),
imshow(P)
title('原始图像')
theta1=0:10:170;[R1,xp]=radon(P,theta1);    % 存在 18 个角度投影
theta2=0:5:175;[R2,xp]=radon(P,theta2);     % 存在 36 个角度投影
theta3=0:2:178;[R3,xp]=radon(P,theta3);     % 存在 90 个角度投影
subplot(2,3,2),imagesc(theta3,xp,R3);
colormap(hot);
colorbar;
title('经 radon 变换后的图像')
xlabel('\theta');ylabel('x\prime');        % 定义坐标轴
I1=iradon(R1,10);                          % 用三种情况的逆 Radon 变换来重建图像
I2=iradon(R2,5);
I3=iradon(R3,2);
subplot(2,3,3),
imshow(I1);
title('角度增值为 10 时的 iradon 变换图像')
subplot(2,3,5),
imshow(I2);
title('角度增值为 5 时的 iradon 变换图像')
subplot(2,3,6),
imshow(I3);
title('角度增值为 2 时的 iradon 变换图像')
```

运行结果如图 6-19 所示。

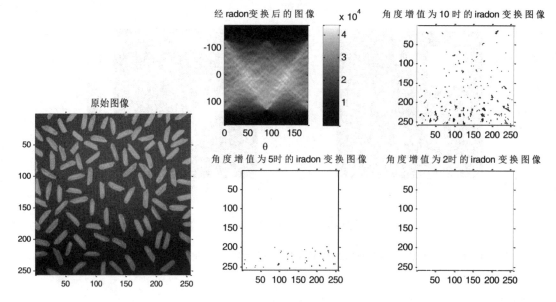

图 6-19　三种 Radon 变换后重构的图像

6.4　Fanbeam 投影变换

与 Radon 投影类似，Fanbeam 投影也是指图像沿着指定方向上的投影，区别在于 Radon 投影是一个平行光束，而 Fanbeam 投影是点光束，发散成一个扇形，所以也称为扇形射线。

在 MATLAB 中，fanbeam 函数用于计算 Fanbeam 投影，该函数的调用格式为：

```
f=fanbeam(I,D)
f=fanbeam(…,param1, vall, param2, val2,…)
```

其中，I 表示 Fanbeam 投影变换的图像；D 表示光源到图像中心像素点的距离；…,param1, vall, param2, val2,…表示输入的一些参数。

【例 6-19】调用 fanbeam 函数对图像进行处理。

```
I=imread('tire.tif');
figure;
subplot(1,2,1),
imshow(I);
d=250;                  % 计算映射数据，设定几何关系为"弧度"
dsensor1=2;
f1=fanbeam(I,d,'FanSensorSpacing',dsensor1);
dsensor2=1;
f2=fanbeam(I,d,'FanSensorSpacing',dsensor2);
dsensor3=0.25;
[f3,sensor_pos3,fan_rot_angles3]=fanbeam(I,d,'FanSensorSpacing',dsensor3);
subplot(1,2,2),     % 显示 f3 映射的数据
imagesc(fan_rot_angles3,sensor_pos3,f3);
```

```
colormap(hot);
colorbar;
xlabel('Fan Rotation Angle (degrees)');
ylabel('Fan Sensor Position (degrees)');
output_size=max(size(I));   % 通过调用 ifanbeam 函数来实现图像重建
Ifan1=ifanbeam(f1,d,'FanSensorSpacing',dsensor1,'OutputSize',output_size);
figure,
subplot(1,3,1),
imshow(Ifan1);
Ifan2=ifanbeam(f2,d,'FanSensorSpacing',dsensor2,'OutputSize',output_size);
subplot(1,3,2),
imshow(Ifan2);
Ifan3=ifanbeam(f3,d,'FanSensorSpacing',dsensor3,'OutputSize',output_size);
subplot(1,3,3),
imshow(Ifan3);
```

运行结果如图 6-20 所示。

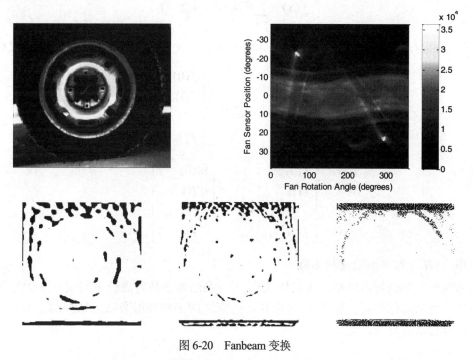

图 6-20　Fanbeam 变换

6.5　离散沃尔什-哈达玛变换

沃尔什函数是 1923 年由美国数学家沃尔什提出的，是一个完备正交函数系，其值只能取 +1 和-1。从排列次序上可将沃尔什函数分为三种定义方法，在此只介绍哈达玛排列定义的沃尔什变换。

2^n 阶哈达玛矩阵有如下形式：

$$H_1 = [1]$$

$$H_2 = \begin{bmatrix} 1 & 1 \\ 1 & -1 \end{bmatrix}$$

$$H_4 = \begin{bmatrix} H_2 & H_2 \\ H_2 & -H_2 \end{bmatrix} = \begin{bmatrix} 1 & 1 & 1 & 1 \\ 1 & -1 & 1 & -1 \\ 1 & 1 & -1 & -1 \\ 1 & -1 & -1 & 1 \end{bmatrix}$$

一维离散沃尔什变换定义为：

$$W(u) = \frac{1}{N}\sum_{x=0}^{N-1} f(x)\mathrm{Walsh}(u,x)$$

其逆变换定义为：

$$f(x) = \sum_{u=0}^{N-1} W(u)\mathrm{Walsh}(u,x)$$

若将 Walsh(u,x)用哈达玛矩阵表示，并将变换表达式写成矩阵形式，则以上两式分别为：

$$\begin{bmatrix} W(0) \\ W(1) \\ \vdots \\ W(N-1) \end{bmatrix} = \frac{1}{N}[H_N]\begin{bmatrix} f(0) \\ f(1) \\ \vdots \\ f(N-1) \end{bmatrix}$$

$$\begin{bmatrix} f(0) \\ f(1) \\ \vdots \\ f(N-1) \end{bmatrix} = [H_N]\begin{bmatrix} W(0) \\ W(1) \\ \vdots \\ W(N-1) \end{bmatrix}$$

其中，$[H_N]$ 为 N 阶哈达玛矩阵。

由哈达玛矩阵的特点可知，沃尔什-哈达玛变换的本质是将离散序列 $f(x)$ 各项值的符号按一定规律改变后进行加减运算，它比采用复数运算的 DFT 和采用余弦运算的 DCT 要简单得多。

二维离散沃尔什变换定义为：

$$[W] = \frac{1}{N}[H_N][f(x,y)][H_N]$$

其逆变换定义为：

$$f(x,y) = \frac{1}{N}[H_N][W][H_N]$$

【例 6-20】利用离散沃尔什变换对图像进行处理。

```
clear
I1=imread('rice.png');            % 读入原图像
subplot(131)
```

```
imshow(I1);
title('原始图像');                  % 显示原图像
I=double(I1);
[m,n]=size(I);
mx=max(m,n);
wal=hadamard(mx);                   % 生成哈达玛函数
[f,e]=log2(n);
I2=dec2bin(0:pow2(0.5,e)-1);
R=bin2dec(I2(:,e-1:-1:1))+1;        % 将列序进行二进制的倒序排列
for i=1:m
    for j=1:n
        wal1(i,j)=wal(i,R(j));
    end
end
J=wal1/256*I*wal1'/256;            % 对图像进行二维沃尔什变换
subplot(132)
imshow(J);
title('walsh 变换');
K=J(1:m/2,1:n/2);                  % 截取图像的 1/4
K(m,n)=0;                          % 将图像补零至原图像大小
R=wal1'*K*wal1;                    % 对图像进行二维沃尔什逆变换
subplot(133)
imshow(R,[]);
title('复原图像');
```

运行结果如图 6-21 所示。

原始图像　　　　　　walsh 变换　　　　　　复原图像

图 6-21　离散沃尔什变换

【例 6-21】对图像进行二维离散哈达玛变换，并与离散余弦变换进行对比。

```
clear
I=imread('cameraman.tif');
subplot(131),
imshow(I);
title('原始图像');
H=hadamard(256);
% 哈达玛矩阵
I=double(I)/255;        % 数据类型转换
hI=H*I*H;               % 哈达玛变换
hI=hI/256;
subplot(132)
imshow(hI);
```

```
title('二维离散 Hadamard 变换');
subplot(133)
cI=dct2(I);                    %  离散余弦变换
imshow(cI);
title('二维离散余弦变换');
```

运行结果如图 6-22 所示。

原始图像　　　　　　　二维离散 Hadamard 变换　　　　　　　二维离散余弦变换

图 6-22　哈达码变换

【例 6-22】读入一幅图像，对图像进行沃尔什-哈达玛变换。

```
clear
I=imread('cameraman.tif');       %  读入图像
subplot(121),
imshow(I)
title('原始图像');
I=double(I);
[m,n]=size(I);
for k=1:n                        %  下面对图像进行沃尔什-哈达玛变换
    wht(:,k)=hadamard(m)*I(:,k)/m;
end
for j=1:m
    wh(:,j)=hadamard(n)*wht(j,:)'/n;
end
wh=wh';
subplot(122),
imshow(wh)
title('沃尔什-哈达玛变换');
```

运行结果如图 6-23 所示。

原始图像　　　　　　　沃尔什-哈达玛变换

图 6-23　沃尔什-哈达玛变换

6.6　小波变换

当需要精确的低频信息时，采用长的时间窗；当需要精确的高频信息时，采用短的时间窗。小波变换用的不是时间-频率域，而是时间-尺度域。尺度越大，采用越大的时间窗，尺度越小，采用越短的时间窗，即尺度与频率成反比。

6.6.1　一维连续小波变换

定义：设 $\psi(t) \in L^2(R)$，其傅里叶变换为 $\hat{\psi}(\bar{\omega})$，当 $\hat{\psi}(\omega)$ 满足完全重构条件或恒等分辨条件 $C_\psi = \int_R \dfrac{|\hat{\psi}(\omega)|^2}{|\omega|} \mathrm{d}\omega < \infty$ 时，函数 $\psi(t)$ 经伸缩和平移后得：

$$\psi_{a,b}(t) = \frac{1}{\sqrt{|a|}} \psi(\frac{t-b}{a}) \quad a,b \in R; a \neq 0$$

称其为一个小波序列。其中，a 为伸缩因子，b 为平移因子。

任意函数 $f(t) \in L^2(R)$ 的连续小波变换为

$$W_f(a,b) = <f, \psi_{a,b}> = |a|^{-1/2} \int_R f(t) \psi(\frac{t-b}{a}) \mathrm{d}t$$

其逆变换为

$$f(t) = \frac{1}{C_\psi} \int_{-\infty}^{\infty} \int_{-\infty}^{\infty} \frac{1}{a^2} W_f(a,b) \psi(\frac{t-b}{a}) \, \mathrm{d}a \mathrm{d}b$$

由于小波基函数 $\psi(t)$ 生成的小波 $\psi_{a,b}(t)$ 在小波变换中对被分析的信号起着观测窗的作用，因此 $\psi(t)$ 还应该满足一般函数的约束条件

$$\int_{-\infty}^{\infty} |\psi(t)| \, \mathrm{d}t < \infty$$

故 $\hat{\psi}(\omega)$ 是一个连续函数。这意味着，为了满足完全重构条件式，$\hat{\psi}(\omega)$ 在原点必须等于 0，即

$$\hat{\psi}(0) = \int_{-\infty}^{\infty} \psi(t) \mathrm{d}t = 0$$

为了使信号重构的实现在数值上是稳定的，除了完全重构条件外，还要求小波 $\psi(t)$ 的傅里叶变化满足下面的稳定性条件：

$$A \leqslant \sum_{-\infty}^{\infty} |\hat{\psi}(2^{-j}\omega)|^2 \leqslant B \quad (0 < A \leqslant B < \infty)$$

定义一个对偶小波 $\tilde{\psi}(t)$，其傅里叶变换 $\hat{\tilde{\psi}}(\omega)$ 由下式给出：

$$\hat{\tilde{\psi}}(\omega) = \frac{\tilde{\psi}^*(\omega)}{\displaystyle\sum_{j=-\infty}^{\infty} |\tilde{\psi}(2^{-j}\omega)|^2}$$

在实际应用中，希望它们是唯一对应的。因此，寻找具有唯一对偶小波的合适小波也就成为小波分析中最基本的问题。

6.6.2　高维连续小波变换

对于 $f(t) \in L^2(R^n)(n > 1)$，下式存在几种扩展的可能性：

$$f(t) = \frac{1}{C_\psi} \int_{-\infty}^{\infty} \int_{-\infty}^{\infty} \frac{1}{a^2} W_f(a,b) \psi(\frac{t-b}{a}) \, \mathrm{d}a\mathrm{d}b$$

1）选择小波 $f(t) \in L^2(R^n)$ 使其为球对称，其傅里叶变换也同样球对称，

$$\hat{\psi}(\bar{\omega}) = \eta(|\bar{\omega}|)$$

其相容性条件变为

$$C_\psi = (2\pi)^2 \int_0^{\infty} |\eta(t)|^2 \frac{\mathrm{d}t}{t} < \infty$$

对所有的 $f, g \in L^2(g^n)$，

$$\int_0^{\infty} \frac{\mathrm{d}a}{a^{n+1}} W_f(a,b) \bar{W}_g(a,b) \mathrm{d}b = C_\psi < f$$

其中，$W_f(a,b) = \langle \psi^{a,b} \rangle$，$\psi^{a,b}(t) = a^{-n/2} \psi(\frac{t-b}{a})$，$a \in \mathbf{R}^+$，$a \neq 0$ 且 $b \in \mathbf{R}^n$。

2）选择的小波 ψ 不是球对称的，但可以用旋转进行同样的扩展与平移。例如，在二维时，可定义

$$\psi^{a,b,\theta}(t) = a^{-1} \psi(R_\theta^{-1}(\frac{t-b}{a}))$$

其中，$a > 0$，$b \in R^2$，$R_\theta \begin{bmatrix} \cos\theta & -\sin\theta \\ \sin\theta & \cos\theta \end{bmatrix}$，相容条件变为

$$C_\psi = (2\pi)^2 \int_0^{\infty} \frac{\mathrm{d}r}{r} \int_0^{2\pi} |\hat{\psi}(r\cos\theta, r\sin\theta)|^2 \mathrm{d}\theta < \infty$$

其重构公式为

$$f = C_\psi^{-1} \int_0^{\infty} \frac{\mathrm{d}a}{a^3} \int_{R^2} \mathrm{d}b \int_0^{2\pi} W_f(a,b,\theta) \psi^{a,b,\theta} \mathrm{d}\theta$$

高于二维的情况，可以给出类似的结论。

6.6.3　连续小波变换的性质

1）线性：一个多分量信号的小波变换等于各个分量的小波变换的总和。

2）平移不变性：若 $W_f(a,b)$ 是 $f(t)$ 的小波变换，则 $f(t-\tau)$ 经过小波变换为 $W_f(a,b-\tau)$。

3）伸缩共变性: 若 $W_f(a,b)$ 是 $f(t)$ 的小波变换, 则 $f(ct)$ 经过小波变换为 $\dfrac{1}{\sqrt{c}}W_f(ca,cb)$, $c>0$。

4）自相似性：对应不同尺度参数 a 和不同平移参数 b 的连续小波变换之间是自相似的。

5）冗余性：连续小波变换中存在信息表述的冗余度。它主要表现在重构分式不唯一和 $\psi_{a,b}(t)$ 存在许多可能的选择两个方面。

6.6.4　离散小波变换

在连续小波中，考虑函数：

$$\psi_{a,b}(t) = \mid a\mid^{-1/2} \psi(\frac{t-b}{a})$$

这里 $b\in R$，$a\in R^+$，且 $a\neq 0$，ψ 是容许的，这样在离散化中相容性条件就变为

$$C_\psi = \int_0^\infty \frac{\hat{\psi}(\bar{\omega})}{\mid\bar{\omega}\mid}\mathrm{d}\bar{\omega} < \infty$$

把连续小波变换中尺度参数 a 和平移参数 b 的离散公式分别取作 $a=a_0^j, b=ka_0^j b_0$，这里 $j\in Z$，假定扩展步长 $a_0>1$，所以对应的离散小波函数 $\psi_{j,k}(t)$ 即可写作

$$\psi_{j,k}(t) = a_0^{-j/2}\psi(\frac{t-ka_0^j b_0}{a_0^j}) = a_0^{-j/2}\psi(a_0^{-j}t - kb_0)$$

离散化小波变换系数则可表示为

$$C_{j,k} = \int_{-\infty}^\infty f(t)\psi_{j,k}^*(t)\mathrm{d}t = <f,\psi_{j,k}>$$

其重构公式为

$$f(t) = C\sum_{-\infty}^\infty\sum_{-\infty}^\infty C_{j,k}\psi_{j,k}(t)$$

其中，C 是一个常数。

在 MATLAB 中，二维离散小波变换对于图像的处理是通过函数的形式来进行的，主要的处理函数如表 6-1 所示。

表6-1　常用的DWT函数

函 数 名	函数功能
dwt2	二维离散小波变换
wavedec2	二维信号的多层小波分解
idwt2	二维离散小波逆变换
upcoef2	由多层小波分解重构近似分量或细节分量
wcodemat	对矩阵进行量化编码

dwt2 函数的应用格式为[cA,cH,cV,cD]=dwt2(X,'wname')，表示使用指定的小波基函数，'wname' 对二维信号 X 进行二维离散小波变换；cA,cH,cV,cD 分别为近似分量、水平细节分

量、垂直细节分量和对角细节分量。

wavedec2 函数的格式为[C,S]=wavedec2(X,N,'wname')，表示使用小波基函数 'wname' 对二维信号 X 进行 N 层分解。

idwt2 函数的格式为 X=idwt2(cA,cH,cV,cD,'wname')，表示由信号小波分解的近似信号 cA 和细节信号 cH、cV、cD 经小波逆变换重构原信号 X。

upcoef2 函数的格式为 X=upcoef2(O,X,'wname',N,S)，表示 O 对应分解信号的类型，即'a' 'h' 'v' 'd'。其中，X 为原图像的矩阵信号；'wname' 为小波基函数；N 为一个整数，一般取 1。

wcodemat 函数的格式为 X=wcodemat(x,nb)，表示对矩阵 x 的量化编码。函数中 nb 作为 x 矩阵中绝对值最大的值，一般取 192。

【例 6-23】利用离散小波对图像进行处理。

```
clear
load detfingr;
subplot(221);
image(X);
colormap(map)
title('原始图像');
axis square
whos('X')                               % 对图像用 bior3.7 小波进行 2 层小波分解
[c,s]=wavedec2(X,2,'bior3.7');          % 提取小波分解结构中第一层低频系数和高频系数
ca1=appcoef2(c,s,'bior3.7',1);
ch1=detcoef2('h',c,s,1);
cv1=detcoef2('v',c,s,1);
cd1=detcoef2('d',c,s,1);                % 分别对各频率成分进行重构
a1=wrcoef2('a',c,s,'bior3.7',1);
h1=wrcoef2('h',c,s,'bior3.7',1);
v1=wrcoef2('v',c,s,'bior3.7',1);
d1=wrcoef2('d',c,s,'bior3.7',1);
c1=[a1,h1;v1,d1];                       % 显示分解后各频率成分的信息
subplot(222);
image(c1);
axis square
title('分解后低频和高频信息');
```

运行结果如图 6-24 所示。

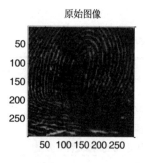
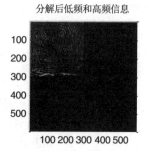

图 6-24　图像小波处理

将同一对象的两个或更多图像合成在一幅图像中就是图像的融合，它比原来的任何一幅

图像都更容易被人们所理解。

【例 6-24】用二维小波将 woman.mat 和 wbarb.mat 两幅图像融合在一起。

```
clear
load woman;                              % 载入第一幅模糊图像
X1=X;                                    % 复制
load wbarb;                              % 载入第二幅模糊图像
X2=X;                                    % 复制
XFUS=wfusimg(X1,X2,'sym4',5,'max','max');   % 基于小波分解的图像融合
subplot(131);
image(X1);
colormap(map);                          % 设置颜色索引图
axis square;                            % 设置显示比例
title('woman');                        % 设置图像标题
subplot(132);
image(X2);
colormap(map);                          % 设置颜色索引图
axis square;                            % 设置显示比例
title('wbarb');                        % 设置图像标题
subplot(133);
image(XFUS);
colormap(map);
axis square;                            % 设置显示比例
title('融合图像');
```

运行结果如图 6-25 所示。

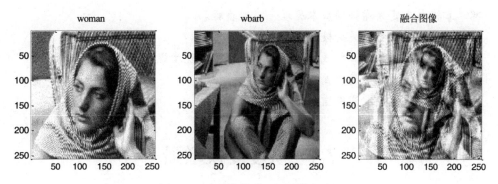

图 6-25　小波变换应用于图像的融合

6.7　本章小结

本章是数字图像处理方面的重要内容，主要介绍图像处理中的傅里叶变换、离散余弦变换、Radon 变换及其逆变换、Fanbeam 投影变换、离散沃尔什-哈达玛变换、小波变换，并分别对这些变换的定义、函数的用法做了说明，最后简单地介绍了这些变换的应用实例。读者对本章提到的函数要熟悉运用，掌握其用法，最好在实践中进行学习。

第**7**章

图像增强

在图像形成、传输或变换的过程中，受一些客观因素的影响会使图像失真，比如图像对比度降低和图像模糊等。因此需要利用图像增强技术改善这种情况。图像增强是图像处理中的基本技术之一，它是把原来不清晰的图像变得清晰，或者抑制图像的某些特征而使另一些特征得到增强。其主要目的是使处理后的图像质量得到改善，增加图像的信噪比，或者增强图像的视觉效果。

学习目标:

- ⌘ 掌握灰度变换增强的基本原理、实现步骤。
- ⌘ 了解噪声分类相关的概念。
- ⌘ 掌握空间域滤波、频域增强的基本原理、实现步骤。
- ⌘ 理解颜色增强实现步骤。
- ⌘ 理解小波变换在图像增强的实现方法。

7.1　灰度变换增强

灰度变换增强是把对比度弱的图像变成对比度强的图像。各种拍摄条件的限制会导致图像的对比度比较差、图像的直方图分布不够均衡，主要的元素集中在几个像素值附近，通过直方图均衡化，使得图像中各个像素值尽可能均匀分布或者服从一定形式的分布，从而提高图像的对比度。

7.1.1　图像直方图的含义

直方图是多种空间域处理技术的基础。直方图操作能有效地用于图像增强，直方图固有的信息在其他图像处理应用中也是非常有用的，比如图像压缩与分割。直方图在软件中易于计算，也适用于商用硬件设备，因此它们成为实时图像处理的一个流行工具。

灰度级为[0,L-1]范围的数字图像的直方图是离散函数 $h(r_k)=n_k$，这里 r_k 是第 k 级灰度，n_k

是图像中灰度级为 r_k 的像素个数。

经常以图像中像素的总数（用 n 表示）来除它的每一个值得到归一化的直方图。因此，一个归一化的直方图由 $P(r_k)=n_k/n$ 给出。

简单地说，$P(r_k)$ 给出了灰度级为 r_k 发生的概率估计值。一个归一化的直方图的所有部分之和应等于 1。

在 MATLAB 中，imhist 函数可以显示一幅图像的直方图，常见调用方法如下：

```
imhist(I)
```

其中，I 是图像矩阵。该函数返回一幅图像，显示 I 的直方图。

【例 7-1】读取一幅图像，然后显示这幅图像的直方图。

```
I=imread('cameraman.tif');   % 读入图像
subplot(121),
imshow(I);                   % 显示原图像
title('原始图像');
subplot(122),
imhist(I);                   % 显示其直方图
title('直方图');
```

运行结果如图 7-1 所示。

图 7-1 图像和直方图

7.1.2 图像直方图的均衡化

直方图均衡化又称直方图平坦化，实质上是对图像进行非线性拉伸，重新分配图像象元值，使一定灰度范围内象元值的数量大致相等。这样，原来直方图中间的峰顶部分对比度得到增强，而两侧的谷底部分对比度降低，输出图像的直方图是一个较平的分段直方图：如果输出数据分段值较小，就会产生粗略分类的视觉效果。

设变量 r 代表图像中的像素灰度级。对灰度级进行归一化处理，则 $0 \leqslant r \leqslant 1$，其中 $r=0$ 表示黑，$r=1$ 表示白。对于一幅给定的图像来说，每个像素值在[0,1]的灰度级是随机的。用概率密度函数 $p_r(r)$ 来表示图像灰度级的分布。

为了有利于数字图像处理，引入离散形式。在离散形式下，用 r^k 代表离散灰度级，用 $p_r(r^k)$

代表 $p_r(r)$，并且下式成立：

$$p_r(r^k) = \frac{nk}{n}$$

其中，$0 \leqslant r^k \leqslant 1$，$k=0,1,2,\cdots,n-1$；$n^k$ 为图像中出现 r^k 这种灰度的像素数；n 是图像中的像素总数；$\frac{nk}{n}$ 是概率论中的频数。图像进行直方图均衡化的函数表达式为：

$$S_i = T(r_i) = \sum_{i=0}^{k-1} \frac{n_i}{n}$$

式中，k 为灰度级数。相应的逆变换为：

$$r^i = T^{-1}(S_i)$$

在 MATLAB 中，histeq 函数用于直方图均衡化，调用方法如下：

```
J=histeq(I)
```

其中，I 是输入的原图像，J 是直方图均衡化后的图像。

【例 7-2】调用 histeq 函数进行直方图均衡化。

```
I=imread('onion.png');      % 读入图像
figure;
subplot(2,2,1);
imshow(I);
title('原始图像');
I=rgb2gray(I);
subplot(2,2,2);
imhist(I);
title('原始图像直方图');
I1=histeq(I);
% 图像均衡化
subplot(2,2,3);
imshow(I1);
title('图像均衡化');
subplot(2,2,4);
imhist(I1);
title('直方图均衡化');
```

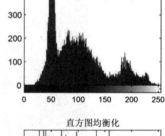
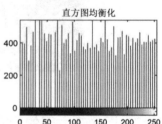

运行结果如图 7-2 所示。

图 7-2   直方图均衡化

7.1.3   灰度的调整

灰度变换可使图像动态范围增大、对比度得到扩展，使图像清晰、特征明显，是图像增强的重要手段之一。它主要利用点运算来修正像素灰度，由输入像素点的灰度值确定相应输出点的灰度值，是一种基于图像变换的操作。

灰度变换不改变图像内的空间关系，除了灰度级的改变是根据某种特定的灰度变换函数进行之外，可以看作是"从像素到像素"的复制操作。

在图像处理中，空域是指由像素组成的空间。空域增强方法是直接对图像中的像素进行

处理,从根本上说是以图像的灰度映射变换为基础的,所用的映射变换类型取决于增强的目的。空域增强方法可表示为

$$g(x, y) = T[f(x, y)]$$

其中,$f(x,y)$是输入图像,$g(x,y)$是处理后的图像,T是对f的一种操作,其定义在(x,y)的邻域。另外,T能对输入图像集进行操作。

T操作最简单的形式是针对单个像素,这时也就是在1×1邻域中。在这种情况下,g仅仅依赖于f在点(x,y)的值,T操作成为灰度级变换函数,形式为:

$$s = T(r)$$

其中,r和s为所定义的变量,分别是$f(x,y)$和$g(x,y)$在任意点(x,y)的灰度级。

更大的邻域会有更多的灵活性。一般的方法是,利用点(x,y)事先定义的邻域里的一个函数来决定g在(x,y)处的值,其公式化的一个主要方法是以利用所谓的模板(也指滤波器、核、掩模或窗口)为基础。从根本上说,模板是一个3×3的二维矩阵,模板的系数值决定了处理的性质,比如图像尖锐化等。以这种方法为基础的增强技术通常是指模板处理或滤波。

1. 线性变换

假定原图像$f(x,y)$的灰度范围为$[a,b]$,变换后的图像$g(x,y)$的灰度范围线性地扩展至$[c,d]$,则对于图像中任一点的灰度值$f(x,y)$,变换后为$g(x,y)$,其数学表达式如下式所示。

$$g(x, y) = \frac{d-c}{b-a} \times [f(x, y) - a] + c$$

若图像中大部分像素的灰度级分布在区间$[a,b]$内、$\max f$为原图的最大灰度级,只有很小一部分灰度级超过了此区间,则为了改善增强效果,可以令

$$g(x, y) = \begin{cases} c \\ \dfrac{d-c}{b-a} \times [f(x, y) - a] + c \\ d \end{cases}$$

在曝光不足或过度的情况下,图像的灰度可能会局限在一个很小的范围内,这时得到的图像可能是一个模糊不清、似乎没有灰度层次的图像。采用线性变换对图像中每一个像素灰度进行线性拉伸,将有效改善图像视觉效果。

【例 7-3】用 MATLAB 程序实现线性灰度变换的图像增强。

```
I=imread('fabric.png');
subplot(2,2,1),imshow(I);
title('原始图像');
axis([50,250,50,200]);
axis on;                      % 显示坐标系
I1=rgb2gray(I);
subplot(2,2,2),imshow(I1);
title('灰度图像');
axis([50,250,50,200]);
axis on;
```

```
J=imadjust(I1,[0.1 0.5],[]);      % 局部拉伸，把[0.1 0.5]内的灰度拉伸为[0 1]
subplot(2,2,3),imshow(J);
title('线性变换图像[0.1 0.5]');
axis([50,250,50,200]);
grid on;
axis on;
K=imadjust(I1,[0.3 0.7],[]);      % 局部拉伸，把[0.3 0.7]内的灰度拉伸为[0 1]
subplot(2,2,4),imshow(K);
title('线性变换图像[0.3 0.7]');
axis([50,250,50,200]);
grid on;                          % 显示网格线
axis on;                          % 显示坐标系
```

运行结果如图 7-3 所示。

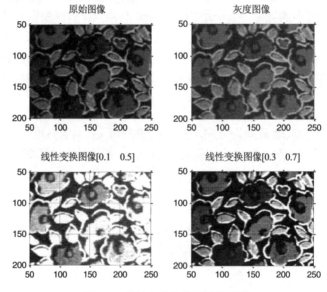

图 7-3　线性灰度变换的图像增强

2．非线性变换

非线性变换就是利用非线性变换函数对图像进行灰度变换，主要有指数变换、对数变换等。

输出图像的像素点的灰度值与对应的输入图像的像素灰度值之间满足指数关系成为指数变换，其一般公式为：

$$g(x,y) = b^{f(x,y)}$$

其中，b 为底数。为了增加变换的动态范围，在上述一般公式中可以加入一些调制参数，以改变变换曲线的初始位置和曲线的变化速率。这时的变换公式为：

$$g(x,y) = b^{c \times [f(x,y)-a]} - 1$$

式中，a、b、c 都是可以选择的参数，当 $f(x,y)=a$ 时，$g(x,y)=0$，此时指数曲线交于 x 轴，由此可见参数 a 决定了指数变换曲线的初始位置参数 c，决定了变换曲线的陡度，即决定曲线的变化速率。指数变换用于扩展高灰度区，一般适于过亮的图像。

对数变换是指输出图像的像素点的灰度值与对应的输入图像的像素灰度值之间为对数关

系，其一般公式为：

$$g(x,y) = \lg[f(x,y)]$$

其中，lg 表示以 10 为底的对数，也可以选用自然对数 ln。为了增加变换的动态范围，在上述一般公式中可以加入一些调制参数，这时的变换公式为：

$$g(x,y) = a + \frac{\ln[f(x,y)+1]}{b \times \ln c}$$

式中 a、b、c 都是可以选择的参数，$f(x,y)$+1 是为了避免对 0 求对数，确保 $\ln[f(x,y)+1] \geqslant 0$。当 $f(x,y)$=0 时，$\ln[f(x,y)+1]$=0，则 $y=a$，a 为 y 轴上的截距，确定了变换曲线的初始位置的变换关系，b、c 两个参数确定变换曲线的变化速率。对数变换用于扩展低灰度区，一般适用于过暗的图像。

【例 7-4】对数非线性灰度变换。

```
I=imread('football.jpg');
I1=rgb2gray(I);
subplot(1,2,1),imshow(I1);
title('灰度图像');
axis([50,250,50,200]);
grid on;              % 显示网格线
axis on;              % 显示坐标系
J=double(I1);
J=40*(log(J+1));
H=uint8(J);
subplot(1,2,2),
imshow(H);
title('对数变换图像');
axis([50,250,50,200]);
grid on;
axis on;
```

运行结果如图 7-4 所示。

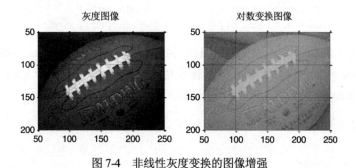

图 7-4 非线性灰度变换的图像增强

【例 7-5】对图像进行非线性处理，并显示函数的曲线图。

```
a=imread('pout.tif');          % 读入原始图像
subplot(1,3,1),
imshow(a);                     % 显示原始图像
```

```
title('原始图像');
% 显示函数的曲线图
x=1:255;
y=x+x.*(255-x)/255;
subplot(1,3,2),
plot(x,y);                          % 绘制的曲线图
title('函数的曲线图');
b1=double(a)+0.006*double(a) .*(255-double(a));
subplot(1,3,3),
imshow(uint8(b1));                  % 显示经非线性处理之后的图像
title('非线性处理效果');
```

运行结果如图 7-5 所示。

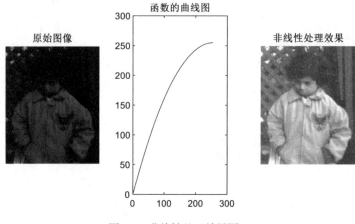

图 7-5　非线性处理效果图

3．灰度调整函数

在 MATLAB 的图像处理工具箱中，提供了灰度调整的函数 imadjust，使这个函数可以规定输出图像的像素范围，常用的调用方法如下：

```
J=imadjust(I)
J=imadjust(I,[low_in;high_in],[low_out; high_out])
J=imadjust(I,[low_in;high_in],[low_out; high_out],gamma)
```

其中，I 是输入的图像，J 是返回的调整后的图像，该函数把在[low_in;high_in]的像素值调整到[low_out; high_out])，而低 low_in 的像素值映射为 low_out，高于 high_in 的像素值映射为 high_out，Gamma 描述了输入图像和输出图像之间映射曲线的形状。

【例 7-6】通过调整灰度来增加图像的对比度。

```
clear
I=imread('rice.png');              % 读入图像
subplot(2,2,1);
imshow(I);
title('原始图像');
subplot(2,2,2);
imhist(I);
title('原图像直方图');
```

```
subplot(2,2,3);
J=imadjust(I,[],[0.4 0.6]);          % 调整图像的灰度到指定范围
imshow(J);
title('调整灰度后的图像');
subplot(2,2,4);
imhist(J);
title('调整灰度后的直方图');
```

运行结果如图 7-6 所示，通过对比可以看到图像的对比度得到增强。

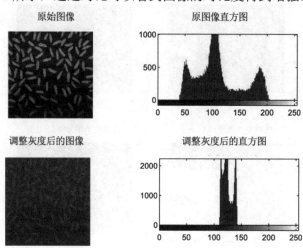

图 7-6 原图像及其直方图和调整灰度后的图像及其直方图

【例 7-7】灰度线性变换，调用 imadjust 函数对图像局部灰度范围进行扩展。

```
I=imread('tape.png');
subplot(2,2,1),
imshow(I);
title('原始图像');
axis([50,250,50,200]);
axis on;                              % 显示坐标系
I1=rgb2gray(I);                       % 图像 I 必须为彩色图像
subplot(2,2,2),
imshow(I1);
title('灰度图像');
axis([50,250,50,200]);
axis on;                              % 显示坐标系
J=imadjust(I1,[0.1 0.5],[]);          % 局部拉伸，把[0.1 0.5]内的灰度拉伸为[0 1]
subplot(2,2,3),
imshow(J);
title('线性变换图像[0.1 0.5]');
axis([50,250,50,200]);
grid on;                              % 显示网格线
axis on;                              % 显示坐标系
K=imadjust(I1,[0.3 0.7],[]);          % 局部拉伸，把[0.3 0.7]内的灰度拉伸为[0 1]
subplot(2,2,4),
```

```
imshow(K);
title('线性变换图像[0.3 0.7]');
axis([50,250,50,200]);
grid on;
axis on;
```

运行结果如图 7-7 所示。

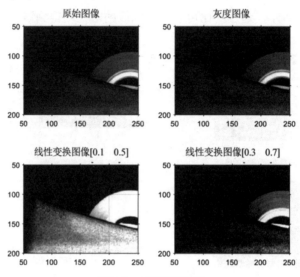

图 7-7　灰度线性变换

4. Gamma 校正

Gamma 校正也是数字图像处理中常用的图像增强技术。imadjust 函数中的 gamma 因子即是这里所说的 Gamma 校正的参数。Gamma 因子的取值决定了输入图像到输出图像的灰度映射方式，即决定了增强低灰度还是增强高灰度。当 Gamma 等于 1 时，为线性变换。

【例 7-8】利用 Gamma 校正来处理图像。

```
for i=0:255;
    f=power((i+0.5)/256,1/2.2);
    LUT(i+1)=uint8(f*256-0.5);
end
img=imread('peppers.png');        % 读入图像
img0=rgb2ycbcr(img);
R=img(:,:,1);
G=img(:,:,2);
B=img(:,:,3);
Y=img0(:,:,1);
Yu=img0(:,:,1);
[x y]=size(Y);
for row=1:x
    for width=1:y
        for i=0:255
        if (Y(row,width)==i)
            Y(row,width)=LUT(i+1);
            break;
        end
```

```
        end
      end
end
img0(:,:,1)=Y;
img1=ycbcr2rgb(img0);
R1=img1(:,:,1);
G1=img1(:,:,2);
B1=img1(:,:,3);
subplot(1,2,1);
imshow(img);                    % 显示图像
title('原始图像');
subplot(1,2,2);
imshow(img1);
title('Gamma 矫正后的图像')
```

运行结果如图 7-8 所示。

原始图像   Gamma 矫正后的图像

图 7-8　Gamma 校正

7.1.4　直方图规定化

直方图均衡化的优点是能自动增强整个图像的对比度，但它的具体增强效果不易控制，处理的结果总是得到全局均衡化的直方图。在实际工作中，有时需要变换直方图使之成为某个特定的形状，从而有选择地增强某个灰度值范围内的对比度，这时可采用比较灵活的直方图规定化方法。

直方图规定化是用于产生处理后有特殊直方图的图像方法。

令 $P_r(V)$ 和 $P_z(Z)$ 分别为原始图像和期望图像的灰度概率密度函数。对原始图像和期望图像均作直方图均衡化处理，应有：

$$S = T(r) = \int_0^r P_r(V)\mathrm{d}r$$

$$V = G(Z) = \int_0^z P_z(Z)\mathrm{d}z$$

$$Z = G^{-1}(V)$$

由于都是作直方图均衡化处理，因此处理后的原图像的灰度概率密度函数 $P_s(S)$ 及理想图像的灰度概率密度函数 $P_v(V)$ 是相等的。

可以用变换后的原始图像灰度级 S 代替上式中的 V，即 $Z=G^{-1}[T(r)]$。利用此式可以从原始图像得到希望的图像灰度级。对于离散图像，有

$$P_z(Z_i) = \frac{n_i}{n}$$

$$Z_i = G^{-1}(S_i) = G^{-1}[T(r_i)]$$

综上所述，数字图像的直方图规定化就是将直方图均衡化后的结果映射到期望的理想直方图上，使图像按人的意愿去变换。数字图像的直方图规定的算法如下：

1）将原始图像作直方图均衡化处理，求出原始图像中每一个灰度级 r_i 所对应的变换函数 S_i。

2）对给定直方图作类似计算，得到理想图像中每一个灰度级 Z_i 所对应的变换函数 V_i。

3）找出 $V_i \approx S_i$ 的点对，并映射到 Z_i。

4）求出 $P_i(Z_i)$。

【例 7-9】利用直方图规定化对图像进行增强。

```
I=imread('cell.tif');      % 读入图像
subplot(2,2,1),
imshow(I);
title('原始图像')
hgram=50:2:250;            % 规定化函数
J=histeq(I,hgram);
subplot(2,2,2),
imshow(J);
title('图像的规定化')
subplot(2,2,3),
imhist(I,64);
title('原始图像直方图')
subplot(2,2,4),
imhist(J,64);
title('规定化后直方图')
```

运行结果如图 7-9 所示。

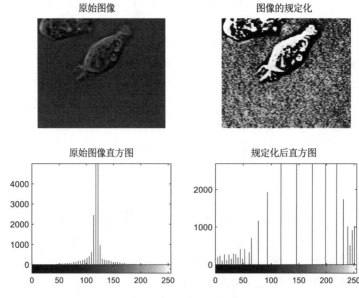

图 7-9　图像的规定化

7.2 空域滤波增强

空域滤波增强是指使用空域模板进行的图像处理。模板本身被称为空域滤波器。空域滤波器包括线性滤波器和非线性滤波器

空域滤波按处理效果来分类，可以分为平滑滤波器和锐化滤波器，平滑的目的在于消除混杂在图像中的干扰因素、改善图像质量、强化图像表现特征。锐化的目的在于增强图像边缘，对图像进行识别和处理以及去除图像中加入的噪声。

7.2.1 按干扰源分类

图像噪声按照干扰源可以分为外部噪声和内部噪声。

1）外部噪声是指系统外部干扰以电磁波或经电源串进系统内部而引起的噪声，如电气设备、天体放电现象等引起的噪声。

2）内部噪声一般可以分为以下 4 种：

① 由光和电的基本性质所引起的噪声，如电流的产生是由电子或空穴粒子的集合定向运动所形成的。因这些粒子运动的随机性而形成的散粒噪声；导体中自由电子的无规则热运动所形成的热噪声；根据光的粒子性，图像是由光量子所传输，而光量子密度随时间和空间变化所形成的光量子噪声等。

② 电器的机械运动产生的噪声，如各种接头因抖动引起电流变化所产生的噪声：磁头、磁带等抖动或一起抖动等。

③ 器材材料本身引起的噪声。如正片和负片的表面颗粒性和磁带磁盘表面缺陷所产生的噪声。随着材料科学的发展，这些噪声有望不断减少，目前，还是不可避免的。

④ 系统内部设备电路所引起的噪声，如电源引入的交流噪声、偏转系统和箝位电路所引起的噪声等。

7.2.2 按噪声与信号的关系分类

这里我们可以将噪声分为加性噪声模型和乘性噪声模型两大类。这里假设 $f(x,y)$ 为信号，$n(x,y)$ 为噪声，影响信号后的输出为 $g(x,y)$。

1. 加性噪声

表示加性噪声的公式如下：

$$g(x,y)=f(x,y)+n(x,y)$$

加性噪声和图像信号强度是不相关的，如运算放大器，又如图像在传输过程中引进"信道噪声"、电视摄像机扫描图像的噪声等，这类带有噪声的图像 $g(x,y)$ 可看成为理想无噪声图像 $f(x,y)$ 与噪声 $n(x,y)$ 之和。形成的波形是噪声和信号的叠加，其特点是 $n(x,y)$ 和信号无关。例如，一般的电子线性放大器，不论输入信号的大小，其输出总是与噪声相叠加的。

2. 乘性噪声

表示乘性噪声的公式如下：

$$g(x,y)=f(x,y)[1+n(x,y)]=f(x,y)+f(x,y)n(x,y)$$

乘性噪声和图像信号是相关的，往往随图像信号的变化而变化，如飞点扫描图像中的噪声、电视扫描光栅、胶片颗粒噪声等，载送每一个像素信息的载体变化而产生的噪声受信息本身调制。

在某些情况下（如信号变化很小，噪声也不大），为了分析处理方便，常常将乘性噪声近似认为是加性噪声，而且总是假定信号和噪声在统计上是互相独立的。

7.2.3 按概率密度函数分类

按概率密度函数分类是比较重要的，主要是因为引入了数学模型，这有助于运用数学手段去除噪声。按概率密度函数分类的噪声主要有以下几种。

1）白噪声（White Noise）：具有常量的功率谱。白噪声的一个特例是高斯噪声（Gaussian Noise）。在空间域和频域中，由于高斯噪声在数学上的易处理性，这种噪声（也称为正态噪声）模型经常被用在实践中。

事实上，这种易处理性非常方便，使高斯模型经常适用于临街情况下。它的直方图曲线服从一维高斯型分布：

$$p(x) = \frac{1}{\sqrt{2\pi}\sigma} e^{\frac{-(x-\mu)^2}{2\sigma^2}}$$

2）椒盐噪声（Pepper Noise）：由图像传感器、传输信道、解码处理等产生的黑白相间的亮暗点噪声，往往由图像切割引起。

椒盐噪声指两种噪声：一种是盐噪声（salt noise），另一种是胡椒噪声（pepper noise）。盐=白色，椒=黑色。前者属于高灰度噪声，后者属于低灰度噪声。

一般两种噪声同时出现，呈现在图像上就是黑白杂点。该噪声在图像中较为明显，对图像分割、边缘检测、特征提取等后续处理具有严重的破坏性。

3）冲击噪声（Impulsive Noise）：一幅图像被个别噪声像素破坏，而且这些噪声像素的亮度与其邻域的亮度明显不同。冲击噪声呈突发状，常由外界因素引起；其噪声幅度可能相当大，无法靠提高信噪比来避免，是传输中的主要差错。

4）量化噪声（Quantization Noise）：在量化级别不同时出现的噪声。例如，将图像的亮度级别减少一半的时候会出现伪轮廓。

7.2.4 imnoise 函数

为了模拟不同方法的去噪声效果，MATLAB 图像处理工具箱中使用 imnoise 函数对一幅图像加入不同类型的噪声。它常用的调用方法如下：

```
J=imnoise(I, type)
J=imnoise(I,type,parameters)
```

其中，I 是指要加入噪声的图像，type 是指不同类型的噪声（见表 7-1），parameters 是指不同类型噪声的参数，J 是返回的含有噪声的图像。

表7-1 函数imnoise中type参数的取值及意义

参 数 值	说 明
'gaussian'	高斯噪声
'localva'	零均值的高斯白噪声
' salt & pepper '	椒盐噪声
'speckle'	乘法噪声
'poission'	泊松噪声

【例 7-10】对图像加高斯噪声，然后进行线性组合。

```
a=imread('football.jpg');
a1=imnoise(a,'gaussian',0,0.006);        % 对原始图像加高斯噪声，共得到 4 幅图像
a2=imnoise(a,'gaussian',0,0.006);
a3=imnoise(a,'gaussian',0,0.006);
a4=imnoise(a,'gaussian',0,0.006);
k=imlincomb(0.25,a1,0.25,a2,0.25,a3,0.25,a4);   % 线性组合
subplot(131);
imshow(a);
title('原始图像')
subplot(132);
imshow(a1);
title('高斯噪声图像')
subplot(133);
imshow(k,[]);
title('线性组合')
```

运行结果如图 7-10 所示。

原始图像　　　　　　高斯噪声图像　　　　　　线性组合

图 7-10 图像加高斯噪声并进行线性组合

【例 7-11】对原始图像添加高斯噪声、椒盐噪声和乘法噪声，并显现出不同的结果。

```
I=imread('autumn.tif');
subplot(2,2,1),
imshow(I);
title('原始图像')
J1=imnoise(I,'gaussian',0,0.02);         % 叠加均值为 0、方差为 0.02 的高斯噪声
subplot(2,2,2),
imshow(J1);
```

```
title('高斯噪声图像')
J2=imnoise(I,'salt & pepper',0.04);       % 叠加密度为 0.04 的椒盐噪声
subplot(2,2,3),
imshow(J2);
title('椒盐噪声图像')
J3=imnoise(I, 'speckle',0.04);            % 叠加密度为 0.04 的乘法噪声
subplot(2,2,4),
imshow(J2);
title('乘法噪声图像')
```

运行结果如图 7-11 所示。

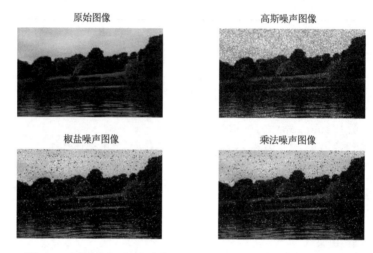

图 7-11   原图和分别添加高斯噪声、椒盐噪声和乘法噪声后的图像

7.2.5   平滑滤波器

平滑滤波能减弱或消除图像中的高频率分量，但不影响低频率分量。因为高频分量对应图像中的区域边缘等灰度值具有较大较快变化的部分,平滑滤波将这些分量滤去可减少局部灰度起伏,使图像变得比较平滑。实际上，它还可用于消除噪声或在较大的目标前去除较小的细节或将目标内的小间断连接起来。

平滑滤波器的概念很简单：用滤波掩模确定的邻域内像素的平均值去代替图像每个像素点的值。这种处理减少了图像灰度的尖锐化,我们经常用这些极端类型的模糊处理来去除图像中的一些小物体。

在 MATLAB 中，fspecial 函数用于产生预定义的滤波算子，调用格式为：

```
h=fspecial(type,para)     % 参数 type 指定算子类型；para 为指定相应的参数
                          % type='average'表示指定的滤波器；para 默认为 3
B=filter2(h,A)            % filter2 用算子 h 对图像 A 作滤波处理得到 B;
                          % 其中，A 为输入图像；h 为滤波算子；B 为输出图像
```

【例 7-12】利用平滑滤波对图像进行处理。

```
I=imread('pears.png');
subplot(231)
imshow(I)
```

```
title('原始图像')
I=rgb2gray(I);
I1=imnoise(I,'salt & pepper',0.02);
subplot(232)
imshow(I1)
title('添加椒盐噪声的图像')
k1=filter2(fspecial('average',3),I1)/255;        % 进行 3*3 模板平滑滤波
k2=filter2(fspecial('average',5),I1)/255;        % 进行 5*5 模板平滑滤波
k4=filter2(fspecial('average',9),I1)/255;        % 进行 9*9 模板平滑滤波
k3=filter2(fspecial('average',7),I1)/255;        % 进行 7*7 模板平滑滤波
subplot(233),
imshow(k1);
title('3*3 模板平滑滤波');
subplot(234),
imshow(k2);
title('5*5 模板平滑滤波');
subplot(235),
imshow(k3);
title('7*7 模板平滑滤波');
subplot(236),
imshow(k4);
title('9*9 模板平滑滤波');
```

运行结果如图 7-12 所示。

图 7-12　图像的平滑滤波

7.2.6　中值滤波器

中值滤波器的原理类似于均值滤波器，均值滤波器输出的像素为相应像素邻域内的平均值，而中值滤波器输出的像素值为相应像素邻域内的中值。

与均值滤波器相比，中值滤波器对异常值不敏感，因此中值滤波器可以在不减小图像对比度的情况下减小异常值的影响。

在 MATLAB 中，medfilt2 函数用于实现中值滤波，调用方法如下：

```
B = medfilt2(A,[m,n])     % 对图像 A 执行中值滤波，每个输出像素为 m×n 邻域的中值
B = medfilt2(A)           % 在 m 和 n 的默认值为 3 的情况下执行中值滤波
```

【例 7-13】利用中值滤波器对椒盐噪声进行滤除处理。

```matlab
I=imread('saturn.png');
I=rgb2gray(I);
J=imnoise(I,'salt & pepper',0.02);
subplot(231),
imshow(I);
title('原始图像');
subplot(232),
imshow(J);
title('添加椒盐噪声图像');
k1=medfilt2(J);                 % 进行 3*3 模板中值滤波
k2=medfilt2(J,[5,5]);          % 进行 5*5 模板中值滤波
k3=medfilt2(J,[7,7]);          % 进行 7*7 模板中值滤波
k4=medfilt2(J,[9,9]);          % 进行 9*9 模板中值滤波
subplot(233),
imshow(k1);
title('3*3 模板中值滤波');
subplot(234),
imshow(k2);
title('5*5 模板中值滤波');
subplot(235),
imshow(k3);
title('7*7 模板中值滤波');
subplot(236),
imshow(k4);
title('9*9 模板中值滤波');
```

运行结果如图 7-13 所示。

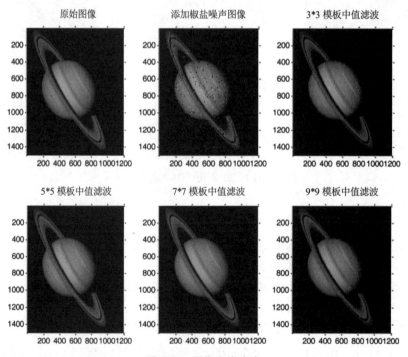

图 7-13　图像中值滤波

【例 7-14】 利用中值滤波去除图像中的多种噪声。

```
clear all;
I=imread('tape.png');                    % 读入图像
M=rgb2gray(I);
N1=imnoise(M,'salt & pepper',0.04);
N2=imnoise(M,'gaussian',0,0.02);
N3=imnoise(M,'speckle',0.02);
G1=medfilt2(N1);                         % 中值滤波去噪
G2=medfilt2(N2);
G3=medfilt2(N3);
subplot(2,3,1);
imshow(N1);
title('添加椒盐噪声图像');
subplot(2,3,2);
imshow(N2);
title('添加高斯噪声');
subplot(2,3,3);
imshow(N3);
title('添加乘性噪声');
subplot(2,3,4);
imshow(G1);
title('椒盐噪声中值滤波图像');
subplot(2,3,5);
imshow(G2);
title('高斯噪声中值滤波图像');
subplot(2,3,6);
imshow(G3);
title('乘性噪声中值滤波图像');
```

运行结果如图 7-14 所示。

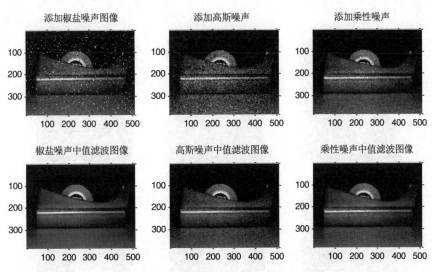

图 7-14　中值滤波去除图像中的多种噪声效果对比

7.2.7　自适应滤波器

在 MATLAB 中，wiener2 函数用于对图像进行自适应除噪滤波。wiener2 函数可以估计每个像素的局部均值与方差，调用方法如下：

```
J=wiener2(I,[M N],noise)      % 使用 M×N 大小邻域局部图像均值与偏差，采用像素式自适应
                              % 滤波器对图像 I 进行滤波
```

【例 7-15】调用 wiener2 函数对图像进行自适应除噪滤波。

```
I=imread('saturn.png');
subplot(231),
imshow(I);
title('原始图像');
I=rgb2gray(I);
J=imnoise(I,'salt & pepper',0.04);
subplot(232),imshow(J);title('添加椒盐噪声图像');
k1= wiener2 (J);              % 进行 3*3 模板中值滤波
k2= wiener2 (J,[5,5]);        % 进行 5*5 模板中值滤波
k3= wiener2 (J,[7,7]);        % 进行 7*7 模板中值滤波
k4= wiener2 (J,[9,9]);        % 进行 9*9 模板中值滤波
subplot(233),
imshow(k1);
title('3*3 模板中值滤波');
subplot(234),
imshow(k2);
title('5*5 模板中值滤波 ');
subplot(235),
imshow(k3);
title('7*7 模板中值滤波');
subplot(236),
imshow(k4);
title('9*9 模板中值滤波');
```

运行结果如图 7-15 所示。

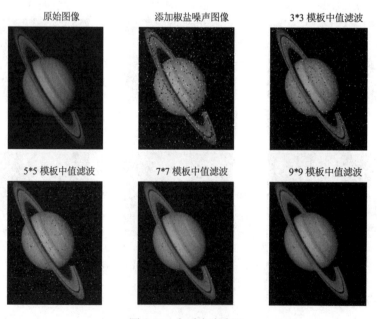

图 7-15   自适应滤波器

7.2.8　空域锐化滤波器

图像平滑往往使图像中的轮廓变得模糊，为了减少这类不利影响，需要利用图像锐化技术使图像的边缘变得清晰。

图像锐化处理的目的是使图像的边缘、轮廓线以及图像的细节变得清晰，经过平滑的图像变得模糊的根本原因是图像受到了平均或积分运算，因此对其进行逆运算（如微分运算）就可以使图像变得清晰。

常用的空域锐化滤波算子有 Roberts 梯度算子、Prewitt 梯度算子、Sobel 算子、Laplacian 算子等。具体的 MATLAB 的实现方式可以参考下面的例子。

【例 7-16】梯度锐化实例。

```
I=imread('pout.tif');
subplot(131),
imshow(I)
title('原始图像');
H=fspecial('Sobel');
H=H';                    % Sobel 垂直模板
TH=filter2(H,I);
subplot(132),
imshow(TH,[]);
title(' Sobel 垂直模板');
H=H';                    % Sobel 水平模板
TH=filter2(H,I);
subplot(133),
imshow(TH,[])
title(' Sobel 水平模板');
```

运行结果如图 7-16 所示。

原始图像　　　　　Sobel 垂直模板　　　　Sobel 水平模板

图 7-16　梯度锐化

【例 7-17】利用 Roberts 算子、Prewitt 算子对图像进行锐化。

```
I = imread('rice.png');              % 读入图像
subplot(1,3,1);
imshow(I);
title('原始图像');
BW1 = edge(I,'roberts',0.1);         % 选择 roberts 算子
subplot(1,3,2);
imshow(BW1);
title('Roberts 算子');
```

```
hp=fspecial('prewitt')              % 选择 prewitt 算子
P=imfilter(I,hp);
subplot(1,3,3);
imshow(P,[]);
title('Prewitt 算子');
```

运行结果如图 7-17 所示。

 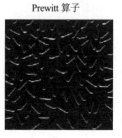

图 7-17　图像梯度锐化滤波

【例 7-18】利用 Sobel 算子、Laplacian 算子对图像进行锐化。

```
I=imread('tire.tif');
subplot(2,2,1),imshow(I);
title('原始图像');
axis([50,250,50,200]);
grid on;                     % 显示网格线
axis on;                     % 显示坐标系
I1=im2bw(I);
subplot(2,2,2),imshow(I1);
title('二值图像');
axis([50,250,50,200]);
grid on;
axis on;
H=fspecial('sobel');         % 选择 sobel 算子
J=filter2(H,I1);             % 卷积运算
subplot(2,2,3),imshow(J);
title('sobel 算子锐化图像');
axis([50,250,50,200]);
grid on;
axis on;
h=fspecial('laplacian');     % 拉普拉斯算子
J1=filter2(h,I1);            % 卷积运算
subplot(2,2,4),imshow(J1);
title('拉普拉斯算子锐化图像');
axis([50,250,50,200]);
grid on;
axis on;
```

运行结果如图 7-18 所示。

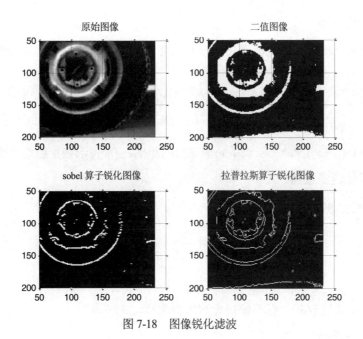

图 7-18　图像锐化滤波

7.3　频域滤波增强

频域滤波增强是利用图像变换方法将原来的图像空间中的图像以某种形式转换到其他空间中，然后利用该空间的特有性质方便地进行图像处理，再转换回原来的图像空间中，从而得到处理后的图像。

7.3.1　低通滤波器

噪声主要集中在高频部分，为了在图像传递过程中去除噪声改善图像质量，滤波器采用低通滤波器 H(u,v)来抑制高频成分、通过低频成分，然后进行傅里叶逆变换获得滤波图像，达到平滑图像的目的。在傅里叶变换域中，变换系数能反映某些图像的特征，如频谱的直流分量对应于图像的平均亮度、噪声对应于频率较高的区域、图像实体位于频率较低的区域等，因此频域常被用于图像增强。

在图像增强中构造低通滤波器，使低频分量能够顺利通过、高频分量有效阻止，即可滤除该邻域内的噪声。

由卷积定理可知低通滤波器数学表达式为：

$$G(u,v)=F(u,v)H(u,v)$$

其中，$F(u,v)$ 为含有噪声的原图像的傅里叶变换域；$H(u,v)$ 为传递函数；$G(u,v)$ 为经低通滤波后输出图像的傅里叶变换。假定噪声和信号成分在频率上可分离，且噪声表现为高频成分，H 滤波滤去了高频成分，而低频信息基本无损失通过。

选择合适的传递函数 $H(u,v)$ 对频域低通滤波关系重大。

1. 理想低通滤波器

设傅里叶平面上理想低通滤波器离开原点的截止频率为 D_0，则理想低通滤波器的传递函数为：

$$H(u,v) = \begin{cases} 1 & D(u,v) \leqslant D_0 \\ 0 & D(u,v) > D_0 \end{cases}$$

式中，$D(u,v)=(u^2+v^2)^{1/2}$，表示点 (u,v) 到原点的距离；D_0 表示截止频率点到原点的距离。

2. 巴特沃斯低通滤波器

n 阶巴特沃斯滤波器的传递函数为：

$$H(u,v) = \cfrac{1}{1+\left[\cfrac{D(u,v)}{D_0}\right]^{2n}}$$

它的特性是连续性衰减，而不像理想滤波器那样陡峭变化。

3. 梯形低通滤波器

梯形低通滤波器的转移函数为：

$$H(u,v) = \begin{cases} 1 & D(u,v) \leqslant D' \\ \cfrac{D(u,v)-D_0}{D'-D_0} & D' < D(u,v) < D_0 \\ 0 & D(u,v) > D_0 \end{cases}$$

4. 指数低通滤波器

指数低通滤波器的转移函数（阶数为 2 时成为高斯低通滤波器）：

$$H(u,v) = \exp\{-[D(u,v)/D_0]^n\}$$

随频率增加，在开始阶段一般衰减得比较快，对高频分量的滤除能力较强，对图像造成的模糊较大，产生的振铃现象一般弱于巴特沃斯低通滤波器。

【例 7-19】理想低通滤波器对图像所产生的模糊和振铃现象。

```
J=imread('eight.tif');        % 读入图像
subplot(131);
imshow(J);
title('原始图像');
J=double(J);                  % 数据矩阵平衡
g=fftshift(f);
subplot(132);
imshow(log(abs(g)),[]),color(jet(64));
title('傅里叶变换');
[M,N]=size(f);
n1=floor(M/2);
n2=floor(N/2);
```

```
%  d0=5,15,45,65
d0=5;
for i=1:M
    for j=1:N
        d=sqrt((i-n1)^2+(j-n2)^2);
        if d<=d0
            h=1;
        else
            h=0;
        end
        g(i,j)=h*g(i,j);
    end
end
g=ifftshift(g);
g=uint8(real(ifft2(g)));
subplot(133);
imshow(g);
title('理想低通滤波器')
```

运行结果如图 7-19 所示。

图 7-19 理想低通滤波器

【例 7-20】 二阶巴特沃斯低通滤波器。

```
I=imread('eight.tif');
subplot(131),
imshow(I);
title('原始图像');
J1=imnoise(I,'salt & pepper');          % 叠加椒盐噪声
f=double(J1);                           % 数据类型转换
g=fft2(f);                              % 傅里叶变换
g=fftshift(g);                          % 转换数据矩阵
[M,N]=size(g);
nn=2;                                   % 二阶巴特沃斯低通滤波器
d0=50;
m=fix(M/2); n=fix(N/2);
for i=1:M
    for j=1:N
        d=sqrt((i-m)^2+(j-n)^2);
        h=1/(1+0.414*(d/d0)^(2*nn));          % 计算低通滤波器传递函数
        result(i,j)=h*g(i,j);
    end
end
result=ifftshift(result);
```

```
J2=ifft2(result);
J3=uint8(real(J2));
subplot(132),
imshow(J1);
title('加椒盐噪声');
subplot(133),
imshow(J3);                        % 显示滤波处理后的图像
title('低通滤波处理');
```

运行结果如图 7-20 所示。

原始图像　　　　　　　　　加椒盐噪声　　　　　　　　　低通滤波处理

 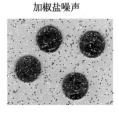

图 7-20　巴特沃斯低通滤波器

7.3.2　高通滤波器

图像中的细节部分与频率的高频分量相对应，所以高通滤波可以对图像进行锐化处理。高通滤波器与低通滤波器的作用相反。使高频分量顺利通过，消弱低频。

图像的边缘、细节主要位于高频部分，而图像的模糊是由于高频成分比较弱产生的。采用高通滤波器可以对图像进行锐化处理——消除模糊、突出边缘。因此，采用高通滤波器让高频成分通过，使低频成分削弱，再经傅里叶逆变换得到边缘锐化的图像。常用的高通滤波器有以下几种。

1. 理想高通滤波器

二维理想高通滤波器的传递函数为：

$$H(u,v) = \begin{cases} 0 & D(u,v) \leqslant D_0 \\ 1 & D(u,v) > D_0 \end{cases}$$

2. 巴特沃斯高通滤波器

n 阶巴特沃斯高通滤波器的传递函数定义如下：

$$H(u,v) = \frac{1}{1 + \left[\dfrac{D_0}{D(u,v)}\right]^{2n}}$$

3. 梯形高通滤波器

梯形高通滤波器的转移函数为：

$$H(u,v)=\begin{cases}0 & D(u,v)\leqslant D_0 \\ \dfrac{D(u,v)-D_0}{D'-D_0} & D_0<D(u,v)<D' \\ 1 & D(u,v)>D'\end{cases}$$

过渡不够光滑，振铃现象比巴特沃斯高通滤波器的转移函数所产生的振铃现象要强一些。

4. 指数高通滤波器

指数高通滤波器的转移函数（阶为 2 时成为高斯高通滤波器）：

$$H(u,v)=1-\exp\{-[D(u,v)/D_0]^n\}$$

相比巴特沃斯高通滤波器的转移函数，指数高通滤波器的转移函数随频率增加，在开始阶段增加得比较快，能使一些低频分量通过，对保护图像的灰度层次较有利。

【例 7-21】用理想高通滤波器在频率域实现高频增强。

```
I=imread('cell.tif');              % 读入图像
figure,
subplot(121);
imshow(I);
title('原始图像');
s=fftshift(fft2(I));               % 采用傅里叶变换并移位
subplot(122);
imshow(abs(s),[]);
title('傅里叶变换所得频谱');
figure,
subplot(131);
imshow(log(abs(s)),[]);
title('傅里叶变换取对数所得频谱');
[a,b]=size(s);
a0=round(a/2);
b0=round(b/2);
d=10;
p=0.2;q=0.5;
for i=1:a
    for j=1:b
        distance=sqrt((i-a0)^2+(j-b0)^2);
        if distance<=d h=0;
        else h=1;
        end;
        s(i,j)=(p+q*h)*s(i,j);
    end;
end;
s=uint8(real(ifft2(ifftshift(s))));
subplot(132);
imshow(s);
title('高通滤波所得图像');
subplot(133);
imshow(s+I);
```

```
title('高频增强图像');
```

运行结果如图 7-21 所示。

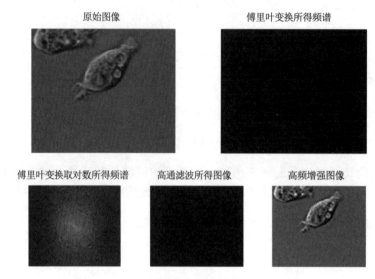

图 7-21　用理想高通滤波器在频域实现高频增强

【例 7-22】二阶巴特沃斯高通滤波器。

```
I=imread('eight.tif');
subplot(121),
imshow(I);
title('原始图像');
f=double(I);                      % 数据类型转换
g=fft2(f);                        % 傅里叶变换
g=fftshift(g);                    % 转换数据矩阵
[M,N]=size(g);
nn=2;                             % 二阶巴特沃斯高通滤波器
d0=5;
m=fix(M/2);
n=fix(N/2);
for i=1:M
    for j=1:N
        d=sqrt((i-m)^2+(j-n)^2);
        if (d==0)
            h=0;
        else
            h=1/(1+0.414*(d0/d)^(2*nn));
        end
result(i,j)=h*g(i,j);
end
end
result=ifftshift(result);
J2=ifft2(result);
J3=uint8(real(J2));
subplot(122),
```

```
imshow(J3);                      % 显示滤波后的图像
title('滤波后图像');
```

运行结果如图 7-22 所示。

原始图像　　　　　　　　　　滤波后图像

图 7-22　原图和加入椒盐噪声进行高通滤波处理后的图像

【例 7-23】利用指数和梯形高通滤波器来对图像进行增强。

```
clear all;
I=imread('cell.tif');
subplot(221),
imshow(I);
title('原始图像');
noisy=imnoise(I,'gaussian',0.01);                    % 原图中加入高斯噪声
[M N]=size(I);
F=fft2(noisy);
fftshift(F);
Dcut=100;
D0=250;
D1=150;
for u=1:M
    for v=1:N
        D(u,v)=sqrt(u^2+v^2);
EXPOTH(u,v)=exp(log(1/sqrt(2))*(Dcut/D(u,v))^2);      % 指数高通滤波器传递函数
        if D(u,v)<D1                                  % 梯形高通滤波器传递函数
            THFH(u,v)=0;
        elseif D(u,v)<=D0
            THPFH(u,v)=(D(u,v)-D1)/(D0-D1);
        else
            THPFH(u,v)=1;
        end
    end
end
EXPOTG=EXPOTH.*F;
EXPOTfiltered=ifft2(EXPOTG);
THPFG=THPFH.*F;
THPFfiltered=ifft2(THPFG);
subplot(2,2,2),
imshow(noisy)
title('加入高斯噪声的图像');
subplot(2,2,3),
imshow(EXPOTfiltered)
title('指数高通滤波器');
```

```
subplot(2,2,4),
imshow(THPFfiltered);
title('梯形高通滤波器');
```

运行结果如图 7-23 所示。

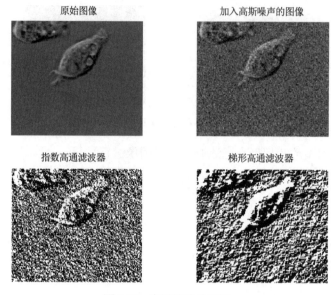

图 7-23 高通滤波效果图

7.3.3 同态滤波器

一般来说，图像的边缘和噪声都对应于傅里叶变换的高频分量。低频分量主要决定图像在平滑区域中总体灰度级的显示，故被低通滤波的图像比原图像少一些尖锐的细节部分。同样，被高通滤波的图像在图像的平滑区域中将减少一些灰度级的变化并突出细节部分。

为了在增强图像细节的同时尽量保留图像的低频分量，在使用同态滤波方法保留图像原貌的同时对图像细节进行增强。

在同态滤波消噪中，先利用非线性的对数变换将乘性的噪声转化为加性的噪声。用线性滤波器消除噪声后再进行非线性的指数逆变换以获得原始的无噪声图像。增强后的图像是由分别对应照度分量与反射分量的这两部分分量叠加而成的。

同态滤波是一种在频域中进行的图像对比度增强和压缩图像亮度范围的特殊方法。同态滤波器能够减少低频并增加高频，从而减少光照变化并锐化边缘细节。图像的同态滤波技术依据是图像获取过程中的照明反射成像原理。它属于频域处理，作用是对图像灰度范围进行调整，消除图像上照明不均的问题。

非线性滤波器能够在很好地保护细节的同时去除信号中的噪声。同态滤波器就是一种非线性滤波器，其处理方法是一种基于特征的对比度增强方法，主要用于减少由于光照不均匀引起的图像降质，并对感兴趣的景物进行有效增强。

同态系统适用于服从叠加原理，输入和输出之间可以用线性变化表示的系统。图像的同态滤波是基于以入射光和反射光为基础的图像模型上的滤波，如果把图像函数 $f(x,y)$ 表示为光照函数，即照射分量 $i(x,y)$ 与反射分量 $r(x,y)$ 两个分量的乘积，那么图像的模型可以表示为：

$$f(x,y)= i(x,y) \cdot r(x,y)$$

其中，$0 < r(x,y) < \infty$，$0 < i(x,y) < \infty$，$r(x,y)$的性质取决于成像物体的表面特性。

通过对光照分量和反射分量的研究可知，光照分量一般反映灰度的恒定分量，相当于频域中的低频信息，减弱入射光就可以起到缩小图像灰度范围的作用；而反射光与物体的边界特性是密切相关的，相当于频域中的高频信息，增强反射光就可以起到提高图像对比度的作用。因此，同态滤波器的传递函数一般在低频部分小于1、高频部分大于1。

进行同态滤波，首先要对原图像 $f(x,y)$ 取对数，目的是使图像模型中的乘法运算转化为简单的加法运算：

$$z(x,y)=\ln f(x,y)= \ln i(x,y)+\ln r(x,y)$$

再对对数函数进行傅里叶变换，目的是将图像转换到频域：

$$F(z(x,y))=F[\ln i(x,y)]+F[\ln r(x,y)]$$

即

$$Z = I + R$$

同态滤波器的传递函数为 $H(u,v)$。

选择适当的传递函数，压缩照射分量 $i(x,y)$ 的变化范围，削弱 $I(u,v)$，增强反射分量 $r(x,y)$ 的对比度，提升 $R(u,v)$，增强高频分量，即确定一个合适的 $H(u,v)$。

假设用一个同态滤波器函数 $H(u,v)$ 来处理原图像 $f(x,y)$ 对数的傅里叶变换 $Z(u,v)$，得

$$S(u,v)=H(u,v)Z(u,v)=H(u,v)I(u,v)+H(u,v)R(u,v)$$

逆变换到空域得

$$S(x,y)=F^{-1}(S(u,v))$$

再取指数即得到最终处理结果：

$$f'(x,y)=\exp(s(x,y))$$

相当于高通滤波。

由于截止频率 D 与照度场和反射系数有关，因此通过大量实践来选择。也可以通过对照度场的频谱分析得到光照特性，从而选取滤波器参数。

在频率空间，图像的信息表现为不同频率的分量组合。一个图像尺寸为 $M \times N$ 的函数 $f(x,y)$ 的离散傅里叶变化由以下等式给出：

$$F(u,v) = \frac{1}{MN}\sum_{x=0}^{M-1}\sum_{y=0}^{N-1} f(x,y)e^{-j2\pi(\frac{ux}{M} + \frac{vy}{N})}$$

频谱为：

$$| F(u,v) |= [\text{Re}^2(u,v) + \text{Im}^2(u,v)]^{\frac{1}{2}}$$

其中，$\text{Re}(u,v)$ 和 $\text{Im}(u,v)$ 分别为 $F(u,v)$ 的实部和虚部。

假设光照是绝对均匀的，光照场的频谱只有直流分量，随着光照不均匀程度的增加，谐波分量所占比例增加。在不均匀光照条件下，通过计算第 n 次谐波分量占谐波总量的比例，容易得到所占比例较大的谐波频率范围对应的频率，即带阻滤波器上、下限频率。具体步骤如下：

1）用 $(-1)^{x+y}$ 乘以输入图像进行中心变换，将 $F(u,v)$ 原点变换到频率坐标下的 $(M/2,N/2)$。
2）计算离散傅里叶变换，即得到 $F(u,v)$。
3）计算点 (u,v) 到频率矩形原点的距离：

$$D(u,v) = \sqrt{(u-M/2)^2 + (v-N/2)^2)}$$

4）由于图像由实部和虚部组成，计算出不同 $D(u,v)$ 对应的频率谱 $|F(u,v)|$，它们位于以原点为中心、$D(u,v)$ 为半径的圆周上。

5）计算不同半径 $D(u,v)$ 的圆周包围的图像功率 $P(u,v)$ 占总图像功率 P_t 的比例 a，其步骤为：

$$P(u,v) = |F(u,v)|^2$$

$$P_t = \sum_{u=0}^{M-1} \sum_{v=0}^{N-1} P(u,v)$$

$$a = \left[\sum_u \sum_v \frac{P(u,v)}{P_t} \right] \times 100\%$$

6）把 α 从大到小进行排序，计算前 n 项和 S，当 $S>0.7$ 时停止计算，对应的 $D(u,v)$ 的范围分别为上下限频率 D_{01}、D_{02}。

【例 7-24】利用同态滤波对图像进行处理。

```
clear;
close all;
[image_0,map]=imread('trees','tif');        % 读入图像
image_1=log(double(image_0)+1);
image_2=fft2(image_1);
n=3;
D0=0.05*pi;                                  % 通过变换参数可以对滤波效果进行调整
rh=0.9;
rl=0.3;
[row,col]=size(image_2);
for k=1:1:row
    for l=1:1:col
        D1(k,l)=sqrt((k^2+l^2));
        H(k,l)=rl+(rh/(1+(D0/D1(k,l)^(2*n))));
    end
end
image_3=(image_2.*H);
image_4=ifft2(image_3);
image_5=(exp(image_4)-1);
subplot( 121),
imshow(image_0,map)
```

```
title('原始图像')
subplot( 122),
imshow(real(image_5),map)
title('同态滤波')
```

运行结果如图 7-24 所示。

原始图像　　　　　　　　　　同态滤波

图 7-24　原图与同态滤波器处理后的图像

7.4　彩色增强

彩色增强技术是利用人眼的视觉特性,将灰度图像变成彩色图像或改变彩色图像已有彩色的分布,改善图像的可分辨性。彩色增强方法可分为真彩色增强、伪彩色增强以及假彩色增强三类。

7.4.1　真彩色增强

图像中的每个像素值都分成 R、G、B 三个基色分量,每个基色分量直接决定其基色的强度,这样产生的颜色称为真彩色。

例如,图像深度为 24,用 R:G:B=8:8:8 来表示颜色,则 R、G、B 各占用 8 位来表示各自基色分量的强度,每个基色分量的强度等级为 2^8=256 种。图像可容纳 2^{24}=16M 种颜色。这样得到的颜色可以反映原图的真实颜色,故称真彩色。

【例 7-25】真彩色图像的分解。

```
RGB=imread('onion.png');          % 读入图像
subplot(221),
imshow(RGB)
title('原始真彩色图像')
subplot(222),
imshow(RGB(:,:,1))                % 开始对真彩色图像进行分解
title('真彩色图像的红色分量')
subplot(223),
imshow(RGB(:,:,2))
title('真彩色图像的绿色分量')
subplot(224),
imshow(RGB(:,:,3))
title('真彩色图像的蓝色分量')
```

运行结果如图 7-25 所示。

原始真彩色图像

真彩色图像的红色分量

真彩色图像的绿色分量

真彩色图像的蓝色分量

图 7-25 真彩色增强

7.4.2 伪彩色增强

伪彩色增强是把黑白图像的各个不同灰度级按照线性或非线性的映射函数变换成不同的彩色，得到一幅彩色图像的技术。它能使原图像细节更易辨认、目标更容易识别。本文应用密度分割法和空间域灰度级-彩色变换法对灰度图像进行处理。

人眼一般能够区分的灰度级只有二十几个，而对不同亮度和色调的彩色图像分辨能力却可达到灰度分辨能力的百倍以上。利用这个特性人们就可以把人眼不敏感的灰度信号映射为人眼灵敏的彩色信号，从而增强了人对图像中细微变化的分辨力。

伪彩色处理技术所处理的对象虽然是灰度图像，生成的结果却是彩色图像。众所周知，人的视觉系统对彩色非常敏感，人眼一般能区分的灰度级只有二十多个，但能区分不同亮度、色度和饱和度的几千种颜色。

根据人的这一特点，可将彩色用于增强中，以提高图像的可鉴别性。因此，如果能将一幅灰度图像变成彩色图像，就可以达到增强图像的视觉效果。常用的伪彩色处理技术的实现方法有多种，如灰度分割法、灰度级-彩色变换法等。

1. 密度分割法

密度分割法是把灰度图像的灰度级从黑到白分成 N 个区间，给每个区间指定一种彩色，这样便可以把一幅灰度图像变成一幅伪彩色图像。该方法比较简单、直观，缺点是变换出的彩色数目有限。

【例 7-26】利用密度分割法来处理图像。

```
clear all;
I=imread('cell.tif');          % 读入图像
figure,
subplot(1,2,1);
imshow(I);
title('原始图像')
I=double(I);                   % 利用密度分割法来处理图像
c=zeros(size(I));
d=ones(size(I))*255;
```

```
    pos=find(((I>=32)&(I<63))|((I>=96)&(I<127))|((I>=154)&(I<191))|((I>=234)&
(I<=255)));
    c(pos)=d(pos);
    f(:,:,3)=c;
    c=zeros(size(I));
    d=ones(size(I))*255;
    pos=find(((I>=64)&(I<95))|((I>=96)&(I<127))|((I>=192)&(I<233))|((I>=234)&(I<=255)));
    c(pos)=d(pos);
    f(:,:,2)=c;
    c=zeros(size(I));
    d=ones(size(I))*255;
    pos=find(((I>=128)&(I<154))|((I>=154)&(I<191))|((I>=192)&(I<233))|((I>=234)&(I<=255)));
    c(pos)=d(pos);
    f(:,:,1)=c;
    f=uint8(f);
    subplot(1,2,2);
    imshow(f);
    title('密度分割法')
```

运行结果如图 7-26 所示。

原始图像　　　　　　　　　　　　密度分割法

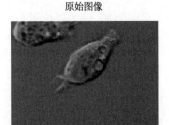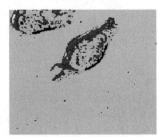

图 7-26　原图和利用密度分割法处理后的图像

2. 空间域灰度级-彩色变换法

空间域灰度级-彩色变换法与密度分割法不同。空间域灰度级-彩色变换是一种更为常用、更为有效的伪彩色增强方法。

其根据色学原理将原图像 $f(x,y)$ 的灰度范围分段，经过红、绿、蓝三种不同变换变成三基色分量 $R(x,y)$、$G(x,y)$、$B(x,y)$，然后用它们分别去控制彩色显示器的红、绿、蓝三基色像素单元，在彩色显示器的屏幕上合成一幅彩色图像。三个变换是独立的，彩色的含量由变换函数的形式决定。

【例 7-27】利用空间域灰度级-彩色变换法对图像进行变换。

```
clear all;
I=imread('rice.png');    % 读入图像
figure,
subplot(1,2,1);
imshow(I);
title('原始图像')
I=double(I);              % 利用空间域灰度级-彩色变换法对图像进行变换
[M,N]=size(I);
L=256;
```

```
for i=1:M
    for j=1:N
        if I(i,j)<=L/4;
            R(i,j)=0;
            G(i,j)=4*I(i,j);
            B(i,j)=L;
        else
            if I(i,j)<=L/2;
                R(i,j)=0;
                G(i,j)=L;
                B(i,j)=-4*I(i,j)+2*L;
            else
                if I(i,j)<=3*L/4
                    R(i,j)=4*I(i,j)-2*L;
                    G(i,j)=L;
                    B(i,j)=0;
                else
                    R(i,j)=L;
                    G(i,j)=-4*I(i,j)+4*L;
                    B(i,j)=0;
                end
            end
        end
    end
end

for i=1:M
    for j=1:N
        C(i,j,1)=R(i,j);
        C(i,j,2)=G(i,j);
        C(i,j,3)=B(i,j);
    end
end
C=uint8(C);
subplot(1,2,2);
imshow(C);
title('色彩变换法')
```

运行结果如图 7-27 所示。

原始图像 色彩变换法

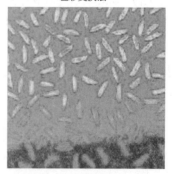

图 7-27 原图和空间域灰度级–彩色变换法处理后的图像

7.4.3 假彩色增强

假彩色增强是对一幅自然彩色图像或同一景物的多光谱图像，通过映射函数变换成新的三基色分量，彩色合成使感兴趣目标呈现出与原图像中不同的、奇异的彩色。

假彩色增强目的：一是使感兴趣的目标呈现奇异的彩色或置于奇特的彩色环境中，从而更引人注目；二是使景物呈现出与人眼色觉相匹配的颜色，以提高对目标的分辨力。

【例 7-28】图像的假彩色增强处理。

```
[RGB]=imread('peppers.png');      % 读入图像
imshow(RGB);
RGBnew(:,:,1)=RGB(:,:,3);         % 进行假彩色增强
RGBnew(:,:,2)=RGB(:,:,1);
RGBnew(:,:,3)=RGB(:,:,2);
subplot(121);
imshow(RGB);
title('原始图像');
subplot(122);
imshow(RGBnew);
title('假彩色增强');
```

运行结果如图 7-28 所示。

图 7-28 假彩色增强

7.5 小波变换在图像增强方面的应用

7.5.1 图像增强处理

图像增强问题主要通过时域和频域处理两种方法来解决。这两种方法具有很明显的优势和劣势，时域方法方便、快速但会丢失很多点之间的相关信息，频域方法可以很详细地分离出点之间的相关，但是计算量大得多。

小波分析是以上两种方法的权衡结果，可以将一幅图像分解为大小、位置和方向都不同的分量。在进行逆变换之前可以改变小波变换域中某些系数的大小，这样就能够有选择地放大所感兴趣的分量而减小不需要的分量。

【例 7-29】利用小波变换对一个图像进行增强处理。

```
load trees
subplot(221);
image(X);
colormap(map);
title('原始图像');
axis square
[c,s]=wavedec2(X,2,'sym4');        % 用小波函数 sym4 对 X 进行二层小波分解
sizec=size(c);
for i=1:sizec(2)                   % 处理分解系数，突出轮廓部分，弱化细节部分
   if(c(i)>350)
     c(i)=2*c(i);
   else
     c(i)=0.5*c(i);
   end
end
xx=waverec2(c,s,'sym4');           % 重构处理后的系数
subplot(222);
image(xx);
colormap(map);
title('增强重构图像');
axis square
```

运行结果如图 7-29 所示。

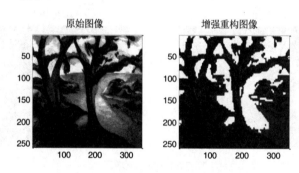

图 7-29　小波变换在图像增强上的应用

7.5.2　图像钝化与锐化

钝化操作主要是提出图像中的低频成分，抑制尖锐的快速变化成分。锐化操作正好相反，将图像中尖锐的部分尽可能提取出来，用于检测和识别等领域。

图像钝化在时域中的处理相对简单，只需要对图像作用一个平滑滤波器，使得图像中的每个点与其相邻点进行平滑处理即可。

与图像钝化所做的工作相反，锐化操作的任务是突出高频信息、抑制低频信息，从快速变化的成分中分离出标识系统特性或区分子系统边界的成分。

【例 7-30】利用小波变换和傅里叶两种方法对图像进行钝化处理。

```
clear;
load julia
blur1=X;
blur2=X;
```

```
ff1=dct2(X);                      % 对原图像进行二维离散余弦变换
for i=1:256                       % 对变换结果在频域做 BUTTERWORTH 滤波
for j=1:256
ff1(i,j)=ff1(i,j)/(1+((i*j+j*j)/8192)^2);
end
end
blur1=idct2(ff1);                 % 重构变换后的图像
 [c,l]=wavedec2(X,2,'db3');       % 对图像进行二层的二维小波分解
csize=size(c);
for i=1:csize(2);                 % 对低频系数进行放大处理，并抑制高频系数
if(c(i)>300)
c(i)=c(i)*2;
else
c(i)=c(i)/2;
end
end
blur2=waverec2(c,l,'db3');        % 通过处理后的小波系数重建图像
subplot(131);                     % 显示三幅图像
image(wcodemat(X,192));
colormap(gray(256));
title('原始图像','fontsize',18);
subplot(132);
image(wcodemat(blur1,192));
colormap(gray(256));
title(' DCT 钝化','fontsize',18);
subplot(133);
image(wcodemat(blur2,192));
colormap(gray(256));
title('小波钝化','fontsize',18);
```

运行结果如图 7-30 所示。

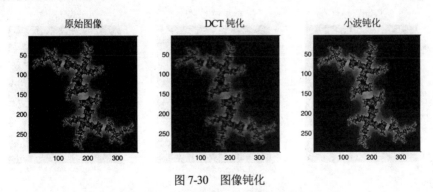

图 7-30　图像钝化

【例 7-31】利用小波变换和傅里叶两种方法对图像进行锐化处理。

```
clear;
load julia;
blur1=X;            % 分别保存 DCT 方法和小波方法的变换系数
blur2=X;
ff1=dct2(X);        % 对原图像进行二维离散余弦变换
for i=1:256         % 对变换结果在频域做 BUTTERWORTH 滤波
 for j=1:256
ff1(i,j)=ff1(i,j)/(1+(32768/(i*i+j*j))^2);
```

```
end
end
blur1=idct2(ff1);                % 重构变换后的图像
 [c,l]=wavedec2(X,2,'db3');      % 对图像进行二层的二维小波分解
csize=size(c);
for i=1:csize(2);               % 对低频系数进行放大处理，并抑制高频系数
if(abs(c(i))<300)
c(i)=c(i)*2;
else
c(i)=c(i)/2;
end
end
blur2=waverec2(c,l,'db3');      % 通过处理后的小波系数重构图像
subplot(131);                   % 显示三幅图像
image(wcodemat(X,192));
colormap(gray(256));
title('原始图像','fontsize',18);
subplot(132);
image(wcodemat(blur1,192));
colormap(gray(256));
title(' DCT 锐化图像','fontsize',18);
subplot(133);
image(wcodemat(blur2,192));
colormap(gray(256));
title('小波锐化图像','fontsize',18);
```

运行结果如图 7-31 所示。

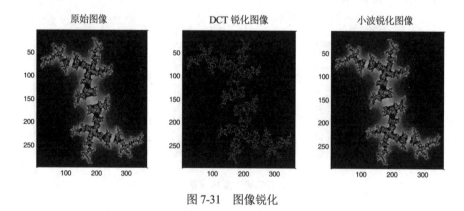

图 7-31　图像锐化

7.5.3　小波图像去噪处理

二维信号用于二维小波变换的去噪步骤有 3 步：

1）二维信号的小波分解。

2）对高频系数进行阈值量化。

3）二维小波的重构。

以上 3 个步骤的重点是如何选取阈值并进行阈值的量化。

【例 7-32】对图像进行小波图像去噪处理。

```
clear;
load clown
init=3718025452;                        % 产生噪声
rand('seed',init);
Xnoise=X+18*(rand(size(X)));
colormap(map);                          % 显示原始图像和含噪声的图像
subplot(1,3,1);
image(wcodemat(X,192));
title('原始图像')
axis square
subplot(1,3,2);
image(wcodemat(X,192));
title('含噪声的图像');
axis square
[c,s]=wavedec2(X,2,'sym5');             % 用 sym5 小波对图像信号进行二层的小波分解
[thr,sorh,keepapp]=ddencmp('den','wv',Xnoise); % 计算去噪的默认阈值和熵标准
[Xdenoise,cxc,lxc,perf0,perfl2]=wdencmp('gbl',c,s,'sym5',2,thr,sorh,keepa
pp);
subplot(1,3,3);                         % 显示去噪后的图像
image(Xdenoise);
title('去噪后的图像');
axis square
```

运行结果如图 7-32 所示。

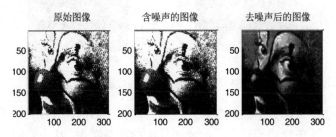

图 7-32 小波图像去噪处理效果（一）

【例 7-33】对图像进行小波图像去噪处理，其中图像所含的噪声主要是白噪声。

```
clear;
load sinsin;
subplot(221);
image(X);
colormap(map);
title('原始图像');
axis square
init=2055615866;randn('seed',init) % 产生含噪图像
x=X+38*randn(size(X));
subplot(222);
image(x);
colormap(map);
title('含白噪声图像');
axis square;
```

```
[c,s]=wavedec2(x,2,'sym4');          % 用小波函数 sym4 对 x 进行二层小波分解
a1=wrcoef2('a',c,s,'sym4');          % 提取小波分解中第一层的低频图像
subplot(223);image(a1);
title('第一次去噪');
axis square;
a2=wrcoef2('a',c,s,'sym4',2);        % 提取小波分解中第二层的低频图像
subplot(224);
image(a2);
title('第二次去噪');
axis square;
```

运行结果如图 7-33 所示。

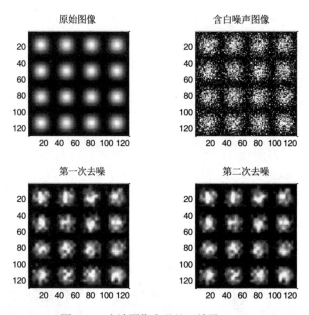

图 7-33　小波图像去噪处理效果（二）

第一次去噪滤去了大部分的高频噪声，但第一次去噪后的图像中还是含有很多高频噪声；第二次去噪是在第一次去噪的基础上再次滤去其中的高频噪声。从去噪的结果可以看出，它具有较好的去噪效果。

利用小波分解系数阈值量化方法进行去噪处理，其中原始图像中只含有较少的高频噪声。

```
clear;
load detfingr;
subplot(131);
image(X);
colormap(map);
title('原始图像');
axis square
init=2055615866;                     % 产生含噪声图像
randn('seed',init)
x=X+10*randn(size(X));
subplot(132);
image(X);
colormap(map);
```

```
title('含噪声图像');
axis square
[c,s]=wavedec2(x,2,'coif3');        % 用小波函数 coif3 对 x 进行二层小波分解
n=[1,2] ;                           % 设置尺度向量 n
p=[10.12,23.28];                    % 设置阈值向量 p
nc=wthcoef2('h',c,s,n,p,'s');
nc=wthcoef2('v',c,s,n,p,'s');
nc=wthcoef2('d',c,s,n,p,'s');
xx=waverec2(nc,s,'coif3');          % 对新的小波分解结构[nc, s]进行重构
subplot(133);
image(X);
colormap(map);
title('去噪后的图像');
axis square
```

运行结果如图 7-34 所示。

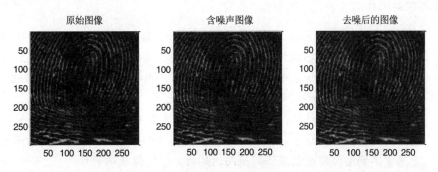

图 7-34　小波图像去噪处理效果（三）

7.6　本章小结

本章首先介绍了图像的灰度变换增强，包括图像的直方图、直方图的均衡化、灰度的调整、直方图的规定化；然后介绍了线性滤波增强、空域滤波增强、频域滤波增强、彩色增强等内容；最后介绍了小波在图像增强方面的应用等内容。读者在实际应用中既可以采用单一的图像处理方法进行图像增强，也可以采用多种方法来达到预期的效果。

第**8**章

图像压缩

图像压缩编码技术通常利用两个基本原理：

- 一是数字图像的相关性。在图像的同一行相邻像素之间、活动图像的相邻帧的对应像素之间往往存在很强的相关性，去除或减少这些相关性，即去除或减少图像信息中的冗余度也就实现了对数字图像的压缩。帧内像素的相关称作空域相关性。相邻帧间对应像素之间的相关性称作时域相关性。
- 二是人的视觉心理特征。人的视觉对于边缘急剧变化不敏感（视觉掩盖效应），对颜色分辨力弱，利用这些特征可以在图像的相应部分适当降低编码精度而使人从视觉上感觉不到图像质量的下降，从而达到对数字图像压缩的目的。

学习目标：

- ⌘ 了解图像压缩编码技术的基础知识、评价标准。
- ⌘ 掌握图像压缩编码技术的几种编码技术基本原理、实现步骤。
- ⌘ 了解什么是 JPEG 标准。
- ⌘ 熟悉小波变换的基本原理、实现步骤。
- ⌘ 理解基于小波变换的图像水印技术是如何实现的。

8.1 图像压缩概述

图像数据之所以可以进行压缩，主要是因为一般原始图像数据是高度相关的，都含有大量的冗余信息。图像压缩编码的目的就是消除各种冗余，并在给定的畸变下用尽量少的比特数来表征和重构（即重建）图像，使它符合预定应用场合的要求。

图像压缩就是减少表示数字图像时需要的数据量，是指以较少的比特有损或无损地表示原来的像素矩阵的技术，也称图像编码。

要解决大量图像数据的传输与存储，在当前传输媒介中存在传输带宽的限制，故在一些限制条件下传输尽可能多的活动图像、如何能对图像数据进行最大限度地压缩并保证压缩后的重构图像能够被用户所接受等问题就成为研究图像压缩技术的问题之源。

8.1.1　图像压缩的可能

图像数据之间的冗余使数据的压缩成为可能。信息论的创始人香农提出把数据看作是信息和冗余度的组合。一幅图像的各像素之间存在很大的相关性，可利用一些编码的方法删去，从而达到减少冗余、压缩数据的目的。为了去掉数据中的冗余，常常要考虑信号源的统计特性或建立信号源的统计模型。

图像的冗余包括以下几种：

1）编码冗余：对图像编码时须建立数据与编码的对应关系。图像的每个灰度值对应一个码字。后面讲的哈夫曼算法和行程编码算法都是利用编码冗余实现的。

2）像素间冗余：像素灰度级之间具有的相关性，包括以下三种形式。

- 空间冗余：在一幅图像内，物体和背景的表面物理特性各自具有很强的相关性。
- 时间冗余：序列图像间存在明显的相关性。
- 结构冗余：有的图像构成非常规则，如纹理结构在人造图像中经常出现，如果能找到纹理基元，就可以通过仿射变换生成图像的其他部分。

3）知识冗余：人类拥有的知识也可以用于图像编码系统的设计，如人脸具有固定结构，只是不同的人在局部的表达不同而已。

4）心理视觉冗余：我们的视觉系统具有非线性、非均匀性的特点，对图像上呈现的信息具有不同的分辨率。也就是说，很多图像间的微小变化人眼察觉不到，这部分可以认为是心理视觉冗余的，删除此类信息不会明显降低图像的视觉质量。

8.1.2　图像信息量的度量

数字图像形成的关键步骤是在空间(X, Y)和光亮度 F 上都进行离散化，通常把这一过程称为采样与量化。采样与量化处理是决定最终的数字图像与原始图像接近的两个关键因素，也关系到数据量的大与小。

1. 采样

如果对图像进行等间距采样，即在 X 和 Y 主向上取 N 个点，并被排成 $N \times N$ 的矩阵，矩阵中的每一个点为离散化的亮度值 $F(X, Y)$，那么它对应于数字图像中的一个元素（称为像素）。采样点的多少直接影响到数字图像与原图像的失真度，而如何表示每一个采样点的亮度值也是导致最终数字图像质量好坏的关键因素。

2. 量化

量化过程就是用有限的离散量代替无限的连续模拟量的一对多的映射过程。图像的亮度 F 是连续变化的数值，$F(X, Y)$ 的光亮度 L 表示为 $L_{min} \leqslant L \leqslant L_{max}$。$[L_{min}, L_{max}]$ 称为灰度级范围。把 $[L_{min}, L_{max}]$ 分成 K 个等间距的区间，每个区间对应一个亮度值 F_i，这样就有 K 个亮度值，称之为灰度级 K。为了计算方便，灰度级 K 用 2 的整数幂表示，即 $K=2^m$, $m=1,2,\cdots,8$。当 $m=6$ 时，$K=2^6=64$ 个灰度级。当 $F(X, Y)$ 的光亮度落在第 i 个区域中时会被合入区域的中心，量化结果就是这个区域的灰度值 F_i。

采样点 N 与量化灰度级 K 的选择确定了数字图像的质量，也决定了数字图像所占有计算机存储空间的大小。

3．均匀采样与非均匀采样

上面提到的在(X, Y)方向上等间距的采样被称为均匀采样；非均匀采样则是在图像细节少的区域采用较稀疏的采样，在细节比较多的区域采用密集采样，获得的图像信息量没有减少，但是数据量却有效降低了。需要指出的是，分配采样点的时候，应该在灰度变化的边界标上非均匀采样标志。

4．线性量化和非线性量化

将表示数字图像的灰度级范围分为等间隔的子区间被称为线性量化，而非线性量化是指将灰度级范围分为不等间隔的子区间。与均匀采样和非均匀采样的概念一致，对于灰度级出现频率比较高的区间，量化区间变窄；对于一些灰度级出现频率较低的区间，量化区间变宽。

5．图像的信息量的度量

图像的信息量主要取决于图像的分辨率和像素的位深度。图像的分辨率由(X, Y)方向的采样点数决定。如果(X, Y)方向等间隔采样 N 个点，则图像的分辨率为 $N \times N$，像素的位深度就是由量化级确定的。如果用 256 个灰度级表示单色调图像，则每一个像素的位深度为 8 位。

8.2　图像压缩编码评价标准

对图像进行压缩编码，不可避免地要引入失真。在图像信号的最终用户觉察不出或能够忍受这些失真的前提下，我们要做的就是进一步提高压缩比，以换取更高的编码效率。这就需要引入一些失真的测度来评估重构图像的质量。

8.2.1　客观标准

假设原始图像表示 $A = f(i,j)$，其中 $i=1,2,\cdots,M; j=1,2,\cdots,N$，经压缩解压后的图像为 $A' = f'(i,j)$，$i=1,2,\cdots,M, j=1,2,\cdots,N$，可以用下列指标进行评价：

1）均方误差 MSN：

$$\mathrm{MSN} = \frac{1}{MN} \sum_{i=1}^{M} \sum_{n=1}^{N} [f(i,j) - f'(i,j)]^2$$

2）规范化均方误差 NMSN：

$$\mathrm{NMSN} = \frac{\mathrm{MSN}}{\delta_f^2}$$

其中，$\delta_f^2 = MN \sum\limits_{i=1}^{M} \sum\limits_{j=1}^{N} [f(i,j)]^2$。

3）对数信噪比 SNR：

$$SNR = 10 lg \frac{\delta_f^2}{MSN} = -10 lg NMSN$$

4）峰值信噪比 PSNR：

$$PSNR = 10 lg \frac{255^2}{MSN}$$

8.2.2　主观标准

以人作为图像的观察者，对图像的优劣做出主观评价，称为图像的主观质量。主观标准采用平均判分 MOS（Mean Opinion Score）或多维计分等方法进行测试，即组织一群足够多的实验人员（一般 10 人以上），通过观察来评定图像的质量。观察者给待判定图像打上一定的质量等级（通过比较图像损伤程度等方法，根据不同的质量打分），最后用平均的办法得到图像的分数，这样的评分虽然很花时间，但是比较符合实际。

表 8-1 列出了 5 级的主观评价尺度及其评分。

表8-1　图像质量主观评价尺度

图像质量	评　分	评价尺度
优秀	5 分	丝毫看不出图像质量变差
良好	4 分	能看出质量变差，但不妨碍观看
中等	3 分	清楚看出图像质量变差，稍妨碍观看
较差	2 分	对观看影响较大
非常差	1 分	非常严重的质量变差，基本不能观看

主观评价和客观评价之间有一定的联系，但是不能完全等同，由于客观评价很有说服力，因此在一般的图像压缩研究中被采用。主观评价很直观，符合人眼的视觉效果，比较实际，但是打分尺度很难把握，不可避免有人为因素。

8.2.3　压缩率

压缩率 Cr 也叫压缩比，是评价图像压缩效果的一个重要指标，指的是原始图像每像素的比特数同压缩后平均每像素的比特数的比值，也常用每像素比特值（bpp）来表示压缩效果。压缩率定义为：

$$Cr = n_1/n_2$$

【例 8-1】计算图像的压缩比。

```
f=imread('coins.png');
imwrite(f,'coins.png');
k=imfinfo('coins.png');
```

```
ib=k.Width*k.Height*k.BitDepth/8;
cb=k.FileSize;
cr=ib/cb
```

运行结果如下：

```
cr =
   1.9495
```

说明图像的压缩率为 1.9495。

8.2.4 冗余度

如果编码效率 $\eta \neq 100\%$，就说明还有冗余。冗余度 r 的定义为：

$$r = 1 - \eta$$

r 越小，说明可压缩的余地越小。

总之，一个编码系统要研究的问题是设法减小编码平均长度 R，使编码效率尽量趋于 1，而冗余度尽量趋于 0。

8.3 DCT 编码

DCT（Discrete Cosine Transform，离散余弦变换）编码属于正交变换编码方式，用于去除图像数据的空间冗余。变换编码就是将图像光强矩阵（时域信号）变换到系数空间（频域信号）上进行处理的方法。

在空间上具有强相关的信号反映在频域上就是在某些特定的区域内能量常常被集中在一起，或者是系数矩阵的分布具有某些规律。我们可以利用这些规律在频域上减少量化比特数，达到压缩的目的。

图像经 DCT 以后，DCT 系数之间的相关性就会变小，而且大部分能量集中在少数的系数上。因此，DCT 在图像压缩中非常有用，是有损图像压缩国际标准 JPEG 的核心。

从原理上讲可以对整幅图像进行 DCT，但是图像各部位上细节的丰富程度不同，这种整体处理的方式效果不好。

为此，发送者首先将输入图像分解为 8×8 或 16×16 的图像子块，然后对每个图像子块进行二维 DCT，接着对 DCT 系数进行量化、编码和传输；接收者通过对量化的 DCT 系数进行解码，并对每个图像子块进行二维 DCT 逆变换；最后将操作完成的所有图像子块拼接起来构成一幅单一的图像。

对于一般的图像而言，大多数 DCT 系数值都接近于 0，去掉这些系数不会对重构（即重建）图像的质量产生较大影响。因此，利用 DCT 进行图像压缩确实可以节约大量的存储空间。

【例 8-2】图像文件的二维 DCT。

```
clear;
RGB = imread('saturn.png');
subplot(221),
```

```
imshow(RGB);
title('原始图像');
I = rgb2gray(RGB);                    % 真彩色图像转换成灰度图像
subplot(222),
imshow(I);
title('灰度图像');
J = dct2(I);
% 进行二维 DCT
subplot(223),imshow(log(abs(J)),[])   % 图像大部分能量集中在左上角处
colormap(jet(64)), colorbar
J(abs(J) < 10) = 0;                   % 矩阵中小于 10 的值置换为 0，调用 idct2 函数重构图像
K = idct2(J)/255;                     % 归一化
subplot(224),
imshow(K);
title('重构图像');
```

运行结果如图 8-1 所示。

图 8-1　DCT 与图像压缩

【例 8-3】利用 DCT 对图像进行压缩。

```
A=imread('pears.png');
I=rgb2gray(A);
I=im2double(I);              % 把图像矩阵转换为双精度数据类型
T=dctmtx(8);                 % 产生二维 DCT 矩阵
a1 = [ 16    11    10    16    24    40    51    61
       12    12    14    19    26    58    60    55
       14    13    16    24    40    57    69    56
       14    17    22    29    51    87    80    62
```

```
         18      22      37      56      68     109     103      77
         24      35      55      64      81     104     113      92
         49      64      78      87     103     121     120     101
         72      92      95      98     112     100     103      99];
for i=1:8:200
    for j=1:8:200
        P=I(i:i+7,j:j+7);
        K=T*P*T';
        I2(i:i+7,j:j+7)=K;
        K=K./a1;                        % 量化
        K(abs(K)<0.03)=0;
        I3(i:i+7,j:j+7)=K;
    end
end
subplot(2,2,2);
imshow(I2);
title('DCT 后的频域图像');         % 显示 DCT 后的频域图像
for i=1:8:200
    for j=1:8:200
        P=I3(i:i+7,j:j+7).*a1;     % 反量化
        K=T'*P*T;
        I4(i:i+7,j:j+7)=K;
    end
end
subplot(2,2,4);
imshow(I4);
title('复原图像');
imwrite(I4,'复原图像 6.jpg');
B=blkproc(I,[8,8],'P1*x*P2',T,T');  % 二值掩模, 压缩 DCT 系数, 只留左上角的 10 个
mask=[1 1 1 1 0 0 0 0
      1 1 1 0 0 0 0 0
      1 1 0 0 0 0 0 0
      1 0 0 0 0 0 0 0
      0 0 0 0 0 0 0 0
      0 0 0 0 0 0 0 0
      0 0 0 0 0 0 0 0
      0 0 0 0 0 0 0 0]
B2=blkproc(B,[8 8],'P1.*x',mask);        % 只保留 DCT 的 10 个系数
I2=blkproc(B2,[8 8],'P1*x*P2',T',T);     % 重构图像
subplot(2,2,1);
imshow(I);
title('原始图像');
subplot(2,2,3);
imshow(I2);
title('压缩图像');
figure
mesh(dct2(I));
colorbar('horiz')
```

运行结果如图 8-2 和图 8-3 所示。

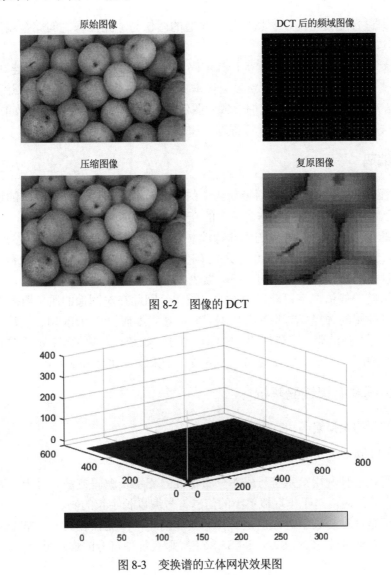

图 8-2 图像的 DCT

图 8-3 变换谱的立体网状效果图

8.4 图像的有损编码和无损编码

图像编码是指按照一定的格式存储图像数据的过程，而编码技术则是研究如何在满足一定的图像保真条件下，压缩原始图像的编码方法。

目前有很多流行的图像格式标准，如 BMP、PCX、TIFF、GIF、JPEG 等，采用不同的编码方法，一般可以将其分为有损编码和无损编码两类。

8.4.1 无损编码

对图像数据进行无损压缩，解压后重新构造的图像与原始图像之间完全相同就叫作无损编码。

行程编码就是无损编码的一个实例，其编码原理是在给定的数据中寻找连续重复的数值，然后用两个数值（重复数值的个数，重复数值本身）取代这些连续的数值，以达到数据压缩的目的。运用此方法处理拥有大面积色调一致的图像时可达到很好的数据压缩效果。常见的无损压缩编码有哈夫曼编码、算术编码、行程编码和 Lempel-Zev 编码。

8.4.2 有损编码

对图像进行有损压缩，使解码后重新构造的图像与原图像之间存在一定的误差被称为有损编码。有损压缩利用了图像信息本身包含的许多冗余信息。

利用人类的视觉对颜色不敏感的生理特性（对丢失一些颜色信息所引起的细微误差不易察觉的特点）来删除视觉冗余。图像信息之间存在着很大的相关性，存储图像数据时并不是以像素为基本单位，而是存储图像中的一些数据块，以删除空间冗余。

由于有损压缩一般情况下可获得较好的压缩比，因此在对图像的质量要求不苛刻的情况下有损编码是较理想的选择，常见的有损编码有：预测编码，如 DPCM、运动补偿编码；频率域方法，如正方变换编码、子带编码；空间域方法，如统计分块编码；模型方法编码，如分形编码、模型基编码；基于重要性编码，如滤波、子采样、比特分配。

8.4.3 无损编码和有损编码解析

下面对最常用的无损编码和有损编码进行介绍。

1. 哈夫曼（Huffman）编码技术

哈夫曼编码是一种利用信息符号概率分布特性的变字长编码方法。对于出现概率大的信息符号编以短字长的码，对于出现概率小的信息符号编以长字长的码。

哈夫曼编码是一种变长编码，也是一种无失真编码（即无损编码）。举个例子：假设一个文件中出现了 8 种符号 S0,S1,S2,S3,S4,S5,S6,S7，那么每种符号的编码至少需要 3 比特(bit，即二级制的位)。

假设编码 000,001,010,011,100,101,110,111（称为码字），那么符号序列 S0S1S7S0S1S6S2S2S3S4S5S0S0S1 编码后变成 00000111100000111001001001110010100000001，共用了 42 比特。

我们发现 S0、S1、S2 这三个符号出现的频率比较大，其他符号出现的频率比较小。如果采用一种编码方案使得 S0、S1、S2 的码字短，其他符号的码字长，就能够减少占用的比特数。

例如，我们采用这样的编码方案：S0 到 S7 的码字分 01,11,101,0000,0001,0010,0011,100，那么上述符号序列就会变成 0111100011100111011101000000010010010111，共用了 39 比特。尽管有些码字（如 S3，S4，S5，S6）变长了（由 3 位变成 4 位），但是使用频繁的几个码字（如 S0，S1）变短了，所以实现了压缩。

具体的哈夫曼编码算法如下：

1）统计出每个符号出现的频率，例如 S0 到 S7 的出现频率分别为 0.25、0.19、0.08、0.06、0.21、0.02、0.03、0.16。

2）从左到右把上述频率按从大到小的顺序排列。

3）将最小的两个数相加的值表上*号，其余的数据不变，然后将得到的数据排序。

4）重复 3），直到只有两个数据。

5）从最后一列概率编码，从而得到最终编码。

产生哈夫曼编码需要对原始数据扫描两遍；第一遍扫描要精确地统计出原始数据中每个符号出现的频率，第二遍是按照上述过程进行哈夫曼编码。这样，每种符号都被哈夫曼编码代替，最后按照符号的排序将相应的哈夫曼编码写出来就完成了。若要还原出原图像，对其进行解码即可。

在 MATLAB 中，huffumandict 函数用于生成哈夫曼编码字典。该函数的调用方法如下：

- dict=huffmandict(s,p)：对图像进行哈夫曼编码，s 为灰度级，p 为各灰度级出现的概率 huffmanenco 函数。

- enco=huffmanenco(I,dict)：I 为图像数据转成的列向量，dict 为哈夫曼编码字典。

- deco=huffmandeco(enco,dict)：enco 为压缩编码，dict 为哈夫曼编码字典。

【例 8-4】对给定的图像文件进行哈夫曼编码。

```
clear;
h=imread('trees.tif');        % 读入图像
[m,n]=size(h);
subplot(1,2,1);
imshow(h);
title('原始图像');
h=h(:);                       % 进行哈夫曼编码
s=0:255;
for i=0:255
    p(i+1)=length(find(h==i))/(m*n);
end
dict=huffmandict(s,p);
enco=huffmanenco(h,dict);
deco=huffmandeco(enco,dict);
deco=col2im(deco,[m,n],[m,n],'distinct');
subplot(1,2,2);
imshow(uint8(deco));
title('Huffman 处理后的图像');
```

运行结果如图 8-4 所示。

图 8-4 Huffman 处理后的图像

【例 8-5】对读入图像进行哈夫曼编码。

```matlab
clear;
I=imread('onion.png');
imshow(I);
title('哈夫曼编码的图像');
pix(256)=struct('huidu',0.0,...          % 灰度值
    'number',0.0,...                     % 对应像素的个数
    'bianma','');                        % 对应灰度的编码
[m n l]=size(I);
fid=fopen('huffman.txt','w');            % huffman.txt 是灰度级及相应的编码表
fid1=fopen('huff_compara.txt','w');      % huff_compara.txt 是编码表
huf_bac=cell(1,l);
for t=1:l
%初始化结构数组
    for i=1:256
        pix(i).number=1;
        pix(i).huidu=i-1;                % 灰度级是 0~255，因此是 i-1
        pix(i).bianma='';
    end
    for i=1:m                            % 统计每种灰度像素的个数并记录在 pix 数组中
        for j=1:n
            k=I(i,j,t)+1;                % 当前的灰度级
            pix(k).number=1+pix(k).number;
        end
    end
        for i=1:255                      % 按灰度像素个数从大到小排序
        for j=i+1:256
            if  pix(i).number<pix(j).number
                temp=pix(j);
                pix(j)=pix(i);
                pix(i)=temp;
            end
        end
    end
    for i=256:-1:1
        if pix(i).number ~=0
            break;
        end
    end
    num=i;
count(t)=i;                              % 记录每层灰度级
    clear huffman                        % 定义用于求解的矩阵
    huffman(num,num)=struct('huidu',0.0,...
        'number',0.0,...
        'bianma','');
    huffman(num,:)=pix(1:num);
    for i=num-1:-1:1                     % 矩阵赋值
        p=1;
        sum=huffman(i+1,i+1).number+huffman(i+1,i).number;
        for j=1:i
            if huffman(i+1,p).number>sum
                huffman(i,j)=huffman(i+1,p);
                p=p+1;
            else
                huffman(i,j).huidu=-1;
```

```
                huffman(i,j).number=sum;
                sum=0;
                huffman(i,j+1:i)=huffman(i+1,j:i-1);
                break;
            end
        end
    end
    for i=1:num-1                          % 开始给每个灰度值编码
        obj=0;
        for j=1:i
            if huffman(i,j).huidu==-1
                obj=j;
                break;
            else
                huffman(i+1,j).bianma=huffman(i,j).bianma;
            end
        end
        if huffman(i+1,i+1).number>huffman(i+1,i).number
            huffman(i+1,i+1).bianma=[huffman(i,obj).bianma '0'];
            huffman(i+1,i).bianma=[huffman(i,obj).bianma '1'];
        else
            huffman(i+1,i+1).bianma=[huffman(i,obj).bianma '1'];
            huffman(i+1,i).bianma=[huffman(i,obj).bianma '0'];
        end
        for j=obj+1:i
            huffman(i+1,j-1).bianma=huffman(i,j).bianma;
        end
    end
    for k=1:count(t)
    huf_bac(t,k)={huffman(num,k)};   %保存
    end
 end
for t=1:l    % 写出灰度编码表
    for b=1:count(t)
    fprintf(fid,'%d',huf_bac{t,b}.huidu);
    fwrite(fid,' ');
    fprintf(fid,'%s',huf_bac{t,b}.bianma);
    fwrite(fid,' ');
    end
     fwrite(fid,'%');
end
for t=1:l
    for i=1:m
        for j=1:n
            for b=1:count(t)
                if I(i,j,t)==huf_bac{t,b}.huidu
                  M(i,j,t)=huf_bac{t,b}.huidu;      % 将灰度级存入解码的矩阵
                   fprintf(fid1,'%s',huf_bac{t,b}.bianma);
                   fwrite(fid1,' ');                % 用空格将每个灰度编码隔开
                   break;
                 end
            end
        end
        fwrite(fid1,',');         % 用空格将每行隔开
    end
    fwrite(fid1,'%');             % 用%将每层灰度级代码隔开
```

```
end
fclose(fid);
fclose(fid1);
M=uint8(M);
save('M')          % 存储解码矩阵
```

运行结果如图 8-5~图 8-7 所示。

哈夫曼编码的图像

图 8-5　进行哈夫曼编码的图像

```
254 110 66 011010 65 011101 68 100000 67 100001 69 100100 63 100101 64
101001 70 0000001 71 0001000 73 0001011 62 0001110 72 0011011 74
0100111 61 0101001 75 0101111 101 0111111 150 1000100 60 1000111 98
1001100 102 1001110 103 1001111 159 1010001 106 1010101 149 1010110 59
1011000 148 1011001 100 1011010 99 1011101 160 1011111 104 1011110 147
1011111 108 1110001 139 1110011 76 1110100 109 1110110 146 1110111 126
1111000 77 1111001 96 1111010 118 1111011 144 1111100 152 1111101 162
1111110 142 1111111 161 00000001 105 00000101 97 00000110 122 00000111
165 00001001 151 00001010 107 00001011 120 00001100 153 00001101 155
00001111 158 00010010 154 00010101 163 00011001 138 00011010 95
00011011 143 00011110 166 00011111 111 00100000 116 00100010 135
00100011 117 00100101 145 00100110 124 00101001 157 00101010 169
00101001 140 00101010 58 00101011 136 00101100 119 00101101 127
00101110 129 00110000 93 00110001 164 00110010 113 00110011 115
00110100 156 00110101 131 00111000 78 00111010 91 00111100 123
00111101 112 00111111 134 01000000 133 01000001 114 01000010 121
01000011 94 01000100 57 01000110 80 01000111 130 01001000 84 01001010
79 01001011 137 01001100 125 01001101 141 01010001 128 01010100 82
01011011 89 01011111 86 01011110 132 01100010 168 01100011 169
01100100 85 01100101 90 01101110 83 01101111 81 01110000 88 01110011
55 01111000 92 01111010 87 01111011 167 01111101 56 10001011 174
10001100 171 10001101 170 10100000 172 10101010 179 10110111 175
11100000 180 11100101 173 11101010 177 11101101 54 000000000 181
```

图 8-6　哈夫曼灰度编码表

```
100101 100001 011101 100000 011010 101001 100101 011010 100000 100000
101001 0101001 0101001 011011 0101101 0101111 1110000 01000111 01000111
00111010 0011011 011010 0101001 01111000 10001011 01000110 01111000
1011000 011010 011010 0001000 100100 100001 011010 011101 100101
101001 011010 0001110 101001 011010 100100 0101111 01001011 1110100
0001011 100100 0001110 101001 011010 100000 011101 100101 100001 100000
100101 100000 0000001 100000 0000001 100001 011010 100000 100100
011101 100101 101001 100001 100001 101001 100100 100100 0000001
0000001 100001 0101011 100000 100001 101101 100000 011111 0001011
100100 100100 100000 100100 0000001 0001001 100100 100000 101001
101001 100101 011010 0001000 0011011 100100 100001 100001 100001
0000001 0001001 0101111 0000001 101101 100100 0111101 011111 0001011
1110100 00111010 00111010 01000111 0101111 01011100 01001010 1111001
0001011 100100 0001000 100100 100000 100000 0001000 100100 100100
0101111 0100111 0011011 0001000 0101111 0101111 101111 00111010
0101111 100000 0001011 0100111 0011011 0001000 0000001 0011011 0000001
0001011 0101111 1110100 0001011 0001000 0000001 0001011 0101111
0001011 0101111 100001 100001 100001 0000001 0001000 0000001
0101111 0101111 0001000 100100 0001000 0101111 0101011 0001011 1110100
0101111 0001011 0000001 0100111 1110100 1110100 0101111 0101111
0101111 1110100 1110100 0000001 0001000 0011011 0000001 100000 0000001
0001000 0000001 0100111 0101111 1111001 0001000 01000111 00111010
0101111 0001011 00111010 1111001 0001000 ,0101001 0101001 101001
```

图 8-7　哈夫曼代码表

通过上述程序，我们对 onion.png 图像进行了哈夫曼编码，并把编码写入了 txt 文档中。其中，huffman.txt 是哈夫曼灰度级及相应的编码表，huff_compara.txt 是原图像的哈夫曼代码）。产生这两个 txt 文档只是便于我们在学习哈夫曼编码时更直观地查看压缩编码。在实际生活中，这些哈夫曼编码是要进行存储或传输的，因而需要做一些处理，这部分内容不在我们本书的讨论范围内，因此不再展开说明。

2. 香农-范诺编码

香农-范诺编码也是一种常见的可变字长编码，与哈夫曼编码相似，当信源符号出现的概率正好为 2 的负幂次方时，采用香农-范诺编码同样能够达到 100% 的编码效率。香农-范诺编码的理论基础是符号的码字长度 N_i 完全由该符号出现的概率来决定，即

$$-\log_D P_i \leqslant N_i \leqslant -\log_D P_i + 1$$

式中，D 为编码所用的数制。

香农-范诺编码的步骤如下：

1）将信源符号按出现概率从大到小排序。

2）计算出各概率对应的码字长度 N_i。

3）计算累加概率 A_i，即：

$$A_1 = 0$$
$$A_i = A_{i-1} + P_{i-1} \qquad i = 2, \cdots, N-1$$

4）把各个累加概率 A_i 由十进制转化为二进制，取该二进制数的前 N_i 位作为对应信源符号的码字。

二分法香农-范诺编码方法的步骤如下：

1）将信源符号按照其出现概率从大到小排序。

2）从这个概率集合中的某个位置将其分为两个子集合，并尽量使两个子集合的概率和近似相等，将前面一个子集合赋值为 0、后面一个子集合赋值为 1。

3）重复步骤 2，直到各个子集合中只有一个元素为止。

4）将每个元素所属的子集合的值依次串起来，即可得到各个元素的香农-范诺编码。

【例 8-6】展示香农-范诺编码。

```
clear;
X=[0.45,0.35,0.15,0.19,0.17,0.14];
X=fliplr(sort(X));        % 降序排列
[m,n]=size(X);
for i=1:n
    Y(i,1)=X(i);          % 生成 Y 的第 1 列
end
a=sum(Y(:,1))/2;          % 生成 Y 的第 2 列
for k=1:n-1
    if abs(sum(Y(1:k,1))-a)<=abs(sum(Y(1:k+1,1))-a)
        break;
    end
```

```
end
for i=1:n                      % 生成 Y 的第 2 列
    if i<=k
        Y(i,2)=0;
    else
        Y(i,2)=1;
    end
end
END=Y(:,2)';                   % 生成第一次编码的结果
END=sym(END);
j=3;                           % 生成第 3 列及以后几列的各元素
while (j~=0)
    p=1;
    while(p<=n)
        x=Y(p,j-1);
        for q=p:n
            if x==-1
                break;
            else
                if Y(q,j-1)==x
                    y=1;
                    continue;
                else
                    y=0;
                    break;
                end
            end
        end
        if y==1
            q=q+1;
        end
        if q==p|q-p==1
            Y(p,j)=-1;
        else
            if q-p==2
                Y(p,j)=0;
                END(p)=[char(END(p)),'0'];
                Y(q-1,j)=1;
                END(q-1)=[char(END(q-1)),'1'];
            else
                a=sum(Y(p:q-1,1))/2;
                for k=p:q-2
                    if abs(sum(Y(p:k,1))-a)<=abs(sum(Y(p:k+1,1))-a);
                        break;
                    end
                end
                    for i=p:q-1
                        if i<=k
                            Y(i,j)=0;
                            END(i)=[char(END(i)),'0'];
                        else
```

```
                    Y(i,j)=1;
                    END(i)=[char(END(i)),'1'];
                  end
              end
          end
      end
       p=q;
    end
    C=Y(:,j);
    D=find(C==-1);
    [e,f]=size(D);
    if e==n
        j=0;
    else
        j=j+1;
    end
end
Y
X
END
for i=1:n
    [u,v]=size(char(END(i)));
    L(i)=v;
end
avlen=sum(L.*X)
```

运行结果如下所示：

```
Y =
    0.4500         0         0   -1.0000   -1.0000
    0.3500         0    1.0000   -1.0000   -1.0000
    0.1900    1.0000         0         0   -1.0000
    0.1700    1.0000         0    1.0000   -1.0000
    0.1500    1.0000    1.0000         0   -1.0000
    0.1400    1.0000    1.0000    1.0000   -1.0000
X =
    0.4500    0.3500    0.1900    0.1700    0.1500    0.1400
END =
 [ 0, 1, 100, 101, 110, 111]
avlen =
    2.7500
```

3. 行程编码

行程编码又称"运行长度编码"或"游程编码"，是一种统计编码。其基本思想为：将一行中颜色值相同的相邻像素用一个计数值和颜色值来代替。例如，aaabcccccddeee 可以表示为 3a1b6c2d3e，即有 3 个 a、1 个 b、6 个 c、2 个 d、3 个 e。

如果一幅图像是由很多块颜色相同的大面积区域组成的，那么采用行程编码的压缩效率是惊人的。然而，该算法也导致了一个致命弱点，如果图像中每两个相邻点的颜色都不同，那么用这种算法不但不能压缩，反而会使数据量增加一倍。因此，对有大面积色块的图像用行程编码效果比较好。

行程编码的压缩方法对于自然图片来说是不太可行的，因为自然图片像素点错综复杂，同色像素连续性差，如果硬要用行程编码方法来编码就适得其反，图像体积不但没减少，反而会加倍。

鉴于计算机桌面图，图像的色块大，同色像素点连续较多，所以行程编码对于计算机桌面图像来说是一种较好的编码方法。行程编码算法有算法简单、无损压缩、运行速度快、消耗资源少等优点。

【例 8-7】对给定的图像进行行程编码。

```matlab
clear;
I=imread('onion.png');
imshow(I);
title('行程编码的图像');
[m n l]=size(I);
fid=fopen('yc.txt','w');                % yc.txt 是行程编码的灰度级及其相应的编码表
sum=0;   %行程编码算法
for k=1:l
    for i=1:m
        num=0;
         J=[];
         value=I(i,1,k);
        for j=2:n
           if I(i,j,k)==value
               num=num+1;               % 统计相邻像素灰度级相等的个数
               if j==n
                   J=[J,num,value];
               end
           else J=[J,num,value];        % J 的形式是灰度的个数及灰度的值
               value=I(i,j,k);
           num=1;
           end
        end
        col(i,k)=size(J,2);             % 记录 Y 中每行的行程编码数
        sum=sum+col(i,k);
        Y(i,1:col(i,k),k)=J;            % 将 I 中每一行的行程编码 J 存入 Y 的相应行中
    end
end

[m1,n1,l1]=size(Y);
disp('原图像大小:')
whos('I');
disp('压缩图像大小:')
whos('Y');
disp('图像的压缩率:');
disp(m*n*l/sum);

%将编码写入 yc.txt 中
for k=1:l1
    for i=1:m1
```

```
        for j=1:col(i,k)
    fprintf(fid,'%d',Y(i,j,k));
     fwrite(fid,' ');
        end
    end
    fwrite(fid,' ');
end
save('Y')
save('col')
fclose(fid);
```

运行后输出如图 8-8 和图 8-9 所示，同时输出以下内容：

原图像大小：

Name	Size	Bytes	Class	Attributes
I	135x198x3	80190	uint8	

压缩图像大小：

Name	Size	Bytes	Class	Attributes
Y	135x384x3	155520	uint8	

图像的压缩率：

0.5915

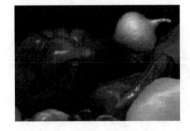

行程编码的图像

图 8-8　进行行程编码的图像

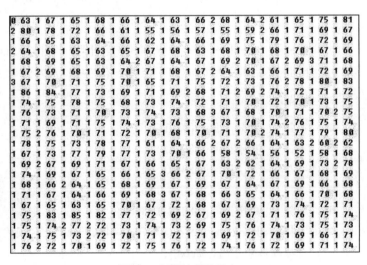

图 8-9　行程编码代码表

4．算术编码

算术编码的方法是将被编码的信源消息表示成 0～1 之间的数值，即小数区间，消息越长，编码表示它的间隔就越小，由于以小数表示间隔，因此表示的间隔越小，所需的二进制位数就越多，码字就越长。反之，间隔越大，所需的二进制位数就越少，码字就越短。

信源中连续符号根据某一模式所生成概率的大小来缩小数值间隔，可能出现的符号要比不太可能出现的符号数值范围小，因而只需增加较少的比特长度。算术编码的特点如下：

1）算术编码是信息保持型编码，不像哈夫曼编码，无须为一个符号设定一个码字。算术编码可分为固定方式编码和自适应方式编码两种。

2）算术编码的自适应模式无须先定义概率模型，适于无法进行概率统计的信源，在这点上优于哈夫曼编码。

3）在信源符号概率接近时，算术编码比哈夫曼编码效率高。

4）实现算术编码的硬件比哈夫曼编码复杂。

5）算术编码在 JPEG 的扩展系统中被推荐代替哈夫曼编码。

【例 8-8】设图像信源编码用 a,b,c,d 这 4 个符号来表示，出现的概率分别为 0.4,0.2,0.2,0.2。若输入的数据为"dacba"，则算术编码的基本步骤如下：

1）信源各字符在区间[0,1]内的子区间分别如下：

$$a=[0.0,0.4]$$
$$b=[0.4,0.6]$$
$$c=[0.6,0.8]$$
$$d=[0.8,1.0]$$

2）按照下面的公式产生新的子区间：

$$\begin{cases} \text{Start}_a = \text{Start}_b + L_c \times L \\ \text{End}_a = \text{Start}_b + R_c \times L \end{cases}$$

其中，Start_a、End_a 分别表示区间的起始上限、下限；Start_b 为前一个子区间的起始位置；L_c、R_c 分别表示当前符号区间的左边界、右边界；L 为前一子区间的长度。

3）编码：

● 字符 d，初始子区间[0.8,1.0)。

● 字符 a，新子区间[0.8,0.88)。

● 字符 c，新子区间[0.848,0.864)。

● 字符 b，新子区间[0.8544,0.8576)。

● 字符 a，新子区间[0.8544,0.85568)。

● 字符集{dacba}被描述在实数[0.8544,0.85568)子区间内，即该区间内的任一实数值都唯一对应符号序列{ dacba }。

● [0.8544,0.85568)子区间用二进制形式表示为[0.110110011011,0.110110100001]，在该区间的最短二进制编码为 0.11011011，去掉小数点及其前面的字符，从而得到该字符序列的算术编码为 11011011。

【例 8-9】算术编码过程的演示。

```
clear;
str=input('请输入字符串');
l=0;r=1;d=1;
p=[0.2 0.3 0.1 0.15 0.25 0.35];        % 初始间隔
n=length(str);                          % 字符的概率分布, sum(p)=1
disp('_ a e r s t')
disp(num2str(p))
for i=1:n
```

```
switch str(i)
  case '_'
    m=1;
  case 'a'
    m=2;
  case 'e'
    m=3;
  case 'r'
    m=4;
  case 's'
    m=5;
case 't'
    m=6;
  otherwise
    error('请不要输入其他字符！');
  end
  pl=0;pr=0;                    % 判断字符
   for j=1:m-1
     pl=pl+p(j);
   end
   for j=1:m
     pr=pr+p(j);
   end
   l=l+d*pl;                    % 概率统计
   r=l+d*(pr-pl);
   strl=strcat('输入第',int2str(i),'符号的子区间左右边界：');
   disp(strl);
   format long
   disp(l);disp(r);
   d=r-l;
end
 l=l+d*pl;
 r=l+d*(pr-pl);
 strl=strcat('输入第',int2str(i),'符号的子区间左右边界：');
 disp(strl);
 format long
 disp(l);disp(r);
 d=r-l;
```

运行该程序，在命令行窗口中将出现"请输入字符串"，输入'state_tree'后按回车键。输入这个字符串后的运行结果如下：

```
_ a e r s t
0.2        0.3        0.1        0.15       0.25       0.35
输入第 1 符号的子区间左右边界：
  0.750000000000000
     1
输入第 2 符号的子区间左右边界：
     1
  1.087500000000000
输入第 3 符号的子区间左右边界：
```

```
        1.017500000000000
        1.043750000000000
输入第 4 符号的子区间左右边界:
        1.043750000000000
        1.052937500000000
输入第 5 符号的子区间左右边界:
        1.048343750000000
        1.049262500000000
输入第 6 符号的子区间左右边界:
        1.048343750000000
        1.048527500000000
输入第 7 符号的子区间左右边界:
        1.048527500000000
        1.048591812500000
输入第 8 符号的子区间左右边界:
        1.048566087500000
        1.048575734375000
输入第 9 符号的子区间左右边界:
        1.048570910937500
        1.048571875625000
输入第 10 符号的子区间左右边界:
        1.048571393281250
        1.048571489750000
输入第 10 符号的子区间左右边界:
        1.048571441515625
        1.048571451162500
```

5. 预测编码

预测编码方法是一种较为实用且被广泛采用的一种压缩编码方法。从相邻像素之间有强的相关性特点来考虑是预测编码方法的原理。除了处于边界状态，当前像素的灰度或颜色信号，数值上与其相邻像素总是比较接近的。

预测编码（predictive coding）是统计冗余数据压缩理论的三个重要分支之一，它的理论基础是现代统计学和控制论。由于数字技术的飞速发展，数字信号处理技术不时渗透到这些领域，在这些理论与技术的基础上形成了一个专门用作压缩冗余数据的预测编码技术。预测编码主要是减少了数据在时间和空间上的相关性，对于时间序列数据有着广泛的应用价值。

预测编码是根据某一模型利用以往的样本值对新样本值进行预测，然后将样本的实际值与预测值相减得到一个误差值，并对这一误差值进行编码。如果模型足够好且样本序列在时间上相关性较强，那么误差信号的幅度将远远小于原始信号，从而可以用较少的电平类对其差值量化得到较大的数据压缩结果。

如果能精确预测数据源输出端作为时间函数使用的样本值，就不存在关于数据源的不确定性，因而也就不存在要传输的信息。换句话说，如果我们能得到一个数学模型完全代表数据源，那么在接收端就能依据这一数学模型精确地产生这些数据。然而没有一个实际的系统能找到其完整的数据模型，我们能找到的最好的预测器是以某种最小化的误差对下一个采样进行预测的预测器。

当前像素的灰度或颜色信号的数值可用前面已出现的像素值进行预测（估计），得到一个预测值（估计值），将实际值与预测值求差，对这个差值信号进行编码、传送，这种编码方法称为预测编码方法。

预测编码方法分线性预测和非线性预测两种。线性预测编码方法也称差值脉冲编码调制法，简称 DPCM。在预测法编码中，编码和传输的并不是像素采样值本身，而是这个采样值的预测值（也称估计值）与其实际值之间的差值。

DPCM 系统原理框图如图 8-10 所示。

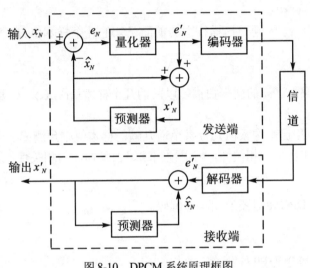

图 8-10　DPCM 系统原理框图

其中，

x_N：表示 t_N 时刻输入信号的亮度采样值。

$\hat{x}_N$：表示根据 t_N 时刻以前已知的像素亮度采样值 $x_1, x_2, \cdots, x_{N-1}$ 对 x_N 所作的预测值。

$e_N = x_N - \hat{x}_N$：表示差值信号，亦称误差信号。

e'_N：表示量化器的输出信号。

$q_N = e_N - e'_N$：表示量化器的量化误差。

$x'_N = \hat{x}_N + e'_N$：表示接收端输出。

$x_N - x'_N = x_N - (\hat{x}_N + e'_N) = (x_N - \hat{x}_N) - e'_N = e_N - e'_N = q_N$：表示在接收端复原的像素值与发送端的原输入像素值之间的误差。

由此可见，在 DPCM 系统中的误差与接收端无关，其来源是发送端的量化器。

当量化器被去掉时，则有

$$e_N = e'_N$$

这样就可以完全不失真地恢复输入信号 x_N，实现信息保持型编码。

若 t_N 时刻之前的已知样本值与预测值之间呈现某种函数形式的关系，则该函数一般可以分为线性和非线性，所以预测编码器也就有线性预测器和非线性预测编码器。

若估计值 $\hat{x}_N$ 与 $x_1, x_2, \cdots, x_{N-1}$ 样本值之间呈现如下的关系：

$$\hat{x}_N = \sum_{i=1}^{N-1} a_i x_i$$

则称之为线性预测。其中，$a_i(i=1,2,\cdots,N-1)$为常量，表示预测系数。

若 t_N 时刻的信号样本值 x_N 与 t_N 时刻之前的已知样本值 x_1, x_2,$\cdots$, x_{N-1} 不是线性组合关系，而是非线性关系，则称之为非线性预测。

图像数据压缩中有如下几种常用线性预测方案：

1）前值预测：$\hat{x}_N = ax_{N-1}$。

2）一维预测：用 x_N 的同一扫描行中的前面已知的几个样本值 x_N 预测，其预测公式为 $\hat{x}_N = \sum_{i=1}^{N-1} a_i x_i$。

3）二维预测：不仅要 x_N 的同一扫描行以前的几个样本值 (x_1,x_5)，还要用 x_N 以前几行中的样本值 (x_2,x_3,x_4) 一起来预测。

4）三维预测：取用已知像素前几行甚至前几帧的样本值来预测 x_N。通常相邻帧之间细节的变化是很少的，存在极强的相关性，利用预测编码去除帧间的相关性，从而可以获得更大的压缩比。

【例 8-10】利用 DPCM 对图形编码和解码。

```
clear;
close all;
I03=imread('peppers.png');
I02=rgb2gray(I03);            % 把 RGB 图像转化为灰度图像
I=double(I02);
fid1=fopen('mydata1.dat','w');
fid2=fopen('mydata2.dat','w');
fid3=fopen('mydata3.dat','w');
fid4=fopen('mydata4.dat','w');
[m,n]=size(I);
J1=ones(m,n);                 % 针对预测信号锁定边界
J1(1:m,1)=I(1:m,1);
J1(1,1:n)=I(1,1:n);
J1(1:m,n)=I(1:m,n);
J1(m,1:n)=I(m,1:n);

J2=ones(m,n);
J2(1:m,1)=I(1:m,1);
J2(1,1:n)=I(1,1:n);
J2(1:m,n)=I(1:m,n);
J2(m,1:n)=I(m,1:n);

J3=ones(m,n);
J3(1:m,1)=I(1:m,1);
J3(1,1:n)=I(1,1:n);
J3(1:m,n)=I(1:m,n);
J3(m,1:n)=I(m,1:n);

J4=ones(m,n);
J4(1:m,1)=I(1:m,1);
```

```
J4(1,1:n)=I(1,1:n);
J4(1:m,n)=I(1:m,n);
J4(m,1:n)=I(m,1:n);

for k=2:m-1                    % 一阶 DPCM 编码
    for l=2:n-1
        J1(k,l)=I(k,l)-I(k,l-1);
    end
end
J1=round(J1);
cont1=fwrite(fid1,J1,'int8');
cc1=fclose(fid1);

for k=2:m-1                    % 二阶 DPCM 编码
    for l=2:n-1
        J2(k,l)=I(k,l)-(I(k,l-1)/2+I(k-1,l)/2);
    end
end
J2=round(J2);
cont2=fwrite(fid2,J2,'int8');
cc2=fclose(fid2);

for k=2:m-1                    % 三阶 DPCM 编码
    for l=2:n-1
        J3(k,l)=I(k,l)-(I(k,l-1)*(4/7)+I(k-1,l)*(2/7)+I(k-1,l-1)*(1/7));
    end
end
J3=round(J3);
cont3=fwrite(fid3,J3,'int8');
cc3=fclose(fid3);

for k=2:m-1                    % 四阶 DPCM 编码
    for l=2:n-1
        J4(k,l)=I(k,l)-(I(k,l-1)/2+I(k-1,l)/4+I(k-1,l-1)/8+I(k-1,l+1)/8);
    end
end
J4=round(J4);
cont4=fwrite(fid4,J4,'int8');
cc4=fclose(fid4);
figure(1)
subplot(2,3,1);
imshow(I03);
axis off                       % 隐藏坐标轴和边框
box off
title('原始图像');

subplot(2,3,2);
imshow(I02);
axis off
box off
title('灰度图像');

subplot(2,3,3);
imshow(J1);
axis off
box off
```

```
title('一阶编码');

subplot(2,3,4);
imshow(J2);
axis off
box off
title('二阶编码');

subplot(2,3,5);
imshow(J3);
axis off
box off
title('三阶编码');

subplot(2,3,6);
imshow(J4);
axis off
box off
title('四阶编码');
```

运行结果如图 8-11 所示。

图 8-11　DPCM 编码

```
% 下面对上面的结果进行 DPCM 解码
fid1=fopen('mydata1.dat','r');
fid2=fopen('mydata2.dat','r');
fid3=fopen('mydata3.dat','r');
fid4=fopen('mydata4.dat','r');
I11=fread(fid1,cont1,'int8');
I12=fread(fid2,cont2,'int8');
I13=fread(fid3,cont3,'int8');
I14=fread(fid4,cont4,'int8');

tt=1;
for l=1:n
    for k=1:m
        I1(k,l)=I11(tt);
        tt=tt+1;
    end
end
```

```
tt=1;
for l=1:n
    for k=1:m
        I2(k,l)=I12(tt);
        tt=tt+1;
     end
end

tt=1;
for l=1:n
    for k=1:m
        I3(k,l)=I13(tt);
        tt=tt+1;
    end
end

tt=1;
for l=1:n
    for k=1:m
        I4(k,l)=I14(tt);
        tt=tt+1;
    end
end

I1=double(I1);
I2=double(I2);
I3=double(I3);
I4=double(I4);

J1=ones(m,n);
J1(1:m,1)=I1(1:m,1);
J1(1,1:n)=I1(1,1:n);
J1(1:m,n)=I1(1:m,n);
J1(m,1:n)=I1(m,1:n);

J2=ones(m,n);
J2(1:m,1)=I2(1:m,1);
J2(1,1:n)=I2(1,1:n);
J2(1:m,n)=I2(1:m,n);
J2(m,1:n)=I2(m,1:n);

J3=ones(m,n);
J3(1:m,1)=I3(1:m,1);
J3(1,1:n)=I3(1,1:n);
J3(1:m,n)=I3(1:m,n);
J3(m,1:n)=I3(m,1:n);

J4=ones(m,n);
J4(1:m,1)=I4(1:m,1);
J4(1,1:n)=I4(1,1:n);
J4(1:m,n)=I4(1:m,n);
J4(m,1:n)=I4(m,1:n);

for k=2:m-1                    % 一阶解码
    for l=2:n-1
```

```
                J1(k,l)=I1(k,l)+J1(k,l-1);
            end
        end
    cc1=fclose(fid1);
    J1=uint8(J1);

        for k=2:m-1                        % 二阶解码
            for l=2:n-1
                J2(k,l)=I2(k,l)+(J2(k,l-1)/2+J2(k-1,l)/2);
            end
        end
    cc2=fclose(fid2);
    J2=uint8(J2);

        for k=2:m-1                        % 三阶解码
            for l=2:n-1

J3(k,l)=I3(k,l)+(J3(k,l-1)*(4/7)+J3(k-1,l)*(2/7)+J3(k-1,l-1)*(1/7));
            end
        end
    cc3=fclose(fid3);
    J3=uint8(J3);

        for k=2:m-1                        % 四阶解码
            for l=2:n-1

J4(k,l)=I4(k,l)+(J4(k,l-1)/2+J4(k-1,l)/4+J4(k-1,l-1)/8+J4(k-1,l+1)/8);
            end
         end
    cc4=fclose(fid4);
    J4=uint8(J4);

    figure(2)                              % 分区画图
    subplot(2,3,1);
    imshow(I03);
    axis off
    box off
    title('原始图像');

    subplot(2,3,2);
    imshow(I02);
    axis off
    box off
    title('灰度图像');

    subplot(2,3,3);
    imshow(J1);
    axis off
    box off
    title('一阶解码');

    subplot(2,3,4);
    imshow(J2);
    axis off
    box off
    title('二阶解码');
```

```
subplot(2,3,5);
imshow(J3);
axis off
box off
title('三阶解码');

subplot(2,3,6);
imshow(J4);
axis off
box off
title('四阶解码');
```

运行结果如图 8-12 所示。

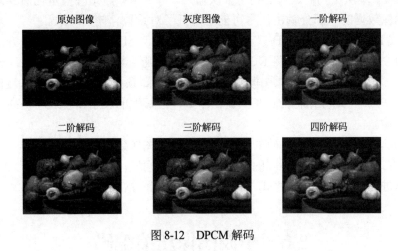

图 8-12　DPCM 解码

8.5　JPEG 标准

一个由国际电报电话咨询委员会（CCIT）和国际标准化协会（ISO）联合组成的图像专家小组"联合"被称为联合图像专家小组（JPEG）。其任务是开发研制出连续色调、多级灰度、静止图像的数字图像压缩编码标准，使之满足以下要求：

1）在一个较宽的图像质量等级范围内，达到或接近当前压缩比与图像保真度技术水平，使人的视觉难以区分编码图像与原始图像之间的差别，即达到"良好"到"优秀"的评估。

2）不受限于景物内容，可以适用于任何种类的连续色调的图像，且长宽比都不受限制，同时也不受限于景物内容、图像的复杂度和统计特性等。

3）其软件可在各种 CPU 上完成，算法也可用硬件实现，计算的复杂性也是可控制的。此外，JPEG 标准就是连续色调图像的压缩提供的公共标准，连续色调图像并不局限于单色调图像，该标准可适用于各种多媒体存储和通信应用所使用的灰度图像、摄影图像及静止视频压缩文件。

JPEG 标准提供了三种压缩算法：基本系统（Baseline System）、扩展系统（Extended System）

和无损压缩（Lossless）。其中，基本系统包括图像编码、解码过程以及含压缩图像数据的编码表示，所有的 JPEG 编码器和解码器必须支持基本系统，另外两种压缩算法适用于特定的应用。

JPEG 支持两种图像建立模式（顺序型和渐进型），以满足用户对应用的不同需求。JPEG 压缩算法分为两大类：无损压缩和有损压缩。使用无损压缩算法将源图像数据转变为压缩数据，该压缩数据经对应的解压缩算法处理后可获得与源图像完全一致的重构图像。有损压缩算法基于离散余弦变换（DCT），所生成的压缩图像数据经解压缩生成的重构图像与源图像在视觉上保持一致。一般来说，压缩比越大，视觉上的一致性越差。综合以上两点，JPEG 总共有 4 种工作模式：

1）顺序型编码工作模式：图像子块经 DCT 后形成 8×8 的 DCT 系数矩阵，图像的所有 8×8 像素的图像子块从左到右、从上到下依次输入。每一个系数矩阵被量化后立即进行熵编码并作为压缩图像数据的一部分输出，尽可能地降低了对系数存储的要求。

2）渐进式 DCT 方式：基于 DCT 对图像分层次进行处理。它有两种实现方法：一种是频谱选择法，即按 Z 形扫描的序号将 DCT 量化序数分成几个频段，每个频段对应一次扫描，每块均先传送低频扫描数据，得到原图概貌，再依次传送高频扫描数据，使图像逐渐清晰；另一种是逐次逼近法，即每次扫描全部 DCT 量化序数，但每次的表示精度逐渐提高。图像将从模糊到清晰地传输。

3）无损编码：可以保证被编码的图像恢复到与源图像数据完全一致。

4）分层方式：将源图像以不同的分辨率表示在空间域，处理时可以基于 DCT 或预测编码，可以是渐进式，也可以是顺序式。每个分辨率对应一次扫描。

8.6　小波图像压缩编码

小波变换对图像的像素解相关的变换系数进行编码，比对元像素本身编码的效率更高。如果变换的基函数将大多数重要的可视信息压缩到少量的系数中，那么剩下的系数可以被粗略地量化或截取为 0，而图像几乎没有失真。它的压缩率、压缩速度快，压缩后能保持信号与图像的特征不变，且在传递中抗干扰。

小波分析的就优越得多，由于小波分析固有的时频特性，我们可以在时频两个方向对系数进行处理，这样就可以对我们感兴趣的部分提供不同的压缩精度。

【例 8-11】利用小波变换的时频局部化特性对图形进行压缩。

```
clear;
load trees
[ca1,ch1,cv1,cd1]=dwt2(X,'sym4');        % 使用 sym4 小波对信号进行一层小波分解
codca1=wcodemat(ca1,192);
codch1=wcodemat(ch1,192);
codcv1=wcodemat(cv1,192);
codcd1=wcodemat(cd1,192);
codx=[codca1,codch1,codcv1,codcd1];      % 将四个系数图像组合为一个图像
rca1=ca1;                                % 复制原图像的小波系数
rch1=ch1;
rcv1=cv1;
```

```
rcd1=cd1;
rch1(33:97,33:97)=zeros(65,65);                    % 将三个细节系数的中部置零
rcv1(33:97,33:97)=zeros(65,65);
rcd1(33:97,33:97)=zeros(65,65);
codrca1=wcodemat(rca1,192);
codrch1=wcodemat(rch1,192);
codrcv1=wcodemat(rcv1,192);
codrcd1=wcodemat(rcd1,192);
codrx=[codrca1,codrch1,codrcv1,codrcd1];           % 将处理后的系数图像组合为一个图像
rx=idwt2(rca1,rch1,rcv1,rcd1,'sym4');              % 重建处理后的系数
subplot(221);
image(wcodemat(X,192)),
colormap(map);
title('原始图像');
subplot(222);
image(codx),
colormap(map);
title('一层分解后各层系数图像');
subplot(223);
image(wcodemat(rx,192)),
colormap(map);
title('压缩图像');
subplot(224);
image(codrx),
colormap(map);
title('处理后各层系数图像');
per=norm(rx)/norm(X);                              % 求压缩信号的能量成分
per =1.0000;
err=norm(rx-X)                                     % 求压缩信号与原信号的标准差
```

运行后输出如图 8-13 所示的图像，同时输出如下内容：

```
err =
  179.2258
```

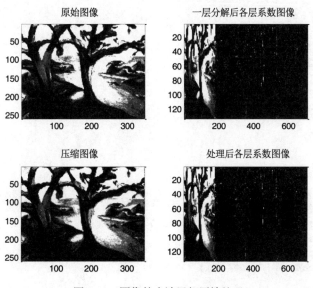

图 8-13　图像的小波局部压缩处理

【例 8-12】对给定的图像进行小波图像压缩。

```matlab
clear;
load trees;                          % 读入图像
subplot(3,3,1);
image(X);
colormap(map);
title('原始图像');
disp('原始图像 X 的大小：');
whos('X');
[c,s]=wavedec2(X,2,'bior3.7');       % 对图像用 bior3.7 小波进行二层小波分解
cal=appcoef2(c,s,'bior3.7',1);
ch1=detcoef2('h',c,s,1);             % 提取小波分解结构中第一层的低频和高频系数
cv1=detcoef2('v',c,s,1);
cd1=detcoef2('d',c,s,1);
a1=wrcoef2('a',c,s,'bior3.7',1);
h1=wrcoef2('h',c,s,'bior3.7',1);
v1=wrcoef2('v',c,s,'bior3.7',1);
d1=wrcoef2('d',c,s,'bior3.7',1);
c1=[a1,h1;v1,d1];
ca1=appcoef2(c,s,'bior3.7',1);
ca1=wcodemat(cal,440,'mat',0);
ca1=0.8*cal;
subplot(3,3,2);
image(ca1);
colormap(map);
axis square;
title('第一次压缩图像 0.8 倍');
disp('第一次压缩图像的大小');
whos('ca1');
ca2=appcoef2(c,s,'bior3.7',2);
ca2=wcodemat(ca2,440,'mat',0);
ca2=0.6*ca2;
subplot(3,3,3);
image(ca2);
colormap(map);
axis square;
title('第二次压缩图像 0.6 倍');
disp('第二次压缩图像的大小');
whos('ca2');
ca3=appcoef2(c,s,'bior3.7',2);
ca3=wcodemat(ca3,440,'mat',0);
ca3=0.4*ca3;
subplot(3,3,4);
image(ca3);
colormap(map);
axis square;
title('第三次压缩图像 0.4 倍');
disp('第三次压缩图像的大小');
whos('ca3');ca3=appcoef2(c,s,'bior3.7',2);
ca3=wcodemat(ca3,440,'mat',0);
ca4=appcoef2(c,s,'bior3.7',2);
ca4=wcodemat(ca4,440,'mat',0);
ca4=0.2*ca4;
subplot(3,3,5);
image(ca4);
```

```
colormap(map);
axis square;
title('第四次压缩图像 0.2 倍');
disp('第四次压缩图像的大小');
whos('ca4');ca4=appcoef2(c,s,'bior3.7',2);
ca4=wcodemat(ca4,440,'mat',0);
ca5=appcoef2(c,s,'bior3.7',2);
ca5=wcodemat(ca5,440,'mat',0);
ca5=0.09*ca5;
subplot(3,3,6);
image(ca5);
colormap(map);
axis square;
title('第五次压缩图像 0.09 倍');
disp('第五次压缩图像的大小');
whos('ca5');
ca5=appcoef2(c,s,'bior3.7',2);
ca5=wcodemat(ca5,440,'mat',0);
ca6=appcoef2(c,s,'bior3.7',2);
ca6=wcodemat(ca6,440,'mat',0);
ca6=0.04*ca6;
subplot(3,3,7);
image(ca6);
colormap(map);
axis square;
title('第六次压缩图像 0.04 倍');
disp('第六次压缩图像的大小');
whos('ca6');ca6=appcoef2(c,s,'bior3.7',2);
ca6=wcodemat(ca6,440,'mat',0);
ca7=appcoef2(c,s,'bior3.7',2);
ca7=wcodemat(ca7,440,'mat',0);
ca7=0.02*ca7;
subplot(3,3,8);
image(ca7);
colormap(map);
axis square;
title('第七次压缩图像 0.02 倍');
disp('第七次压缩图像的大小');
whos('ca7');
ca2=appcoef2(c,s,'bior3.7',2);
ca7=wcodemat(ca2,440,'mat',0);
ca8=appcoef2(c,s,'bior3.7',2);
ca8=wcodemat(ca8,440,'mat',0);
ca8=0.01*ca8;
subplot(3,3,9);
image(ca8);
colormap(map);
axis square;
title('第八次压缩图像 0.01 倍');
disp('第八次压缩图像的大小');
whos('ca8');
ca8=appcoef2(c,s,'bior3.7',2);
ca8=wcodemat(ca8,440,'mat',0);
```

运行结果如图 8-14 所示。

原始图像 X 的大小:

Name	Size	Bytes	Class	Attributes
X	258x350	722400	double	

第一次压缩图像的大小

Name	Size	Bytes	Class	Attributes
ca1	136x182	198016	double	

第二次压缩图像的大小

Name	Size	Bytes	Class	Attributes
ca2	75x98	58800	double	

第三次压缩图像的大小

Name	Size	Bytes	Class	Attributes
ca3	75x98	58800	double	

第四次压缩图像的大小

Name	Size	Bytes	Class	Attributes
ca4	75x98	58800	double	

第五次压缩图像的大小

Name	Size	Bytes	Class	Attributes
ca5	75x98	58800	double	

第六次压缩图像的大小

Name	Size	Bytes	Class	Attributes
ca6	75x98	58800	double	

第七次压缩图像的大小

Name	Size	Bytes	Class	Attributes
ca7	75x98	58800	double	

第八次压缩图像的大小

Name	Size	Bytes	Class	Attributes
ca8	75x98	58800	double	

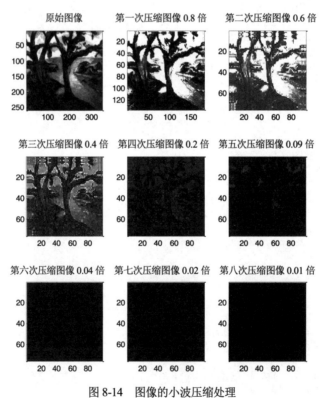

图 8-14　图像的小波压缩处理

8.7 基于小波变换的图像水印技术

数字水印技术是目前信息安全技术领域的一个新方向，可以有效地补充传统加密技术，在数字媒体的版权保护领域得到了广泛的应用，是在开放的网络环境下保护版权和认证来源及完整性的新型技术。

针对小波变换的数字水印技术，提出一种基于小波域的图像水印算法。该算法选择了检测结果直观、有特殊意义的图像作为原始水印，并在嵌入之前进行图像置乱预处理，以提高安全性和隐蔽性，兼顾了水印的不可见性，利用多分辨率分析思想进行水印的嵌入与提取。

【例 8-13】基于小波变换的图像水印技术。

```
clear;
load tire;
I=X;
type = 'db1';                          % 小波函数
 [CA1, CH1, CV1, CD1] = dwt2(I,type);  % 二维离散 Daubechies 小波变换
C1 = [CH1 CV1 CD1];
 [length1, width1] = size(CA1);        % 系数矩阵大小
[M1, N1] = size(C1);
T1 =50;                                % 定义阈值 T1
alpha = 0.2;
for counter2 = 1: 1: N1                % 在图像中加入水印
   for counter1 = 1: 1: M1
      if( C1(counter1, counter2) > T1 )
         marked1(counter1,counter2) = randn(1,1);
         NEWC1(counter1, counter2) = double( C1(counter1, counter2) ) +alpha
* abs( double( C1(counter1, counter2) ) ) * marked1(counter1,counter2) ;
      else
         marked1(counter1, counter2) = 0;
         NEWC1(counter1, counter2) = double( C1(counter1, counter2) );
      end;
   end;
end;
NEWCH1 = NEWC1(1:length1, 1:width1);   % 重构图像
NEWCV1 = NEWC1(1:length1, width1+1:2*width1);
NEWCD1 = NEWC1(1:length1, 2*width1+1:3*width1);
R1 = double( idwt2(CA1, NEWCH1, NEWCV1, NEWCD1, type) );
watermark1 = double(R1) - double(I);   % 分离水印
figure(1);
subplot(2,2,1);
image(I);
axis('square');
title('原始图像');
subplot(2,2,2);
imshow(R1/250);
```

```
axis('square');
title('Daubechies 小波变换后图像');
subplot(2,2,3);
imshow(watermark1*10^16);
axis('square');
title('水印图像');
newmarked1 = reshape(marked1, M1*N1, 1);     % 水印检测
T2 = 60;       % 检测阈值
 for counter2 = 1: 1: N1
        for counter1 = 1: 1: M1
           if( NEWC1(counter1, counter2) >T2 )
              NEWC1X(counter1, counter2) = NEWC1(counter1, counter2);
           else
              NEWC1X(counter1, counter2) = 0;
           end;
        end;
      end;
NEWC1X = reshape(NEWC1X, M1*N1, 1);
correlation1 = zeros(1000,1);
for corrcounter = 1: 1: 1000
     if( corrcounter == 500)
      correlation1(corrcounter,1) = NEWC1X'*newmarked1 / (M1*N1);
     else
      rnmark = randn(M1*N1,1);
      correlation1(corrcounter,1) = NEWC1X'*rnmark / (M1*N1);
     end;
end;
% 计算阈值
originalthreshold = 0;
for counter2 = 1: 1: N1
        for counter1 = 1: 1: M1
           if( NEWC1(counter1, counter2) > T2 )
             originalthreshold = originalthreshold + abs( NEWC1(counter1,
counter2) );
           end;
         end;
  end;
originalthreshold = originalthreshold * alpha / (2*M1*N1);
corrcounter = 1000;
originalthresholdvector = ones(corrcounter,1) * originalthreshold;
subplot(2,2,4);
plot(correlation1, '-');
hold on;
plot(originalthresholdvector, '--');
title('原始的加水印图像');
xlabel('水印');
ylabel('检测响应');
```

运行结果如图 8-15 所示。

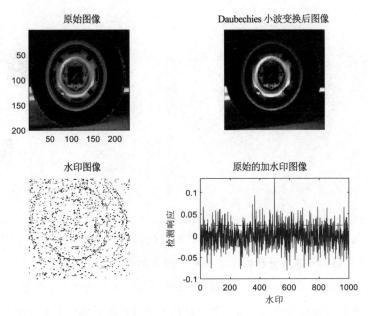

图 8-15 基于小波变换的图像水印技术

8.8 本章小结

本章首先介绍了图像压缩的可能性、图像信息量的度量、评价标准，然后介绍了几种经典的编码技术，包括 DCT 编码、哈夫曼编码技术、香农-范诺编码、行程编码、算术编码、预测编码、JPEG 标准等内容，最后介绍了小波图像压缩编码。

第**9**章

图像复原

图像在获取、传输和存储过程中会受多种原因的影响，造成图像质量的下降，这种现象称为图像"退化"。影响图像质量的因素主要有：图像捕获过程中镜头发生了移动，或者曝光时间过长；场景位于焦距以外、使用了广角镜、大气干扰或短时间的曝光导致捕获到的光子减少；共聚焦显微镜中出现散光变形。可以采取一些技术手段来尽量减少甚至消除图像质量的下降，还原图像的本来面目，这就是图像的复原。

学习目标：

⌘ 了解图像复原的相关知识。

⌘ 了解估计退化函数的基本原理。

⌘ 掌握维纳逆滤波、Wiener 滤波基本原理、实现步骤。

⌘ 学会约束最小二乘滤波算法、Lucy-Richardson 算法和盲去卷积算法。

9.1　图像复原概述

引起图像模糊有多种多样的原因，比如运动引起的、高斯噪声引起的、斑点噪声引起的、椒盐噪声引起的，等等。图像复原的目标是对退化的图像进行处理，使它趋向于复原成没有退化的理想图像。

成像过程的每一个环节（透镜、感光片、数字化等）都会引起退化。在进行图像复原时，既可以用连续数学也可以用离散数学进行处理。其次，处理既可在空间域进行，也可在频域进行。

典型的图像复原方法往往是在假设系统的点扩散函数（PSF）为已知并且常需假设噪声分布也是已知的情况下进行推导求解的，采用各种反卷积处理方法（如逆滤波等）对图像进行复原。

随着研究的进一步深入，在对实际图像进行处理的过程中，许多先验知识（包括图像及成像系统的先验知识）往往并不具备，需要在系统点扩散函数未知的情况下从退化图像自身抽取退化信息，仅仅根据退化图像数据来还原真实图像，这就是盲去图像复原（Blind Image Restoration）所要解决的问题。

由于缺乏足够的信息来唯一确定图像的估计值，盲目图像复原方法需要利用有关图像信号、点扩散函数和高斯噪声的已知信息和先验知识，结合一些附加信息，对噪声模糊图像的盲去复原以及振铃的消除问题的解形成约束条件，而盲去图像复原就是在满足这些约束条件的前提下求取真实图像在某种准则下的最佳估计值。

9.1.1　图像退化模型

要进行图像恢复，必须弄清楚退化现象有关的某些知识，用相反的过程消除退化现象，这就要了解、分析图像退化的机理，建立起退化图像的数学模型（见图 9-1）。

一些退化因素只影响一幅图像中某些个别点的灰度，另外一些退化因素则可以使一幅图像中的一个空间区域变得模糊起来。前者称为点退化，后者称为空间退化。

在一个图像系统中存在着许多退化源，其机理比较复杂，因此要提供一个完善的数学模型是比较复杂和困难的。在通常遇到的很多实例中，将退化原因作为线性系统退化的一个因素来对待，从而建立系统退化模型来近似描述图像函数的退化。

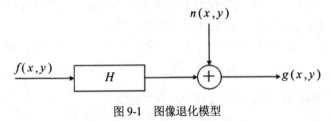

图 9-1　图像退化模型

在图 9-1 中，原图像 $f(x,y)$ 是通过一个系统 H 及加入外来加性噪声 $n(x,y)$ 而退化为一幅图像 $g(x,y)$ 的。

对于线性系统，图 9-1 中的模型可以表示为：

$$g(x,y) = H[f(x,y)] + n(x,y)$$

令 $n(x,y)=0$，则

$$g(x,y) = H[f(x,y)]$$

设 k、k_1、k_2 为常数，$g_1(x,y) = H\{f_1(x,y)\}$，$g_2(x,y) = H\{f_2(x,y)\}$，则退化系统 H 具有如下性质：

（1）齐次性

$$H[kf(x,y)] = kH[f(x,y)] = kg(x,y)$$

即系统对常数与任意图像乘积的响应等于常数与该图像的响应的乘积。

（2）叠加性

$$H[f_1(x,y) + f_2(x,y)] = H[f_1(x,y)] + H[f_2(x,y)] = g_1(x,y) + g_2(x,y)$$

即系统对两幅图像之和的响应等于它对两个输入图像的响应之和。

（3）线性

同时具有齐次性与叠加性的系统称为线性系统，具有以下特性：

$$H[k_1 f_1(x,y)+k_2 f_2(x,y)]=k_1 H[f_1(x,y)]+k_2 H[f_2(x,y)]=k_1 g_1(x,y)+k_2 g_2(x,y)$$

不满足齐次性或叠加性的系统就是非线性系统。显然，线性系统为求解多个激励情况下的响应带来很大方便。

（4）位置（空间）不变性

$$g(x-a,y-b)=H[f(x-a,y-b)]$$

式中的 a 和 b 分别是空间位置的位移量。这就说明了图像上任何一点通过该系统的响应只取决于在该点的灰度值，而与该点的坐标位置无关，由上述基本定义可知，如果系统具有式 $g(x-a,y-b)=H[f(x-a,y-b)]$ 的关系，那么系统就是线性空间不变的系统。

在图像恢复处理中，虽然非线性和空间变化的系统模型具有普遍性和准确性，但是它却给处理工作带来巨大的困难，通常没有解或者很难用计算机来处理。因此，在图像恢复处理中往往用线性和空间不变性的系统模型加以近似。

这种近似的优点是可以直接利用线性系统中的许多理论与方法来解决图像恢复问题。所以，图像恢复处理中主要采用线性、空间不变的恢复技术。

在 MATLAB 中，fspecial 函数用于产生一个退化系统点扩展函数，调用方法如下：

```
h=fspecial('type',parameters)              % 产生一个退化系统点扩展函数
```

【例 9-1】利用 fspecial 函数对图像进行退化处理。

```
clear,clc;
I = imread('cameraman.tif');               % 读入图像
figure;
subplot(1,2,1);imshow(I);
title('原始图像');
LEN = 31;
THETA = 11;
PSF = fspecial('motion',LEN,THETA);        % 对图像进行退化处理
Blurred = imfilter(I,PSF,'circular','conv');
subplot(1,2,2);imshow(Blurred);
title('退化图像');
```

运行结果如图 9-2 所示。

原始图像   退化图像

图 9-2　图像的退化

【例 9-2】利用多种方法对图像进行模糊处理。

```
clear,clc;
I=imread('office_6.jpg');          % 读入图像
subplot(221);imshow(I);
title('原始图像');
H=fspecial('motion',30,45);        % 运动模糊 PSF
MotionBlur=imfilter(I,H);          % 卷积
subplot(222);imshow(MotionBlur);
title('运动模糊图像');
H=fspecial('disk',10);             % 圆盘状模糊 PSF
bulrred=imfilter(I,H);
subplot(223);imshow(bulrred);
title('圆盘状模糊图像');
H=fspecial('unsharp');             % 钝化模糊 PSF
Sharpened=imfilter(I,H);
subplot(224);imshow(Sharpened);
title('钝化模糊图像');
```

运行结果如图 9-3 所示。

原始图像

运动模糊图像

圆盘状模糊图像

钝化模糊图像

图 9-3　多种方法对图形进行模糊处理

9.1.2　噪声的特征

图像噪声是图像在摄取或传输时所受的随机信号干扰，是图像中各种妨碍人们对其信息接受的因素。很多时候将图像噪声看成是多维随机过程，因而描述噪声的方法完全可以借用随机过程的描述，即用其概率分布函数和概率密度分布函数。

在大多情况下，这些函数很难测定和描述，甚至不能得到，所以常用统计特征来描述噪声，如均方值、方差和相关函数等。

● 均方值，描述噪声的总功率：

$$E\{n^2(x,y)\}$$

● 方差，描述噪声的交流功率：

$$E\{(n(x,y) - E\{n(x,y)\})^2\}$$

● 均值的平方，表示噪声的直流功率：

$$[E\{(n(x,y)\}]^2$$

9.1.3 图像质量的客观评价

各类数字成像技术正在飞速发展，数字图像的清晰度日益成为衡量数字成像系统优劣的重要指标，我们在进行模糊图像复原的同时，如何判定复原得到的图像是否比原图像有所改进、清晰度有所提高，这些问题都涉及如何客观有效地评价数字图像的清晰度。

所以，在进行图像复原工作的时候，可以把图像质量评价标准作为一个课题来进行研究，针对特定类型的图像，研究特定的图像质量评价标准。

通过客观的图像质量评定标准来判断复原后的图像质量是否改善，以及改善的程度，但是，经常出现这样的情况，图像清晰度在主观视觉上有了比较明显的改善，然而其清晰度函数的评价值却不一定提高或者提高得很少。

所以，不能将清晰度评价函数值作为图像复原质量的唯一评价标准，在参考复原图像清晰度评价函数值改变的同时，还需要我们的客观判断，二者的结合才是对复原图像效果客观而相对准确的判断。

9.2 估计退化函数

图像复原的目的是使用以某种方式估计的退化函数去复原一幅图像。由于我们很少能完全知晓真正的退化函数，因此必须在进行图像复原前对退化函数进行估计，主要方法一般有 3 种：图像观测估计法、试验估计法和模型估计法。

9.2.1 图像观测估计法

如果一幅退化图像没有退化函数 H 的信息，就可以通过收集图像自身的信息来估计该函数。可以用 $g_s(x,y)$ 定义观察的子图像：

$$H_s(u,v) = \frac{G_s(u,v)}{\hat{F}_s(u,v)}$$

其中，$\hat{f}_s(x,y)$ 为构建的子图像。

假设位置不变，从这一函数特性可以推出完全函数 $H(u,y)$。

9.2.2 试验估计法

使用与获取退化图像的设备相似的设备可以得到准确的退化估计。通过各种系统设置可以得到与退化图像类似的图像，退化这些图像使其尽可能接近希望复原的图像。

利用相同的系统设置，由成像一个脉冲得到退化的冲激响应。线性的空间不变系统完全由它的冲激响应来描述。一个冲激可由明亮的亮点来模拟，并使它尽可能亮，以减少噪声的干扰。冲激的傅里叶变换是一个常量：

$$H(u,v) = \frac{G(u,y)}{A}$$

9.2.3 模型估计法

用退化模型可以解决图像复原问题。在某些情况下，模型要把引起退化的环境因素考虑在内。可以运用的先验知识包括大气湍流、光学系统散焦、照相机与景物相对运动等。

根据导致模糊的物理过程（先验知识）来确定 $h(u,y)$ 或 $H(u,y)$。

（1）长期曝光下大气湍流造成的转移函数

$$H(u,v) = e^{-k(u^2+v^2)^{5/6}}$$

其中，k 是常数，与湍流的性质有关。

通过对退化图像的退化函数精确取反，其所用的退化函数是：

$$H(u,v) = e^{-k[(u-M/2)^2+(v-N/2)^2]^{5/6}}$$

（2）光学散焦

$$H(u,v) = J_1(\pi d\rho)/\pi d\rho$$
$$\rho = (u^2+v^2)^{1/2}$$

其中，d 是散焦点扩展函数的直径，$J_1(x)$ 是第一类贝塞尔函数。

（3）照相机与景物相对运动

假设快门的开启和关闭的时间间隔极短，那么光学成像过程不会受到图像运动的干扰。设 T 为曝光时间（快门时间），$x_0(t)$，$y_0(t)$ 是位移的 x 分量和 y 分量，则结果为：

$$g(x,y) = \int_0^T f[x-x_0(t), y-y_0(t)]\mathrm{d}t$$

其中，$g(x,y)$ 为模糊的图像。

$f[x-x_0(t), y-y_0(t)]$ 的傅里叶变换为：

$$G(u,v) = \int_{-\infty}^{\infty}\int_{-\infty}^{\infty} g(x,y)e^{-j2\pi(ux+vy)}\mathrm{d}x\mathrm{d}y$$
$$= \int_{-\infty}^{\infty}\int_{-\infty}^{\infty}\left[\int_0^T f[x-x_0(t), y-y_0(t)\mathrm{d}t]\right]e^{-j2\pi(ux+vy)}\mathrm{d}x\mathrm{d}y$$

改变积分顺序，前式可表示为：

$$G(u,v) = \int_0^T\left[\int_{-\infty}^{\infty}\int_{-\infty}^{\infty} f[x-x_0(t), y-y_0(t)\mathrm{d}t]\right]e^{-j2\pi(ux+vy)}\mathrm{d}x\mathrm{d}y$$

外层括号内的积分项是置换函数 $f[x-x_0(t), y-y_0(t)]$ 的傅里叶变换：

$$G(u,v) = \int_0^T F(u,v)\mathrm{e}^{-\mathrm{j}2\pi[ux_0(t)+vy_0(t)]}\mathrm{d}t = F(u,v)\int_0^T \mathrm{e}^{-\mathrm{j}2\pi[ux_0(t)+vy_0(t)]}\mathrm{d}t$$

令

$$H(u,v) = \int_0^T \mathrm{e}^{-\mathrm{j}2\pi[ux_0(t)+vy_0(t)]}\mathrm{d}t$$

则前式为

$$G(u,v) = H(u,v)F(u,v)$$

假设当前图像只在 x 方向以给定的速度 $x_0(t)=at/T$ 做匀速直线运动。当 $t=T$ 时，图像由总距离 a 取代。

令 $y_0(t)=0$，

$$H(u,v) = \int_0^T \mathrm{e}^{-\mathrm{j}2\pi ux_0(t)}\mathrm{d}t = \int_0^T \mathrm{e}^{-\mathrm{j}2\pi uat/T}\mathrm{d}t = \frac{T}{\pi ua}\sin(\pi ua)\mathrm{e}^{-\mathrm{j}\pi ua}$$

若允许 y 方向按 $y_0(t)=bt/T$ 运动，则退化函数为：

$$H(u,v) = \frac{T}{\pi(ua+vb)}\sin[\pi(ua+vb)]\mathrm{e}^{-\mathrm{j}\pi(ua+vb)}$$

9.3　逆滤波复原

假设退化图像为 $g(x,y)$、原始图像为 $f(x,y)$，在不考虑噪声的情况下其退化模型可用下式来表示：

$$g(x,y) = \int_{-\infty}^{+\infty}\int_{-\infty}^{+\infty} f(a,\beta)\delta(x-a,y-\beta)\mathrm{d}a\mathrm{d}\beta$$

由傅里叶变换的卷积定理可知有下式成立：

$$G(u,v) = H(u,v)F(u,v)$$

式中，$G(u,v)$、$H(u,v)$、$F(u,v)$ 分别是退化图像 $g(x,y)$、点扩散函数 $h(x,y)$、原始图像 $f(x,y)$ 的傅里叶变换，所以

$$f(x,y) = F^{-1}[F(u,v)] = F^{-1}\left[\frac{G(u,v)}{H(u,v)}\right]$$

由此可见，如果已知退化图像的傅里叶变换和系统冲激响应函数（"滤被"传递函数），则可以求得原图像的傅里叶变换，经傅里叶逆变换就可以求得原始图像 $f(x,y)$。其中，$G(u,v)$ 除以 $H(u,v)$ 起到了反向滤波的作用。这就是逆滤波复原的基本原理。

在有噪声的情况下，逆滤波原理可写成如下形式：

$$F(u,v) = \frac{G(u,v)}{H(u,v)} - \frac{N(u,v)}{H(u,v)}$$

式中，$N(u,v)$是噪声 $n(x,y)$的傅里叶变换。

【例 9-3】对图像进行逆滤波复原。

```
clear,clc;
I=imread('rice.png');                      % 读入图像
subplot(2,2,1);imshow(I);
title('原始图像');
[m,n]=size(I);
title('原始图像');
[m,n]=size(I);
F=fftshift(fft2(I));
k=0.0025;
H=[];
for u=1:m
    for  v=1:n
        q=((u-m/2)^2+(v-n/2)^2)^(5/6);
        H(u,v)=exp((-k)*q);
    end
end
G=F.*H;
I0=abs(ifft2(fftshift(G)));
subplot(2,2,2);imshow(uint8(I0));
title('退化的图像');
I1=imnoise(uint8(I0),'gaussian',0,0.01) ;  % 退化并且添加高斯噪声的图像
subplot(2,2,3);imshow(uint8(I1));
title('退化并且添加高斯噪声的图像');
F0=fftshift(fft2(I1));
F1=F0./H;
I2=ifft2(fftshift(F1));                     % 逆滤波复原图
subplot(2,2,4);
imshow(real(uint8(I2)));
title('逆滤波复原图');
```

运行结果如图 9-4 所示。

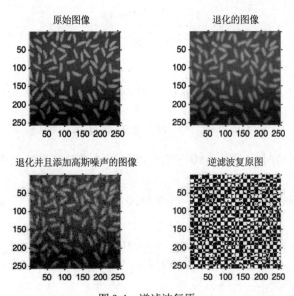

图 9-4　逆滤波复原

9.4 维纳滤波复原

维纳滤波就是最小二乘滤波，是使原始图像 $f(x,y)$ 与其恢复图像 $\hat{f}(x,y)$ 之间的均方误差最小的复原方法。对图像进行维纳滤波主要是为了消除图像中存在的噪声，对于线性空间不变系统，获得的信号为

$$g(x,y) = \int_{-\infty}^{+\infty} \int_{-\infty}^{+\infty} f(a,\beta)h(x-a,y-\beta)\mathrm{d}a\mathrm{d}\beta + n(x,y)$$

为了去掉 $g(x,y)$ 中的噪声，设计一个滤波器 $m(x,y)$，其滤波器输出为 $\hat{f}(x,y)$，即

$$\hat{f}(x,y) = \int_{-\infty}^{+\infty} \int_{-\infty}^{+\infty} g(a,\beta)m(x-a,y-\beta)\mathrm{d}a\mathrm{d}\beta$$

使得均方误差式成立：

$$e^2 = \min\left\{ E\left\{ \left[f(x,y) - \hat{f}(x,y) \right]^2 \right\} \right\}$$

其中，$\hat{f}(x,y)$ 称为给定 $g(x,y)$ 时 $f(x,y)$ 的最小二乘估计值。

设 $S_f(u,v)$ 为 $f(x,y)$ 的相关函数 $R_f(x,y)$ 的傅里叶变换，$S_n(u,v)$ 分别为 $n(x,y)$ 的相关函数 $R_n(x,y)$ 的傅里叶变换，$H(u,v)$ 为冲激响应函数 $h(x,y)$ 的傅里叶变换，有时也把 $S_f(u,v)$ 和 $S_n(u,v)$ 分别称为 $f(x,y)$ 和 $n(x,y)$ 的功率谱密度，则滤波器 $m(x,y)$ 的频域表达式为

$$M(u,v) = \frac{1}{H(u,v)} \frac{|H(u,v)|^2}{|H(u,v)|^2 + \dfrac{S_n(u,v)}{S_f(u,v)}}$$

于是，维纳滤波复原的原理可表示为

$$\hat{F}(u,v) = \left[\frac{1}{H(u,v)} \frac{|H(u,v)|^2}{|H(u,v)|^2 + \dfrac{S_n(u,v)}{S_f(u,v)}} \right] G(u,v)$$

对于维纳滤波，由上式可知，当 $H(u,v)=0$ 时，存在 $\dfrac{S_n(u,v)}{S_f(u,v)}$ 项，所以 $H(u,v)$ 不会出现被 0 除的情形，同时分子中含有 $H(u,v)$ 项，在 $H(u,v)=0$ 处 $H(u,v) \equiv 0$。

当 $\dfrac{S_n(u,v)}{S_f(u,v)} \geqslant H(u,v)$ 时，$H(u,v)=0$，表明维纳滤波避免了逆滤波中出现的对噪声过多的放大作用；当 $S_n(u,v)$ 和 $S_f(u,v)$ 未知时，经常用 K 来代替 $\dfrac{S_n(u,v)}{S_f(u,v)}$，于是

$$\hat{F}(u,v) = \left[\frac{1}{H(u,v)} \frac{|H(u,v)|^2}{|H(u,v)|^2 + K} \right] G(u,v)$$

其中，*K* 称为噪声对信号的功率谱度比，近似为一个适当的常数。这是实际中应用的公式。在 MATLAB 中，deconvwnr 函数用于进行维纳滤波图像复原。

● J=deconvwnr(g,PSF)：g 代表退化图像，J 代表复原图像，信噪比为零。

● J=deconvwnr(g,PSF,NSPR)：表示噪信功率比已知，或是一个常量，或是一个数组；函数接受其中的任何一个。这是用于实现参数维纳滤波器的语法，NSPR 可以是一个交互的标量输入。

● J=deconvwnr(g,PSF,NACORR,FFACORR)：噪声和未退化图像的自相关函数 NACORR 和 FAVORR 是已知的。

若复原图像呈现出由算法中使用的离散傅里叶变换所引入的振铃，则在调用 deconvwnr 函数之前先调用以下函数：

```
J=edgetaper(I,PSF)   % 利用点扩散函数 PSF 模糊输入图像 I 的边缘，可以减少振铃
```

【例 9-4】调用 deconvwnr 函数进行维纳滤波图像复原。

```
clear,clc;
f=imread('cell.tif');                  % 读入图像
LEN=30;
THETA=45;
PSF=fspecial('motion',LEN,THETA);    % 图像的退化处理
MF=imfilter(f,PSF,'circular','conv');
wnr=deconvwnr(MF,PSF);                          % 用 deconvwnr 函数进行维纳滤波图像复原
subplot(1,3,1);imshow(f);
title('原始图像');
subplot(1,3,2);imshow(MF);
title('模糊后的图像');
subplot(1,3,3);imshow(wnr);
title('恢复后的图像');
```

运行结果如图 9-5 所示。

图 9-5　维纳滤波图像复原

【例 9-5】逆滤波与维纳滤波复原效果比较。

```
clear,clc;
I=imread('tire.tif');
 [m,n]=size(I);
F=fftshift(fft2(I));
k=0.0025;
H=[];
for u=1:m
    for  v=1:n
```

```
        q=((u-m/2)^2+(v-n/2)^2)^(5/6);
        H(u,v)=exp((-k)*q);
    end
end
G=F.*H;
I0=abs(ifft2(fftshift(G)));
figure
subplot(2,2,1);imshow(uint8(I0));
title('退化的图像');
I1=imnoise(uint8(I0),'gaussian',0,0.01);      % 退化并且添加高斯噪声
subplot(2,2,2);imshow(uint8(I1));
title('退化并且添加高斯噪声的图像');
F0=fftshift(fft2(I1));
F1=F0./H;
I2=ifft2(fftshift(F1));                        % 逆滤波复原
subplot(2,2,3);imshow(real(uint8(I2)));
title('全逆滤波复原图');
K=0.1;
H=[];
H0=[];
H1=[];
for  u=1:m
    for   v=1:n
        q=((u-m/2)^2+(v-n/2)^2)^(5/6);
        H(u,v)=exp((-k)*q);
        H0(u,v)=(abs(H(u,v)))^2;
        H1(u,v)=H0(u,v)/(H(u,v)*(H0(u,v)+K));
    end
end
F2=H1.*F0;
I3=ifft2(fftshift(F2));
subplot(2,2,4);imshow(uint8(abs(I3)));
title('维纳滤波复原图');
```

运行结果如图 9-6 所示。

退化的图像

退化并且添加高斯噪声的图像

全逆滤波复原图

维纳滤波复原图

图 9-6　逆滤波与维纳滤波复原图效果的比较

9.5 约束的最小二乘滤波复原

还有一种容易实现的线性复原的方法，即约束最小二乘滤波。约束复原除要求了解关于退化系统的传递函数之外，还需要知道某些噪声的统计特性或噪声与图像的某些相关情况。

在最小二乘约束复原中，要设法寻找一个最优估计 $\hat{f}$，使得形式为 $\left\| Q\hat{f} \right\|^2$ 的函数最小化。

在此准则下，可把图像的复原问题看作对 $\hat{f}$ 求下式目标泛函的最小值：

$$J(\hat{f}) = \left\| Q\hat{f} \right\|^2 + \lambda \left(\left\| g - H\hat{f} \right\|^2 - \left\| n \right\|^2 \right)$$

其中，Q 为 $\hat{f}$ 的线性算子，表示对 $\hat{f}$ 进行某些线性运算的矩阵，通常选择拉普拉斯算子，且 $Q(u, y) = P(u, y) = 4\pi^2(u^2 + v^2)$；$\lambda$ 为拉格朗日算子。

为了使 $J(\hat{f})$ 最小，对上式求导，并令导数为 0 就可以得到最小二乘解 $\hat{f}$：

$$\hat{f} = (H^T H + \gamma Q^T Q)^{-1} HTg \qquad (\gamma = 1/\lambda)$$

对应的频域表示为：

$$\hat{F}(u, v) = \frac{H^*(u, v)}{|H(u, v)|^2 + \gamma |Q(u, v)|^2} \cdot G(u, v)$$

上式构成了所谓约束最小二乘复原滤波算法，显然该算法无须获知原图像的统计值便可以有效地实施最优估计，这点与维纳滤波明显不同。

在 MATLAB 中，deconvreg 函数用于图像的约束最小二乘滤波恢复，调用方法如下：

```
deconvreg(I, PSF)
deconvreg(I, PSF, NP)
deconvreg(I, PSF, NP, LRANGE)
deconvreg(I, PSF, NP, LRANGE, REGOP)
```

其中，I 表示输入像，PSF 表示点扩散函数，NP、LRANGE（输入）和 REGOP 是可选参数，分别表示图像的噪声强度、拉氏算子的搜索范围和约束算子，同时该函数也可以在指定的范围内搜索最优的拉氏算子。

【例 9-6】调用 deconvreg 函数对图像进行约束最小二乘滤波恢复。

```
clear,clc;
I=imread ('tire.tif');
PSF=fspecial('gaussian',10,4);
Blurred=imfilter(I,PSF,'conv');
V=.03;
BN=imnoise(Blurred,'gaussian',0,V);
NP=V*prod(size(I));
[reg LAGRA]=deconvreg(BN,PSF,NP);
Edged=edgetaper(BN,PSF);
reg2=deconvreg(Edged,PSF,NP/1.2);        % 振铃抑制
reg3=deconvreg(Edged,PSF,[],LAGRA);      % 拉格朗日算子
figure
subplot(2,3,1);imshow (I);
```

```
title('原始图像');
subplot(2,3,2);imshow (BN);
title('加入高斯噪声的图像');
subplot(2,3,3);imshow (reg);
title('恢复后的图像');
subplot(2,3,4);imshow(reg2);
title('振铃抑制图像');
subplot(2,3,6);imshow(reg3);
title('拉格朗日算子恢复图像');
```

运行结果如图 9-7 所示。

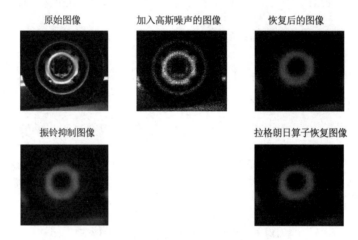

图 9-7　约束最小二乘恢复对比图

9.6　Lucy-Richardson 滤波复原

Lucy-Richardson（LR）算法假设图像服从 Poission（泊松）分布，采用最大似然法进行估计，是一种基于贝叶斯分析的迭代算法。其最优估计以最大似然准则作为标准，即要使概率密度函数 $p(g / \hat{f})$ 最大，推导出的迭代式为：

$$f^{(k+1)} = f^{(k)}\left[\left(\frac{g}{f^{(k)} \otimes h}\right) \oplus h\right]$$

其中，$\otimes$ 和 $\oplus$ 分别为卷积运算和相关运算；k 为迭代次数。令 $f^0 = g$，当噪声可以忽略、k 不断增大时 f^{k+1} 会依概率收敛于 f，从而恢复出原始图像；当噪声不可忽略时，可得到下式：

$$f^{(k+1)} = f^{(k)}\left[\left(\frac{f \otimes h + \eta}{f^{(k)} \otimes h}\right) \oplus h\right]$$

若噪声 η 不可忽略，则以上过程的收敛性将难以保证，即 LR 存在放大噪声的缺陷。因此，处理噪声项是 LR 算法应用于低信噪比图像复原的关键。

在 MATLAB 中，deconvlucy 函数用于对图像进行 Lucy-Richardson 滤波复原，该函数的调用方法如下：

```
fr=deconvlucy(g,PSF)
fr=deconvlucy(g,PSF,NUMIT)
fr=deconvlucy(g,PSF,NUMIT,DAMPAR)
fr=deconvlucy(g,PSF,NUMIT,DAMPAR,WEIGHT)
```

其中，fr 代表复原的图像，g 代表退化的图像，PSF 是点扩散函数，NUMIT 为迭代次数（默认为 10 次）。DAMPAR 是一个标量，指定了结果图像与原始图像 g 之间的偏离阈值。当像素偏离原值的范围在 DAMPAR 之内时，不用再迭代。这既抑制了像素上的噪声，又保存了必要的图像细节，默认值为 0（无衰减）。

WEIGHT 是一个与 g 同样大小的数组，为每一个像素分配一个权重来反映其质量。当用一个指定的PSF来模拟模糊时，WEIGHT 可以从计算像素中剔除那些来自图像边界的像素点。因此，PSF 造成的模糊是不同的。

若复原图像呈现出由算法中所用的离散傅里叶变换所引入的振铃，则在调用函数 deconvlucy 之前要利用函数 edgetaper。

【例 9-7】调用 deconvlucy 函数对图像进行 Lucy-Richardson 滤波恢复。

```
clear,clc;
I=imread ('rice.png');                    % 读入图像
PSF=fspecial('gaussian',5,5) ;
Blurred=imfilter(I,PSF,'symmetric','conv');
V=.003;
BN=imnoise(Blurred,'gaussian',0,V);
luc=deconvlucy(BN,PSF,5);                  % 进行 Lucy-Richardson 滤波恢复复原
figure
subplot(2,2,1);imshow(I);
title('原始图像');
subplot(2,2,2);imshow (Blurred);
title('模糊后的图像');
subplot(2,2,3);imshow (BN);
title('加噪后的图像');
subplot(2,2,4);imshow (luc);
title('恢复后的图像');
```

运行结果如图 9-8 所示。

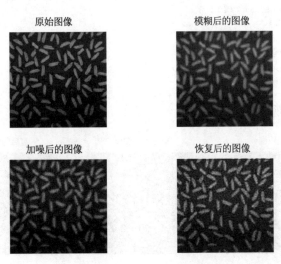

图 9-8　Lucy-Richardson 恢复对比图

9.7　盲去卷积滤波复原

通常图像恢复方法均在成像系统的点扩展函数 PSF 已知下进行，实际上它通常是未知的。在 PSF 未知的情况下，盲去卷积是实现图像恢复的有效方法。因此，把那些不以 PSF 知识为基础的图像复原方法统称为盲去卷积算法。

盲去卷积算法是以最大似然估计（MLE）为基础的，即一种用被随机噪声所干扰的量进行估计的最优化策略。简要地说，关于 MLE 方法的一种解释就是将图像数据看成随机量，它们与另外一族可能的随机量之间有着某种似然性。

似然函数用 $g(x,y)$、$f(x,y)$ 和 $h(x,y)$ 来加以表达，然后问题就变成了寻求最大似然函数。

在盲去卷积中，最优化问题规定的约束条件并假定收敛时通过迭代来求解，得到的最大 $f(x,y)$ 和 $h(x,y)$ 就是还原的图像和 PSF。

在 MATLAB 中，deconvblind 函数用于对图像进行盲去卷积滤波复原，调用方法如下：

```
[f,PSFe]=deconvblind(g,INITPSF)
```

其中，g 代表退化函数，INITPSF 是点扩散函数的初始估计，PSFe 是这个函数最终计算的估计值，f 是利用估计的 PSF 复原的图像。用来复原图像的算法是 L-R 迭代复原算法。PSF 估计受初始推测尺寸的影响巨大，而很少受其值的影响。

若复原图像呈现出由算法中使用的离散傅里叶变换所引入的振铃，则在调用函数 deconvblind 值前通常要先调用 edgetaper 函数。

【例 9-8】调用 deconvblind 函数对图像进行盲去卷积滤波复原。

```
clear,clc;
I=imread('rice.png');                          % 读入图像
PSF=fspecial('motion',10,30);
Blurred=imfilter(I,PSF,'circ','conv') ;
INITPSF=ones(size(PSF));
[J P]=deconvblind (Blurred,INITPSF,20);        % 对图像进行盲去卷积滤波复原
figure
subplot(1,3,1);imshow (I);
title('原始图像');
subplot(1,3,2);imshow (Blurred);
title('模糊后的图像')
subplot(1,3,3);imshow (J);
title('恢复后的图像');
```

运行结果如图 9-9 所示。

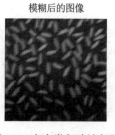
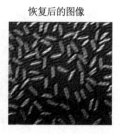

图 9-9　盲去卷积滤波复原

【例 9-9】对图像用 4 种经典的算法进行复原。

```
clear,clc;
I=imread('greens.jpg');                              % 读入图像
Len=30;
Theta=45;
PSF=fspecial('motion',Len,Theta);                    % 图像的退化
BlurredA=imfilter(I,PSF,'circular','conv');
Wnrl=deconvwnr(BlurredA,PSF);
BlurredD=imfilter(I,PSF,'circ','conv');
INITPSF=ones(size(PSF));
[K DePSF]=deconvblind(BlurredD,INITPSF,30);          % 盲去卷积修复图像
BlurredB=imfilter(I,PSF,'conv');
V=0.02;
Blurred_I_Noisy=imnoise(BlurredB,'gaussian',0,V);
NP=V*prod(size(I));
J=deconvreg(Blurred_I_Noisy,PSF,NP);
BlurredC=imfilter(I,PSF,'symmetric','conv');
V=0.002;
BlurredNoisy=imnoise(BlurredC,'gaussian',0,V);
Luc=deconvlucy(BlurredNoisy,PSF,5);
subplot(2,3,1);imshow(I);
title('原始图像');
subplot(2,3,2);imshow(PSF);
title('运动模糊后图像');
subplot(2,3,3);imshow(Wnrl);
title('维纳滤波修复图像');
subplot(2,3,4);imshow(J);
title('最小二乘修复图像');
subplot(2,3,5);imshow(Luc);
title('Lucy-Richardson修复图像');
subplot(2,3,6);imshow(K);
title('盲去卷积修复图像');
```

运行结果如图 9-10 所示。

原始图像

运动模糊后的图像

维纳滤波修复图像

最小二乘修复图像

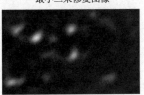

Lucy-Richardson 修复图像

盲去卷积修复图像

图 9-10　图像的复原

9.8 本章小结

　　本章首先介绍了图像复原模型、噪声的特征、图像质量的度量、估计退化函数等内容，然后具体介绍了维纳滤波、约束最小二乘滤波算法、Lucy-Richardson 算法和盲去卷积算法。这些方法分别适用不同的情况，读者应根据图像退化的原因选用不同的复原方法，从而得到更加逼真的图像。

第10章

图 像 分 割

图像分割是把图像分割成若干个特定的、具有独特性质的区域，并从中提取出感兴趣的目标的一种技术和过程。在对图像的研究和应用中，人们往往仅对图像的某些部分感兴趣（目标或背景），一般对应图像中特定的、具有独特性质的区域。为了分析和识别目标，需要将它们分割并提取出来。图像分割技术在当今图像工程的发展过程中起着十分重要的作用，得到了广泛应用，促使人们致力于寻找新的理论和方法来提高图像分割的质量，以满足各方面的需求。

学习目标：

⌘ 了解图像分割技术的相关知识。

⌘ 掌握几种经典边缘检测算子的基本原理、实现步骤。

⌘ 理解阈值分割、区域分割等基本原理、实现步骤。

⌘ 理解分水岭分割法的基本原理、实现方法。

10.1 图像分割概述

图像分割技术在当今图像工程的发展过程中十分重要，应用也非常广泛。人们致力于寻找新的理论和方法来提高图像分割的质量，以满足各方面的需求。

由于遗传算法、统计学理论、神经网络、分形理论以及小波理论等在图像分割中广泛应用，因此图像分割技术呈现出新的发展趋势，主要包括以下方面：

1）多种特征融合的分割方法。除利用图像的原始灰度特征外，我们还可以利用图像的梯度特征、几何特征（形态、坐标、距离、方向、曲率等）、变换特征（傅里叶谱、小波特征、分形特征等）及统计学特征（纹理、不变矩、灰度均值等）等高层次特征。对于每个待分割的像素，将所提取的特征值组成一个多维特征向量，再进行多维特征分析。通过多种特征的融合，图像像素能被全面描述，从而获得更好的分割结果。

2）多种分割方法结合的分割方法。由于目标成像的不确定性以及目标的多样性，单一的分割方法很难对含有复杂目标的图像取得理想的分割结果。此时，除需要利用多种特征融合外，还需将多种分割方法结合，使这些方法充分发挥各自的优势，并避免各自的缺点。这种分割方法研究的重点是采用哪些不同分割方法相结合以获得良好的分割效果。

有关图像分割的解释和表述很多，借助于集合概念对图像分割可以给出如下比较正式的定义：

令集合 R 代表整幅图像的区域，对 R 的分割可看成 R_n 个满足以下 5 个条件的非空子集（子区域）$R_1, R_2, \cdots, R_n$：

① $\bigcup\limits_{i=1}^{N} R_i = R$。

② 对所有的 i 和 j，有 $i \neq j$，$R_i \bigcap R_j = \phi$。

③ 对 $i=1,2,\cdots,N$，有 $P(R_i)$=True。

④ 对 $i \neq j$，$P(R_i \bigcup R_j)$=False。

⑤ $i=1,2,\cdots,N$，R_i 是连通的区域。

其中，$P(R_i)$是对所有在集合中元素的逻辑谓词，ϕ代表空集。

下面对上述各个条件分别给予简略解释。

条件①指出对一幅图像所得的全部子区域的综合（并集）应能包括图像中所有像素（原始图像），或者说分割应将图像的每个像素都分进某个区域中。

条件②指出在分割结果中各个子区域是互不重叠的，或者说在分割结果中一个像素不能同时属于两个区域。

条件③指出在分割结果中每个子区域都有独特的特性，或者说属于同一个区域中的像素应该具有某些相同特性。

条件④指出在分割结果中，不同的子区域具有不同的特性，没有公共元素，或者说属于不同区域的像素应该具有一些不同的特性。

条件⑤要求分割结果中同一个子区域内的像素应当是连通的，即同一个子区域的两个像素在该子区域内互相连通，或者说分割得到的区域是一个连通组元。

另外，上述条件不仅定义了分割，还对进行分割有指导作用。对图像的分割总是根据一些分割准则进行的。条件①与条件②说明正确的分割准则应可适用于所有区域和所有像素，而条件③和条件④说明合理的分割准则应能帮助确定各区域像素有代表性的特性，条件⑤说明完整的分割准则应直接或间接地对区域内像素的连通性有一定的要求或限定。

最后需要指出的是，实际应用中图像分割不仅要把一幅图像分成满足上面 5 个条件的各具特性的区域，还需要把其中感兴趣的目标区域提取出来。只有这样才算真正完成了图像分割的任务。

图像分割算法的研究一直受到人们的高度重视。到目前为止，提出的分割算法已经多达上千种。由于现有的分割算法非常多，因此将它们进行分类的方法也提出了不少。本章从实际应用的角度考虑，详细介绍了图像分割的边缘检测、阈值分割、区域生长等算法。

10.2　边缘检测

边缘（Edge）是指图像局部亮度变化最显著的部分。边缘主要存在于目标、目标与背景、区域与区域（包括不同颜色）之间，是图像分割、纹理特征提取和形状特征提取等图像分析的重要基础。图像分析和理解的第一步常常是边缘检测（Edge Detection）。由于边缘检测十分重要，因此成为机器视觉研究领域最活跃的课题之一。本节主要讨论边缘检测和定位的基本概念，并通过几种常用的边缘检测器来说明边缘检测的基本问题。

图像中的边缘通常与图像亮度或图像亮度一阶导数的不连续性有关。图像亮度的不连续可分为以下两种：

- 阶跃不连续，即图像亮度在不连续处的两边的像素灰度值有着显著的差异。
- 线条不连续，即图像亮度从一个值变化到另一个值，保持一个较小的行程后又返回到原来的值。

在实际中，阶跃和线条边缘图像是很少见的，因为大多数传感元件具有低频特性，会使阶跃边缘变成斜坡型边缘、线条边缘变成屋顶形边缘，其中的亮度变化不是瞬间的，而是跨越一定的距离。

对一个边缘来说，有可能同时具有阶跃和线条特性。例如，在一个表面上，由一个平面变化到法线方向不同的另一个平面会产生阶跃边缘。如果这一表面具有镜面反射特性且两平面形成的棱角比较圆滑，那么当棱角圆滑表面的法线经过镜面反射角时，由于镜面反射分量，在棱角圆滑表面上会产生明亮光条，这样的边缘看起来像在阶跃边缘上叠加了一个线条边缘。

由于边缘可能与场景中物体的重要特性对应，因此它是很重要的图像特征。比如，一个物体的轮廓通常产生阶跃边缘，因为物体的图像亮度不同于背景的图像亮度。

在讨论边缘算子之前，首先给出下列术语的定义：

- 边缘点：图像中亮度显著变化的点。
- 边缘段：边缘点坐标$[i,j]$及其方向 θ 的综合，边缘的方向可以是梯度角。
- 边缘检测器：从图像中抽取边缘（边缘点或边缘段）集合的算法。
- 轮廓：边缘列表，或是一条边缘列表的曲线模型。
- 边缘连接：从无序边缘表形成有序边缘表的过程。习惯上边缘的表示采用顺时针方向来排序。
- 边缘跟踪：一个用来确定轮廓图像（滤波后的图像）的搜索过程。

边缘点的坐标既可以是边缘位置像素点的行号和列号（整数标号），也可以在亚像素分辨率一级来表示。边缘坐标虽然可以在原始图像坐标系中表示，但是在大多数情况下是以边缘检测滤波器输出图像的坐标系来表示，因为滤波过程可能导致图像坐标平移或者缩放。边缘段可以用像素点尺寸大小的小线段来定义，或者用具有方向属性的一个点来定义。在实际应用中，边缘点和边缘段都被称为边缘。

边缘检测器生成的边缘集可以分成两个：真边缘集和假边缘集。真边缘集对应场景中的边缘，假边缘集不是场景中的边缘。还有一个边缘集，即场景中的漏边缘集。假边缘集称为假阳性（False Positive），而漏掉的边缘集称为假阴性（False Negative）。

边缘连接和边缘跟踪之间的区别在于：边缘连接是把边缘检测器产生的无序边缘集作为输出，输入一个有序边缘集；边缘跟踪则是将一幅图像作为输入，输出一个有序边缘集。另外，边缘检测使用局部信息来决定边缘，而边缘跟踪使用整个图像信息来确定像素点是不是边缘。

10.2.1　边缘检测算法

函数的导数反映图像灰度变化的显著程度，一阶导数的局部极大值和二阶导数的过零点都是图像灰度变化极大的地方。因此，可以将导数值作为相应点的边界强度，通过设置门限的方法提取边界点集。

基于边缘的分割方法是将图像中所要求分割的目标的边缘提取出来，从而将目标分割出来，主要依赖于图像中不同区域间的不连续性。这类技术的优点是边缘定位准确，运算速度快；缺点是对噪声敏感，而且边缘检测方法只使用了局部信息，难以保证分割区内部的颜色一致，且不能产生连续的闭轮廓。因此，基于边缘的分割技术通常需要进行后续处理或与其他分割算法结合起来才能完成分割任务。

边缘分割算法一般有如下 4 个步骤：

1）滤波：边缘分割算法主要是基于图像强度的一阶和二阶导数，但导数的计算对噪声很敏感，因此必须使用滤波器来改善与噪声有关的边缘检测器的性能。

2）增强：增强边缘的基础是确定图像各邻域强度的变化值，增强算法可以将邻域强度值有显著变化的点突显出来。

3）检测：在图像中有许多点的梯度幅度值比较大，而这些点在特定的应用领域并不都是边缘，所以应当用某种方法来确定哪些点是边缘点。

4）定位：如果某一应用场合要求确定边缘位置，那么边缘的位置可在亚像素分辨率一级来估计，边缘的方位也可被估计出来。在边缘检测算法中，前三个步骤用得十分普遍，因为在大多数场合下仅仅需要边缘检测器指出边缘出现在图像某一像素点的附近，而没有必要指出边缘的精确位置或方向。

10.2.2　梯度算子

梯度对应于一阶导数，相应的梯度算子对应于一阶导数算子。对于一个连续函数 $f(x,y)$，在 (x,y) 处的梯度定义如下式所示：

$$\nabla f\left[\frac{\partial f}{\partial x}\,\frac{\partial f}{\partial y}\right]^{\mathrm{T}} = \left[G_x G_y\right]^{\mathrm{T}}$$

其幅值可以由下边的三个式子来近似表示：

$$|G(x,y)| = \sqrt{G_x^2 + G_y^2}$$

$$|G(x,y)| = |G_x| + |G_y|$$

$$|G(x,y)| \approx \max(|G_x|, |G_y|)$$

其幅角可以表示为：

$$\varphi(x, y) = \arctan\left(\frac{G_y}{G_x}\right)$$

式中的偏导数需要对每一个像素位置进行计算，在实际应用中常常采用小型模板利用卷积运算来近似，G_x 和 G_y 各自使用一个模板。

常用的梯度算子主要有 Roberts 算子、Prewitt 算子和 Sobel 算子。通过算子检测、二值处理后找到边界点。应用梯度算子进行边缘检测时，Sobel 算子的检测效果最好。

10.2.3 Roberts 算子

Roberts 边缘算子是一种斜向偏差分的梯度计算方法，梯度的大小代表边缘的强度，梯度的方向与边缘走向垂直。

Roberts 运算实际上是求旋转 $\pm 45°$ 两个方向上微分值的和。Roberts 边缘算子定位精度高，在水平和垂直方向上的效果较好，但对噪声敏感。

Roberts 算子的两个卷积核分别为：

$$G_x = \begin{bmatrix} 1 & 0 \\ 0 & -1 \end{bmatrix}; \qquad G_y \begin{bmatrix} 0 & 1 \\ -1 & 0 \end{bmatrix}$$

采用范数 1 衡量梯度的幅度：

$$|G(x, y)| = |G_x| + |G_y|$$

【例 10-1】利用 Roberts 算子检测边缘对图像进行处理。

```
clear,clc;
I=imread('tire.tif');
BW1=edge(I,'Roberts',0.04);      % Roberts 算子检测边缘
subplot(1,2,1),
imshow(I);
title('原始图像')
subplot(1,2,2),
imshow(BW1);
title('Roberts 算子检测边缘')
```

运行结果如图 10-1 所示。

图 10-1　Roberts 算子检测边缘

10.2.4 Sobel 算子

Sobel 算子是一组方向算子，从不同的方向检测边缘。Sobel 算子不是简单地求平均再差分，而是加强了中心像素上下左右四个方向像素的权重。运算结果是一幅边缘图像。Sobel 算子通常对灰度渐变和噪声较多的图像处理得较好。

Sobel 算子的两个卷积核分别为：

$$G_x = \begin{bmatrix} -1 & 0 & 1 \\ -2 & 0 & 2 \\ -1 & 0 & 1 \end{bmatrix}; \quad G_y = \begin{bmatrix} 1 & 2 & 1 \\ 0 & 0 & 0 \\ -1 & -2 & -1 \end{bmatrix}$$

采用范数衡量梯度的幅度：

$$|G(x,y)| \approx \max(|G_x|, |G_y|)$$

【例 10-2】利用 Sobel 算子检测边缘对图像进行处理。

```
clear,clc;
I=imread('tire.tif');
BW1=edge(I,'Sobel',0.04);   % Sobel 算子检测边缘
subplot(1,2,1),
imshow(I);
title('原始图像')
subplot(1,2,2),
imshow(BW1);
title('Sobel 算子检测边缘')
```

运行结果如图 10-2 所示。

图 10-2　Sobel 算子检测边缘

10.2.5 Prewitt 算子

Prewitt 边缘算子是一种边缘样板算子，利用像素点上下、左右邻点灰度差在边缘处达到极值来检测出边缘，对噪声具有平滑作用。

由于边缘点像素的灰度值与其邻域点像素的灰度值有显著不同，因此在实际应用中通常采用微分算子和模板匹配方法检测图像的边缘。

Prewitt 算子不仅能检测边缘点，还能抑制噪声的影响，因此对灰度和噪声较多的图像处理得较好。

Prewitt 算子的两个卷积核分别为：

$$G_x = \begin{bmatrix} -1 & 0 & 1 \\ -1 & 0 & 1 \\ -1 & 0 & 1 \end{bmatrix}; \quad G_y = \begin{bmatrix} 1 & 1 & 1 \\ 0 & 0 & 0 \\ -1 & -1 & -1 \end{bmatrix}$$

采用范数衡量梯度的幅度：

$$|G(x, y)| \approx \max(|G_x|, |G_y|)$$

【例 10-3】利用 Prewitt 算子检测边缘对图像进行处理。

```
clear,clc;
I=imread('tire.tif');
BW1=edge(I,'prewitt',0.04);      % 0.04 为梯度阈值
subplot(1,2,1)
imshow(I);
title('原始图像')
subplot(1,2,2),
imshow(BW1);
title('Prewitt 算子检测边缘')
```

运行结果如图 10-3 所示。

原始图像

Prewitt 算子检测边缘

图 10-3　Prewitt 算子检测边缘

10.2.6　拉普拉斯算子

如果所求的一阶导数高于某一阈值，则可确定该点为边缘点，这样做会导致检测的边缘点太多。一种更好的方法就是求梯度局部最大值对应的点，并认定它们是边缘点，若用阈值来进行边缘检测，则在 a 和 b 之间的所有点都被记为边缘点。通过去除一阶导数中的非局部最大值，可以检测出更精确的边缘。

一阶导数的局部最大值对应着二阶导数的零交叉点（Zero Crossing）。这样通过找图像强度二阶导数的零交叉点就能找到精确边缘点。拉普拉斯算子是常用的二阶导数算子。

平滑过的阶跃边缘二阶导数是一个在边缘点处过零的函数。拉普拉斯算子是二阶导数的二维等效式，函数 $f(x,y)$ 的拉普拉斯算子公式为：

$$\nabla^2 f = \frac{\partial^2 f}{\partial x^2} + \frac{\partial^2 f}{\partial y^2}$$

使用差分方程对 x 和 y 方向上的二阶偏导数近似如下：

$$\frac{\partial^2 f}{\partial x^2} = \frac{\partial G_x}{\partial x} = \frac{\partial (f(i,j+1) - f(i,j))}{\partial x} = \frac{\partial f(i,j+1)}{\partial x} - \frac{\partial f(i,j))}{\partial x}$$
$$= f(i,j+2) - 2f(i,j+1) + f(i,j)$$

上式是以点 $(i,j+1)$ 为中心的，若以点 (i,j) 为中心则近似为：

$$\frac{\partial^2 f}{\partial x^2} = f(i,j+1) - 2f(i,j) + f(i,j-1)$$

类似地有：

$$\frac{\partial^2 f}{\partial y_2} = f(i+1,j) - 2f(i,j) + f(i-1,j)$$

将以上两式合并为一个算子，用近似的拉普拉斯算子模板表示为：

$$\nabla^2 \begin{bmatrix} 0 & 1 & 0 \\ 1 & -4 & 1 \\ 0 & 1 & 0 \end{bmatrix}$$

若拉普拉斯的输出中出现过零点就表明有边缘存在，但是要去除无意义的零点（灰度值为 0 的区域）。

10.2.7 LOG 算子

高斯滤波和拉普拉斯边缘检测结合在一起形成 LOG（Laplacian-Gauss）算法，也称为拉普拉斯-高斯算法。LOG 算子是对 Laplacian 算子的一种改进，它需要考虑 5×5 邻域的处理，从而获得更好的检测效果。

Laplacian 算子对噪声非常敏感，因此 LOG 算子引入了平滑滤波，有效地去除了服从正态分布的噪声，从而使边缘检测的效果更好。

LOG 算子的输出是通过卷积运算得到的：

$$h(x,y) = \nabla^2 [g(x,y) * f(x,y)]$$

根据卷积求导法有

$$h(x,y) = [\nabla^2 g(x,y)] * f(x,y)$$

其中：

$$\nabla^2 g(x,y) = \left(\frac{x^2 + y^2 - 2\sigma^2}{\sigma^4} \right) e^{-\frac{x^2+y^2}{2\sigma^2}}$$

在 MATLAB 中，LOG 算子也可以用 edge 函数来检测边缘，调用方法如下：

```
BW=edge(I,'log')
BW=edge(I,'log',thresh,sigma)
```

其中，thresh 是边缘检测的阈值，sigma 是高斯滤波器的标准偏差，默认为 2。

【例 10-4】利用不同标准偏差的 LOG 算子检测图像的边缘。

```
clear,clc;
I=imread('tire.tif');
BW1=edge(I,'log',0.003,2);                   % sigma=2
subplot(1,3,1);
imshow(I);
title('原始图像')
subplot(1,3,2);
imshow(BW1);
title(' sigma=2 的 LOG 算子检测的边缘')
BW1=edge(I,'log',0.003,3);                   % sigma=3
subplot(1,3,3);
imshow(BW1);
title(' sigma=3 的 LOG 算子检测的边缘')
```

运行结果如图 10-4 所示。

原始图像

sigma=2 的 LOG 算子检测的边缘

sigma=3 的 LOG 算子检测的边缘

图 10-4　LOG 算子检测图像的边缘

10.2.8　Canny 算子

检测阶跃边缘的基本思想是在图像中找出具有局部最大梯度幅值的像素点。检测阶跃边缘的大部分工作集中在寻找能够用于实际图像的梯度数字逼近。

由于实际的图像经过了摄像机光学系统和电路系统（带宽限制）固有的低通滤波器的平滑，因此图像中的阶跃边缘不是十分陡立。

图像也受到摄像机噪声和场景中不希望的细节的干扰。图像梯度逼近必须满足两个要求：

- 逼近必须能够抑制噪声效应。
- 必须尽量精确地确定边缘的位置。

抑制噪声和边缘精确定位是无法同时得到满足的，也就是说，边缘检测算法通过图像平滑算子去除了噪声，却增加了边缘定位的不确定性；反过来，若提高边缘检测算子对边缘的敏感性，则同时也提高了对噪声的敏感性。

有一种先行算子可以在抗噪声干扰和精确定位之间选择一个最佳折中方案——高斯函数的一阶导数，对应于图像的高斯函数平滑和梯度计算。

在高斯噪声中，一个典型的边缘代表一个阶跃的强度变化。根据这个模型，好的边缘检测算子应该有 3 个指标：

- 低失误概率，即真正的边缘点尽可能少丢失，还要尽可能避免将非边缘点检测为边缘。
- 高位置精度，检测的边缘应尽可能接近真实的边缘。
- 对每一个边缘点有唯一的响应，得到单像素宽度的边缘。

Canny（坎尼）算子的边缘检测应满足如下 3 个准则。

1. 信噪比准则

信噪比越大，提取的边缘质量越高。信噪比 SNR 定义为：

$$\text{SNR} = \frac{\left| \int_{-w}^{+w} G(-x)h(x)\mathrm{d}x \right|}{\sigma \sqrt{\int_{-w}^{+w} h^2(x)\mathrm{d}x}}$$

其中，$G(x)$ 代表边缘函数，$h(x)$ 代表宽度为 W 的滤波器的脉冲响应。

2. 定位精确度准则

边缘定位精度 L 有如下定义：

$$L = \frac{\left| \int_{-w}^{+w} G'(-x)h'(x)\mathrm{d}x \right|}{\sigma \sqrt{\int_{-w}^{+w} h'^2(x)\mathrm{d}x}}$$

其中，$G'(X)$ 和 $H'(X)$ 分别是 $G(X)$ 和 $H(X)$ 的导数。L 越大，表明定位精度越高。

3. 单边缘响应准则

为了保证单边缘只有一个响应，检测算子的脉冲响应导数的零交叉点的平均距离 $D(f')$ 应满足：

$$D(f') = \pi \left\{ \frac{\int_{-\infty}^{+\infty} h'^2(x)\mathrm{d}x}{\int_{-\infty}^{+\infty} h''(x)\mathrm{d}x} \right\}^{\frac{1}{2}}$$

其中，$h''(x)$ 是 $h(x)$ 的二阶导数。

以上述指标和准则为基础，利用泛函求导的方法可导出 Canny 算子边缘检测器是信噪比与定位乘积的最优逼近算子，表达式近似于高斯函数的一阶导数。将 Canny 算子 3 个准则相结合可以获得最优的检测算子。Canny 算子边缘检测的算法步骤如下：

1）用高斯滤波器平滑图像。
2）用一阶偏导的有限差分来计算梯度的幅值和方向。
3）对梯度幅值进行非极大值抑制。
4）用双阈值算法检测和连接边缘。

在 MATLAB 中，Canny 算子可以调用 edge 函数来检测边缘，调用方法如下：

```
BW1=edge(I,'canny',thresh,sigma)
```

【例 10-5】利用 Canny 算子检测图像的边缘。

```
clear,clc;
I=imread('tire.tif');
BW1=edge(I,'canny',0.2);          % Canny 算子边缘检测
subplot(1,2,1);
imshow(I);
title('原始图像')
subplot(1,2,2);
,imshow(BW1);
title('Canny 算子边缘检测')
```

运行结果如图 10-5 所示。

原始图像 　　　　　　　　　　Canny 算子边缘检测

图 10-5　Canny 算子检测图像的边缘

【例 10-6】采用上述几种最常用的经典图像边缘提取算子对标准的细胞图像进行边缘特征的提取。

```
clear,clc;
I=imread('cell.tif');
BW1=edge(I,'Roberts',0.04);       % Roberts 算子
BW2=edge(I,'Sobel',0.04);         % Sobel 算子
BW3=edge(I,'Prewitt',0.04);       % Prewitt 算子
BW4=edge(I,'LOG',0.004);          % LOG 算子
BW5=edge(I,'Canny',0.04);         % Canny 算子
subplot(2,3,1),
imshow(I)
title('原始图像')
subplot(2,3,2),
imshow(BW1)
title('Roberts ')
subplot(2,3,3),
imshow(BW2)
title(' Sobel ')
subplot(2,3,4),
imshow(BW3)
title(' Prewitt ')
subplot(2,3,5),
```

```
imshow(BW4)
title(' LOG ')
subplot(2,3,6),
imshow(BW5)
title('Canny ')
```

运行结果如图 10-6 所示。

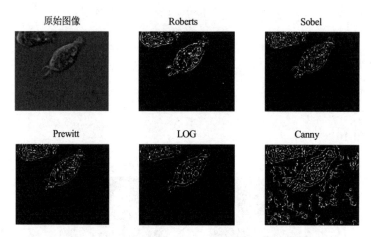

图 10-6　经典边缘提取算子提取图像边缘的对比

从图 10-6 中可以看出，Roberts 算子提取边缘的结果是边缘较粗、边缘定位不是很准确；Sobel 算子和 Prewitt 算子对边缘的定位准确一些；采用拉普拉斯-高斯算子进行边缘提取的结果要明显优于前三种算子，边缘比较完整、位置比较准确；Canny 算子提取的边缘最为完整，而且边缘的连续性很好，效果优于以上其他算子，这主要是因为它进行了"非极大值抑制"和形态学连接操作。

上面几种基于微分的经典边缘提取算子的共同优点是计算简单、速度较快，缺点是对噪声的干扰都比较敏感。

在实际应用中，由于图像噪声的影响，总要将经典的算法进行改善，结合其他一些算法对一幅含噪声的图像进行处理，再采用经典的边缘提取算子提取图像边缘。

10.2.9　利用霍夫变换检测图像边缘的算法

霍夫（Hough）变换本来是应用于直线检测中的，具有明了的几何解析性、一定的抗干扰能力以及易于实现并行处理等优点。

人们在对图像进行几何特征检测时，感兴趣的往往有直线、圆、椭圆等。因此，对霍夫变换进行改进也可以应用于图像边缘检测。

通过霍夫变换在二值图像中检测直线需要 3 个步骤：

1）调用 hough 函数执行霍夫变换，得到霍夫矩阵。

2）调用 houghpeaks 函数在霍夫矩阵中寻找峰值点。

3）调用 houghlines 函数在前两步结果的基础上得到原二值图像中的直线信息。

1. 霍夫变换

在 MATLAB 中，hough 函数用于执行霍夫变换，调用方法如下：

```
[H,theta,rho]=hough(BW,param1,val1,param2,val2)
```

其中，BW 是边缘检测后的二值图像；param1、val1 以及 param2、val2 为可选参数对；H 是变换得到的 Hough 矩阵；theta 和 rho 分别对应于 Hough 矩阵每一列和每一行的 θ 和 ρ 值组成的向量。

2. 寻找峰值

在 MATLAB 中，houghpeaks 函数用于在霍夫矩阵中寻找峰值点，调用方法如下：

```
peaks=houghpeaks(H,numpeaks,param1,val1,param2,val2)
```

其中，H 是由 hough 函数得到的 Hough 矩阵；numpeaks 是要寻找的峰值数目，默认为 1；peaks 是一个 $Q \times 2$ 的矩阵，每行的两个元素分别为某一峰值点在 Hough 矩阵中的行、列索引；Q 为找到的峰值点的数目。

3. 提取直线段

在 MATLAB 中，houghlines 函数在前两步结果的基础上得到原二值图像中的直线信息，调用方法如下：

```
lines=houghlines(BW,theta,rho,peaks,param1,val1,param2,val2)
```

其中，BW 是边缘检测后的二值图像；theta 和 rho 是 Hough 矩阵每一列和每一行的 θ 和 ρ 值组成的向量，由 hough 函数返回；peaks 是一个包含峰值点信息的 $Q \times 2$ 的矩阵，由 houghpeaks 函数返回；lines 是一个结构体数组，数组长度是找到的直线条数。

【例 10-7】利用霍夫变换来对图像进行处理。

```
clear,clc;
I= imread('pears.png');            % 读入图像
rotI=rgb2gray(I);
subplot(2,2,1);
imshow(rotI);
title('灰度图像');
axis([50,250,50,200]);
grid on;
axis on;
BW=edge(rotI,'prewitt');           % prewitt 算子边缘检测
subplot(2,2,2);
imshow(BW);
title('prewitt 算子边缘检测后图像');
axis([50,250,50,200]);
grid on;
axis on;
[H,T,R]=hough(BW);                 % 霍夫变换
subplot(2,2,3);
imshow(H,[],'XData',T,'YData',R,'InitialMagnification','fit');
title('霍夫变换图');
xlabel('\theta'),ylabel('\rho');
axis on , axis normal, hold on;
```

```
P=houghpeaks(H,5,'threshold',ceil(0.3*max(H(:))));
x=T(P(:,2));y=R(P(:,1));
plot(x,y,'s','color','white');
lines=houghlines(BW,T,R,P,'FillGap',5,'MinLength',7);
subplot(2,2,4);,imshow(rotI);
title('霍夫变换图像检测');
axis([50,250,50,200]);
grid on;
axis on;
hold on;
max_len=0;
for k=1:length(lines)
xy=[lines(k).point1;lines(k).point2];
plot(xy(:,1),xy(:,2),'LineWidth',2,'Color','green');
plot(xy(1,1),xy(1,2),'x','LineWidth',2,'Color','yellow');
plot(xy(2,1),xy(2,2),'x','LineWidth',2,'Color','red');
len=norm(lines(k).point1-lines(k).point2);
if(len>max_len)
max_len=len;
xy_long=xy;
end
end
plot(xy_long(:,1),xy_long(:,2),'LineWidth',2,'Color','cyan');
```

运行结果如图 10-7 所示。

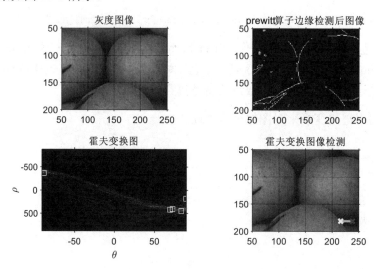

图 10-7 霍夫变换检测

10.3 阈值分割

阈值化图像分割是一种最基本的图像分割方法，基本原理就是选取一个或多个处于灰度图像范围之中的灰度阈值，然后将图像中各个像素的灰度值与阈值比较，并根据比较的结果将图像中的对应像素分成两类或多类，从而把图像划分成互不重叠的区域集合，达成图像分割的目的。

　　采用阈值化图像分割时通常需要对图像做一定的模型假设。利用图像模型尽可能了解图像由几个不同的区域组成。基于图像分割模型经常采用这样一种假设：目标或背景内相邻像素间的灰度值是相似的，但不同目标或背景的像素在灰度上存有差异。

　　阈值分割分为全局阈值分割和局部阈值方法两种。根据分割算法可将阈值分割分为直方图双峰法、最大类间方差法、迭代法等。

10.3.1　直方图双峰法

　　该阈值法的依据是图像的直方图，通过对直方图进行各种分析来实现对图像的分割。图像的直方图可以看作是像素灰度值概率分布密度函数的一个近似。如果一幅图像仅包含目标和背景，那么它的直方图所代表的像素灰度值概率密度分布函数就是对应目标和背景的两个单峰分布密度函数之和。图像二值化过程就是在直方图上寻找两个峰、一个谷来对一个图像进行分割，也可以通过两级函数来近似直方图。

　　若灰度图像的直方图灰度级为 k 时的像素数为 n_k，则一幅图像的总像素数 N 如下：

$$N = \sum_{i=0}^{L-1} n_i = n_0 + n_1 + \cdots + n_{L-1}$$

　　灰度级 i 出现的概率如下：

$$P_i = \frac{n_i}{N} = \frac{n_i}{n_0 + n_1 + \cdots + n_{L-1}}$$

　　当图像的灰度直方图为双峰分布的时候，图像的内容大致为两部分，分别为灰度分布的两个山峰的附近。因此，直方图左侧山峰为亮度较低的部分，这部分恰好对应于画面中较暗的背景部分；直方图右侧山峰为亮度较高的部分，对应于画面中需要分割的目标。选择的阈值为两峰之间的谷底点时，即可将目标分割出来。

　　双峰法在当被分割图像的灰度直方图中呈现出明显、清晰的两个波峰时可以达到较好的分割精度。阈值分割算法的交互性比较差；虽然可以通过人工参与、交互设定阈值，但是设定阈值后分割效果如何也需要通过人工观察图像分割结果来判断。此外，该方法的抗噪性较差，当被分割对象存在较强噪声时分割效果会受到很大的影响。

　　【例 10-8】利用双峰法对图像进行分割。

```
clear,clc;
I=imread('moon.tif');          % 读入图像
newI=im2bw(I,80/255);          % 双峰法
subplot(121),
imshow(I) ;
title('原始图像')
subplot(122),
imshow(newI) ;
title('双峰法')
```

运行结果如图 10-8 所示。

原始图像　　　　　　　　双峰法

图 10-8　双峰法对图像进行分割

10.3.2　最大类间方差法

从统计意义上讲，方差是表征数据分布不均衡的统计量，可通过阈值对这类问题进行分割。最大类间方差法以图像的灰度直方图为依据，以目标和背景的类间方差最大为阈值选取准则，综合考虑了像素邻域以及图像整体灰度分布等特征关系，以经过灰度分类的像素类群之间产生最大方差时的灰度数值作为图像的整体分割阈值。

适当的阈值使得两类数据间的方差越大越好，表明该阈值的确将两类不同的问题区分开了；同时希望属于同一类问题的数据之间的方差越小越好，表明同一类问题具有一定的相似性。

图像灰度直方图的形状是多变的，有双峰但是无明显低谷或者是双峰与低谷都不明显，而且两个区域的面积比也难以确定的情况常常出现，采用最大方差自动取阈值往往能得到较为满意的结果。

图像灰度级的集合设为 $S=(1,2,3,\cdots,i,\cdots,L)$，灰度级为 i 的像素数设为 n_i，则图像的全部像素数为

$$N = n_1 + n_2 + \cdots + n_L = \sum_{i \in S} n_i$$

将其标准化后，像素数为

$$P = n_i / N$$

其中，$i \in S$，$P_i \geqslant 0$，$\sum_{i \in S} P_i = 1$。

设有某一图像灰度直方图，t 为分离两区域的阈值。根据直方图统计可被 t 分离的区域 1、区域 2 占整个图像的面积比，以及整幅图像、区域 1、区域 2 的平均灰度为：

● 区域 1 的面积比：

$$\theta_1 = \sum_{j=0}^{t} \frac{n_j}{n}$$

● 区域 2 的面积比：

$$\theta_2 = \sum_{j=t+1}^{G-1} \frac{n_j}{n}$$

- 整幅图像的平均灰度:

$$u = \sum_{j=0}^{G-1} \left(f_j \times \frac{n_j}{n} \right)$$

- 区域 1 的平均灰度:

$$u_1 = \frac{1}{\theta} \sum_{j=0}^{t} \left(f_j \times \frac{n_j}{n} \right)$$

- 区域 2 的平均灰度:

$$u_2 = \frac{1}{\theta} \sum_{j=t+1}^{G-1} \left(f_j \times \frac{n_j}{n} \right)$$

式中，G 为图像的灰度级数。

整幅图像平均灰度与区域 1、区域 2 平均灰度值之间的关系为

$$u = u_1 \theta_1 + u_2 \theta_2$$

同一区域常常具有灰度相似特性，而不同区域之间则表现为明显的灰度差异，当被阈值 t 分离的两个区域之间的灰度差较大时，两个区域的平均灰度 u_1, u_2 与整幅图像平均灰度 u 之差也较大。区域间的方差就是描述这种差异的有效参数，其表达式为:

$$\sigma^2{}_B = \theta_1 (u_1 - u)^2 + \theta_2 (u_2(t) - u)^2$$

式中，$\sigma^2{}_B$ 表示图像被阈值 t 分割后的两个阈值之间的方差。显然，不同的 t 值会得到不同的区域方差，也就是说，区域方差、区域 1 均值、区域 2 均值、区域面积比都是阈值 t 的函数，因此上式可写为:

$$\sigma^2{}_B = \theta_1(t)(u_1 - u)^2 + \theta_2(t)(u_2(t) - u)^2$$

经数学推导，区域间的方差可表示为:

$$\sigma^2{}_B = \theta_1(t) \times \theta_2(t)(u_1(t) - u_2(t))^2$$

被分割的两区域间的方差达最大时，被认为是两区域的最佳分离状态，由此确定阈值 $T = \max[\sigma^2{}_B(t)]$。以最大方差决定阈值不需要认为设定其他参数，是一种自动选择阈值的方法，它不仅适用于两区域的单阈值选择，也可以扩展到多区域的多阈值选择中去。

【例 10-9】利用最大类间方差法分割图像。

```
clear,clc;
I=imread('circuit.tif');        % 读入图像
subplot(121),
imshow(I);
```

```
title('原始图像')
level=graythresh(I);
BW=im2bw(I,level);                        % 最大类间方差法分割图像
subplot(122),
imshow(BW)
title('最大类间方差法分割图像')
disp(strcat('graythresh 计算灰度阈值：',num2str(uint8(level*255))))
```

运行结果如图 10-9 所示。

原始图像　　　　　　　　　　　　最大类间方差法分割图像

图 10-9　最大类间方差法分割图像

10.3.3　迭代法

迭代法选取阈值的方法为：初始阈值选取为图像的平均灰度 T_0，然后用 $T_0\infty$ 将图像的像素点分作两部分，计算两部分各自的平均灰度，小于 T_0 的部分为 T_A，大于 T_0 的部分为 T_B，求 T_A 和 T_B 的平均值 T_1，将 T_1 作为新的全局阈值代替 T_0，重复以上过程，如此迭代，直至 T_k 收敛。

具体实现时，首先根据初始开关函数将输入图逐个图像分为前景和背景，在第一遍对图像扫描结束后，平均两个积分器的值以确定一个阈值。用这个阈值控制开关再次将输入图分为前景和背景，并用作新的开关函数。如此反复迭代直到开关函数不再发生变化，此时得到的前景和背景即为最终分割结果。

对某些特定图像，微小数据的变化会引起分割效果的巨大改变，两者的数据只是稍有变化，但分割效果反差极大。对于直方图双峰明显、谷底较深的图像，迭代方法可以较快地获得满意结果，但是对于直方图双峰不明显或图像目标和背景比例差异悬殊的情况，迭代法所选取的阈值不如其他方法。

【例 10-10】对图像进行迭代阈值二值化。

```
clear,clc;
f=imread('kids.tif');                     % 读入图像
subplot(121);
imshow(f);
title('原始图像');
f=double(f);                              % 下面进行迭代阈值二值化
T=(min(f(:))+max(f(:)))/2;
done=false;
```

```
i=0;
while ~done
    r1=find(f<=T);
    r2=find(f>T);
    Tnew=(mean(f(r1))+mean(f(r2)))/2;
    done=abs(Tnew-T)<1;
    T=Tnew;
    i=i+1;
end
f(r1)=0;
f(r2)=1;
subplot(122);
imshow(f);
title('迭代阈值二值化图像');
```

运行结果如图 10-10 所示。

原始图像　　　　　　　　迭代阈值二值化图像

图 10-10　迭代阈值二值化

【例 10-11】利用迭代法对图像进行分割。

```
clear,clc;
I=imread('pout.tif');          % 读入图像
ZMax=max(max(I));
ZMin=min(min(I));
TK=(ZMax+ZMin)/2;
bCal=1;
iSize=size(I);
while(bCal)
    iForeground=0;
    iBackground=0;
    ForegroundSum=0;
    BackgroundSum=0;
    for i=1:iSize(1)
        for j=1:iSize(2)
            tmp=I(i,j);
            if(tmp>=TK)
                iForeground=iForeground+1;
                ForegroundSum=ForegroundSum+double(tmp);
            else
```

```
            iBackground=iBackground+1;
            BackgroundSum=BackgroundSum+double(tmp);
        end
    end
    end
    ZO=ForegroundSum/iForeground;
    ZB=BackgroundSum/iBackground;
    TKTmp=uint8((ZO+ZB)/2);
    if(TKTmp==TK)
        bCal=0;
    else
        TK=TKTmp;
    end
end
disp(strcat('迭代后的阈值',num2str(TK)));
newI=im2bw(I,double(TK)/255);
subplot(121),
imshow(I);
title('原始图像')
subplot(122),
imshow(newI);
title('迭代处理后的图像')
```

运行结果如图 10-11 所示。

原始图像 迭代处理后的图像

图 10-11 迭代法分割图像

10.4 区域分割

由于阈值分割没有或者很少考虑控件关系，因此多阈值选择会受到一定的限制。此时可采用基于区域的分割方法来弥补这点不足。该方法利用的是图像空间性质，认为分割出来的属于同一区域的像素应具有相似的性质，其概念是相当直观的。传统的区域分割法有区域生长法和区域分裂合并法。

10.4.1　区域生长法

区域生长的基本思想是将具有相似性质的像素集合起来构成区域，首先对每个需要分割的区域找一个种子像素作为生长的起点，然后将种子像素周围邻域中与种子像素有相同或相似性质的像素（根据某些事先确定的生长或相似准则来判定）合并到种子像素所在的区域中。将这些新像素当作新的种子像素继续进行上面的过程，直到再也没有满足条件的像素可被包括进来。这样一个区域就长成了。

在实际应用区域生长方法时需要解决 3 个问题：

1）如何选择一组能正确代表所需区域的种子像素。

2）如何确定在生长过程中能将相邻像素包括进来的准则。

3）如何确定生长终止的条件和规则。

第一个问题通常可以根据具体图像的特点来选取种子像素。例如，在红外图像检测技术中，通常目标的辐射都比较大，所以可以选择图像中最亮的像素作为种子像素。如果没有图像的先验知识，那么可以借助生长准则对像素进行相应的计算。如果计算结果可以看出聚类的情况，那么可以选择聚类中心作为种子像素。

第二个问题的解决不但依赖于具体问题的特征，还与图像的数据类型有关。如果图像是 RGB 彩色图像，那么使用单色准则会影响分割结果。另外，还需要考虑像素间的连通性是否会出现无意义的分割结果。

一般生长过程在进行到再没有满足生长准则需要的像素时就停止，但是常用的基于灰度、纹理、彩色的准则大都基于图像中的局部性质，并没有充分考虑生长的"历史"。为增加区域生长的能力经常需要考虑一些与尺寸、形状等图像和目标的全局性质有关的准则。在这种情况下需对分割结果建立一定的模型或辅以一定的先验知识。

区域生长的一个关键是选择合适的生长或相似准则，大部分区域生长准则使用图像的局部性质。生长准则可根据不同原则制订，因为不同的生长准则会影响生长的过程。下面介绍 3 种基本的生长准则和方法。

1. 灰度差准则

区域生长方法将图像以像素为基本单位来进行操作，基于区域灰度差的方法主要有如下步骤：

1）对图像进行逐行扫描，找出尚没有归属的像素。

2）以该像素为中心检查它的邻域像素，即将邻域中的像素逐个与它相比较，如果灰度差小于预先确定的阈值，就将它们合并。

3）以新合并的像素为中心，返回到步骤 2，检查新像素的邻域，直到区域不能进一步扩张。

4）返回到步骤 1，继续扫描，直到不能发现没有归属的像素时结束整个生长过程。

采用上述方法得到的结果对区域生长起点的选择有较大的依赖性。为了克服这个问题，可采用下面的改进方法：

1）设灰度差的阈值为零，用上述方法进行区域扩张，使灰度相同的像素合并。

2）求出所有邻接区域之间的平均灰度差，并合并具有最小灰度差的邻接区域。

3）设定终止准则，通过反复进行步骤 2 中的操作将区域依次合并直到终止准则满足为止。

另外，当图像中存在缓慢变化的区域时，上述方法有可能会将不同区域逐步合并而产生错误。为克服这个问题，可以不用新像素的灰度值去与邻域像素的灰度值比较，而用新像素所在区域的平均灰度值去与各邻域像素的灰度值进行比较。

对一个含 N 个像素的区域 R，其均值为：

$$m = \frac{1}{N} \sum_R f(x, y)$$

对像素是否合并的比较测试表示为：

$$\max_R |f(x, y) - m| < T$$

其中，T 为给定的阈值。

在区域生长的过程中，要求图像的同一区域的灰度值变化尽可能小，而不同的区域之间灰度差尽可能大。下面分两种情况进行讨论：

1）设区域为均匀的，各像素灰度值为均值 m 与一个零均值高斯噪声的叠加。当用式 $\max_R |f(x, y) - m| < T$ 测试某个像素时，条件不成立的概率为：

$$P(T) = \frac{2}{\sqrt{2\pi}\sigma} \int_T^{\infty} \exp\left(-\frac{z^2}{2\sigma^2}\right) \mathrm{d}z$$

这就是误差概率函数，当 T 取 3 倍的方差时，误判概率为 1～99.7%。这表明当考虑灰度均值时，区域内的灰度变化应尽量小。

2）设区域为非均匀且由两部分不同目标的图像像素构成。这两部分像素在 R 中所占的比例分别为 q_1 和 q_2，灰度值分别为 m_1 和 m_2，则区域均值为 $q_1 m_1 + q_2 m_2$。对灰度值为 m 的像素，它与区域均值的差为：

$$S_m = m_1 - (q_1 m_1 + q_2 m_2)$$

根据式 $\max_R |f(x, y) - m| < T$，可知正确的判决概率为：

$$P(T) = \frac{1}{2} \big[P(|T - S_m|) + P(|T + S_m|) \big]$$

当考虑灰度均值时，不同部分像素间的灰度差距离应尽量大。

2. 灰度分布统计准则

这里考虑以灰度分布相似性作为生长准则来决定区域的合并，具体步骤为：

1）把图像分成互不重叠的小区域。

2）比较邻接区域的累积灰度直方图，根据灰度分布的相似性进行区域合并。

3）设定终止准则，通过反复进行步骤 2 中的操作将各个区域依次合并直到终止准则满足。

这里对灰度分布的相似性常用两种方法检测（设 $h_1(z)$、$h_2(z)$ 分别为两邻接区域的累积灰度直方图）：

● Kolmogorov-Smirnov 检测：

$$\max_z \left| h_1(z) - h_2(z) \right|$$

● Smoothed-Difference 检测：

$$\sum_z \left| h_1(z) - h_2(z) \right|$$

如果检测结果小于给定的阈值，就将两个区域合并。

采用灰度分布相似判别准则合并法形成区域的处理过程与灰度差别准则的合并法类似。灰度分布相似合并法生成区域的效果与微区域的大小和阈值的选取关系密切，一般说来，微区域太大会造成因过渡合并而漏分区域；反之，则会因合并不足而割断区域。而且，图像的复杂程度、原图像生成状况的不同会对上述参数的选择有很大影响。通常，微区域大小 q 和阈值 T 由特定条件下的区域生成效果确定。

3．区域形状准则

在决定对区域的合并时也可以利用对目标形状的检测结果，常用的方法有两种：

1）把图像分割成灰度固定的区域。设两个邻接区域的周长分别为 P_1 和 P_2，把两个区域共同边界线两侧灰度差小于给定值的那部分长度设为 L，如果 $\dfrac{L}{\min(P_1, P_2)} > T_1$（$T_1$ 为预定阈值），则合并两个区域。

2）把图像分割成灰度固定的区域。设两个邻接区域的共同边界长度为 B，把两个区域共同边界线两侧灰度差小于给定值的那部分长度设为 L，如果 $\dfrac{L}{B} > T_2$（T_2 为预定阈值），则合并两个区域。

上述两种方法的区别是：第一种方法是合并两个邻接区域的共同边界中对比度比较低的部分占整个区域边界份额较大的区域，第二种方法是合并两个邻接区域的共同边界中对比度较低部分比较多的区域。

【例 10-12】对图像进行区域生长法图像分割。

```
clear,clc;
A0=imread('greens.jpg');
seed=[100,220];                    % 选择起始位置
thresh=16;                         % 相似性选择阈值
A=rgb2gray(A0);
A=imadjust(A,[min(min(double(A)))/255,max(max(double(A)))/255],[]);
A=double(A);
B=A;
 [r,c]=size(B);                    % 图像尺寸，r 为行数，c 为列数
n=r*c;                             % 计算图像所包含点的个数
```

```
pixel_seed=A(seed(1),seed(2));    % 原图起始点灰度值
q=[seed(1) seed(2)];              % q 用来载入起始位置
top=1;                            % 循环判断标志
M=zeros(r,c);                     % 创建一个与原图形同等大小的矩阵
M(seed(1),seed(2))=1;
count=1;%计数器
while top~=0                      % 循环结束条件
    r1=q(1,1);
    c1=q(1,2);
    p=A(r1,c1);
    dge=0;
    for i=-1:1
        for j=-1:1
            if r1+i<=r && r1+i>0 && c1+j<=c && c1+j>0
                if abs(A(r1+i,c1+j)-p)<=thresh && M(r1+i,c1+j)~=1
                    top=top+1;
                    q(top,:)=[r1+i c1+j];
                    M(r1+i,c1+j)=1;
                    count=count+1;
                    B(r1+i,c1+j)=1;    % 满足判定条件将 B 中相对应的点赋值为 1
                end
                if M(r1+i,c1+j)==0;
                    dge=1;             % 将 dge 赋值为 1
                end
            else
                dge=1;                 % 点在图像外将 dge 赋值为 1
            end
        end
    end
    if dge~=1
        B(r1,c1)=A(seed(1),seed(2));% 将原图像起始位置灰度值赋给 B
    end
    if count>=n
        top=1;
    end
    q=q(2:top,:);
    top=top-1;
end
subplot(1,2,1),imshow(A,[]);
title('原始图像')
subplot(1,2,2),imshow(B,[]);
title('生长法分割图像 ')
```

运行结果如图 10-12 所示。

图 10-12　区域生长法分割图像

10.4.2 区域分裂与合并

区域分裂与合并就是将相似的区域进行组合，步骤如下：

1）查看是否与邻近区域相似。

2）合并相似的区域。

3）重复步骤 1 直至没有区域可以合并为止。

合并运算中最重要的是如何确定两个区域的相似性，一般有两种方法：

- 比较灰度均值。如果事先设定的灰度值无法分辨灰度均值，就可以认为它们相似，并可以将它们合并为同一区域。
- 假设灰度值服从概率分布，根据相似区域是否具有相同的概率分布函数来考虑是否将它们进行合并。

如果区域中有些特性是不恒定的，就应当对该区域进行分裂。不过在进行区域分裂前，我们必须明确两个问题：一是什么情况下区域的特性是所谓的不确定；二是对于这些特性不恒定的区域如何进行分割。这些问题在特定的应用中有不同的解答。

在某些应用场合中，可以使用灰度值接近恒值的程度作为度量。在另外一些应用中，可以使用拟合函数来逼近灰度值，拟合函数和实际灰度值的差值可以作为区域相似度的度量。

基于区域分裂的图像分割一般是从最大的区域开始的。在通常情况下，我们经常将整个图像作为起始分裂的图像。下面是一种图像分裂的算法：

1）形成初始区域。

2）计算区域灰度值方差。

3）若方差大于某一阈值，则沿着某一合适的边界分裂区域。

如果仅仅使用分裂，那么最后有可能出现相邻的两个区域有相同的特征但是没有合成一体的情况。因此，分裂和合并应当同时进行。分裂与合并组合算法对分割复杂的场景图像十分有用。

假定一幅图像分为若干区域，按照有关区域的逻辑词 P 的性质，各个区域上所有的像素将是一致的。区域分裂与合并的算法如下：

1）将整幅图像设置为初始区域。

2）选一个区域 R，若 $P(R)$ 错误，则将该区域分为四个子区域。

3）考虑图像中任意两个或更多的邻接子区域 $R_1, R_2, \cdots, R_n$。

4）若 $P(R_1 \cup R_2 \cup \cdots \cup R_n)$ 正确，则将这 n 个区域合并成一个区域。

5）重复上述步骤，直到不能再进行区域分裂和合并。

在 MATLAB 中，qtdecomp 函数用来实现图像的四叉树分解，调用方法如下：

```
s=qtdecomp(I,Threshold,[MinDim MaxDim])
```

其中，I 是输入图像；Threshold 是一个可选参数，如果某个子区域中的最大像素灰度值减去最小像素灰度值大于 Threshold 设定的阈值，就继续进行分解，否则停止并返回；[MinDim MaxDim]是可选参数，用来指定最终分解得到的子区域大小；返回值 s 是一个稀疏矩阵，每一个非零元素值代表块的大小。

【例 10-13】对矩阵进行四叉树分解。

```
>>J =[1    1    1    1    2    3    6    6
   1    1    2    1    4    5    6    8
   1    1    1    1   10   15    7    7
   1    1    1    1   20   25    7    7
  20   22   20   22    1    2    3    4
  20   22   22   20    5    6    7    8
  20   22   20   20    9   10   11   12
  22   22   20   20   13   14   15   16];
>>S=qtdecomp(J,5);
>>full(S)
ans =
   4    0    0    0    2    0    2    0
   0    0    0    0    0    0    0    0
   0    0    0    0    1    1    2    0
   0    0    0    0    1    1    0    0
   4    0    0    0    2    0    2    0
   0    0    0    0    0    0    0    0
   0    0    0    0    2    0    2    0
   0    0    0    0    0    0    0    0
```

【例 10-14】对图像进行四叉树分解。

```
Image1=imread('rice.png');       % 读入图像
S=qtdecomp(Image1,0.25);         % 0.25 为每个方块所需要达到的最小差值
Image2=full(S);
subplot(1,2,1);imshow(Image1);   % 显示前后两张图像
title('原始图像')
subplot(1,2,2);imshow(Image2);
title('处理后的图像')
```

运行结果如图 10-13 所示。

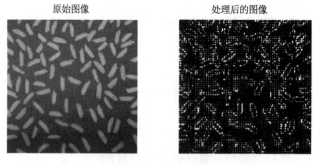

图 10-13　四叉树法

10.5　分水岭分割法

分水岭算法是一种基于形态学的算法，是对图像的梯度分割。图像分割的目的是将图像

分割成不同的特体，即提取物体的边缘。由于物体边缘的灰度变换比较强烈，而梯度图像正好描述了图像的灰度变换情况，因此可先将原始图像通过梯度算子边缘检测得到梯度图像，再通过梯度图像的分水岭变换来进行图像分割。采用分水岭算法，利用形态学处理函数，不仅能达到有效分割图像的目的，还能消除过分割现象。

分水岭是指分隔相邻两个流域的山岭或高地，河水从这里流向两个相反的方向。分水岭分割算法的思想源于测地学中的地膜形态模型。其原理为：将一幅图像视为跌宕起伏的地貌模型，图像中每个像素的灰度值为对应的海拔，将均匀灰度值的局部极小区域视为盆地，并在其最低处穿孔，使水慢慢地均匀浸入各个孔，当水将填满盆地时在某两个或多个盆地之间修建起大坝。

在自然界中，分水岭较多的是山岭、高原，也可以是微缓起伏的平原或湖泊，甚至有的河流会成为两个流域的分水岭。分水线是分水岭的脊线，是相邻流域的界线，一般为分水岭最高点的连线。不断上升，各个盆地完全被水淹没，只剩没被淹没的各个大坝，并且各个盆地也完全被大坝所包围，从而可以得到各个分水岭和各个目标物体，最终达到分割的目的。目前较多使用的算法有两种：自下而上的模拟泛洪的算法，自上而下的模拟降水的算法。

分水岭算法作为一种基于区域的图像分割方法，建立在数学形态学的理论基础之上。20世纪 70 年代末，Becucher 和 Lantuejoul 提出应用分水岭算法进行图像分割的方法，实现了分水岭算法的模拟侵入过程并成功应用于灰度图像。其后分水岭算法便作为一种经典的图像分割方法被广泛关注。

【例 10-15】利用三种不同的方法对图像进行分水岭算法分割。

```
filename=('greens.jpg');        % 读入图像
f=imread(filename);
Info=imfinfo(filename);
if Info.BitDepth>8
   f=rgb2gray(f);
end
figure,mesh(double(f));         % 显示图像，类似集水盆地
```

运行结果如图 10-14 所示。

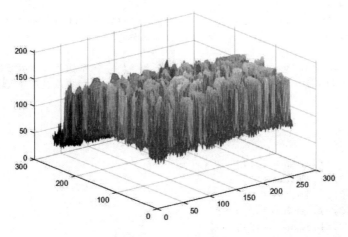

图 10-14　集水盆地

【方法 1】 一般分水岭分割。

```
b=im2bw(f,graythresh(f));      % 二值化，应保证集水盆地的值较低（为 0），否则就要对 b 取反
d=bwdist(b);                   % 求零值到最近非零值的距离，即集水盆地到分水岭的距离
l=watershed(-d);               % MATLAB 自带分水岭算法，l 中的零值即为分水岭
w=l==0;                        % 取出边缘
g=b&~w;                        % 用 w 作为 mask 从二值图像中取值
figure
subplot(2,3,1),imshow(f);
subplot(2,3,2),imshow(b);
subplot(2,3,3),imshow(d);
subplot(2,3,4),imshow(l);
subplot(2,3,5),imshow(w);
subplot(2,3,6),imshow(g);
```

运行结果如图 10-15 所示。

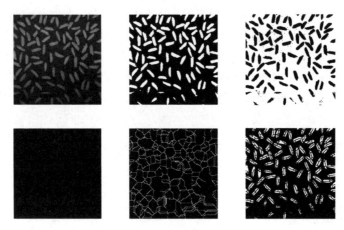

图 10-15　一般分水岭分割

【方法 2】 用梯度的两次分水岭分割。

```
h=fspecial('sobel');                              % 获得纵方向的 sobel 算子
fd=double(f);
g=sqrt(imfilter(fd,h,'replicate').^2+imfilter(fd,h','replicate').^2);
l=watershed(g);                 % 分水岭运算
wr=l==0;
g2=imclose(imopen(g,ones(3,3)),ones(3,3));        % 进行开闭运算对图像进行平滑
l2=watershed(g2);                                 % 再次进行分水岭运算
wr2=l2==0;
f2=f;
f2(wr2)=255;
figure
subplot(2,3,1),imshow(f);
subplot(2,3,2),imshow(g);
subplot(2,3,3),imshow(l);
subplot(2,3,4),imshow(g2);
subplot(2,3,5),imshow(l2);
subplot(2,3,6),imshow(f2);
```

运行结果如图 10-16 所示。

图 10-16 使用梯度的两次分水岭分割

【方法 3】使用梯度加掩模的三次分水岭算法。

```
h=fspecial('sobel');                    % 获得纵方向的 sobel 算子
fd=double(f);
g=sqrt(imfilter(fd,h,'replicate').^2+imfilter(fd,h','replicate').^2);
l=watershed(g);                         % 分水岭运算
wr=l==0;
rm=imregionalmin(g);                    % 计算图像的区域最小值定位
im=imextendedmin(f,2);                  % 仅产生最小值点
fim=f;
fim(im)=175;                            % 将 im 在原图上标识出，用以观察
lim=watershed(bwdist(im));              % 再次分水岭计算
em=lim==0;
g2=imimposemin(g,im|em);               % 在梯度图上标出 im 和 em
l2=watershed(g2);                       % 第三次分水岭计算
f2=f;
f2(l2==0)=255;                         % 从原图对分水岭进行观察
figure
subplot(3,3,1),imshow(f);
subplot(3,3,2),imshow(g);
subplot(3,3,3),imshow(l);
subplot(3,3,4),imshow(im);
subplot(3,3,5),imshow(fim);
subplot(3,3,6),imshow(lim);
subplot(3,3,7),imshow(g2);
subplot(3,3,8),imshow(l2)
subplot(3,3,9),imshow(f2);
```

运行结果如图 10-17 所示。

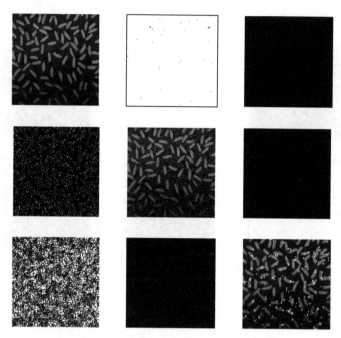

图 10-17　使用梯度加掩模的三次分水岭算法

10.6　本章小结

图像分割是由图像处理转到图像分析的关键。一方面，它是目标图像表达的基础，对特征测量有重要的影响。另一方面，图像分割和分割的目标表达、特征提取和参数测量等将原始图像转化为数学表达形式，使得利用计算机进行图像分析和处理成为可能。

本章主要介绍图像分割的基本概念和分割所用的主要方法，这些是图像处理中必须掌握的方法。对这些方法的深入理解和熟练应用有助于我们提高使用 MATLAB 进行图像分析和处理的效率。

第**11**章

数学形态学的应用

数学形态学是一门建立在集论基础上的学科，是几何形态学分析和描述的有力工具。数学形态学在计算机视觉、信号处理与图像分析、模式识别、计算方法与数据处理等方面得到了极为广泛的应用。数学形态学可以用来解决抑制噪声、特征提取、边缘检测、图像分割、形状识别、纹理分析、图像恢复与重构、图像压缩等图像处理问题。本章将主要对数学形态学的基本理论及其在图像处理中的应用进行综述。

学习目标:

⌘ 了解数学形态学中的基本概念以及相关知识。

⌘ 掌握数学形态学基本运算的基本原理、实现步骤。

⌘ 掌握基于数学形态学的应用基本原理、实现方法。

⌘ 学会对象的特性度量，掌握连通区域的标识等相关知识。

⌘ 学会熟练地使用查找表操作。

11.1　基本符号和定义

在数字图像处理的数学形态学运算中把一幅图像称为一个集合。对于二值图像而言，习惯上认为取值为 1 的点对应于景物中心，用阴影表示；取值为 0 的点构成背景，用白色表示，这类图像的集合是直接表示的。

假设所有值为 1 的点的集合为 A，则 A 与图像是一一对应的。对于一幅图像 A，如果点 a 在 A 的区域以内，就说 a 是 A 的元素，记为 $a \in A$；否则，记作 $a \notin A$。

对于两幅图像 A 和 B，如果对 B 中的每一个点 b（$b \in B$）都有 $b \in A$，那么称 B 包含于 A，记作 $B \subseteq A$。如果同时 A 中至少存在一个点 a，$a \in A$ 且 $a \notin B$，那么称 B 真包含于 A，记作 $B \subset A$。根据定义可知，如果 $B \subset A$，那么必有 $B \subseteq A$，如图 11-1 所示。

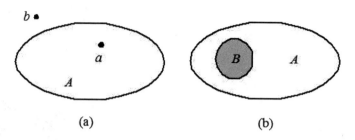

图 11-1　元素和集合

　　两个图像集合 A 和 B 的公共点组成的集合称为两个集合的交集，记为 $A \cap B$，即 $A \cap B=\{a \mid a \in A$ 且 $a \in B\}$。

　　两个集合 A 和 B 的所有元素组成的集合称为两个集合的并集，记为 $A \cup B$，即 $A \cup B=\{a \mid a \in A$ 或 $a \in B\}$。

　　对一幅图像 A，在图像 A 区域以外的所有点构成的集合称为 A 的补集，记为 A^C，即 $A^C=\{a \mid a \notin A\}$。

　　图 11-2 分别展示了交集、并集和补集。

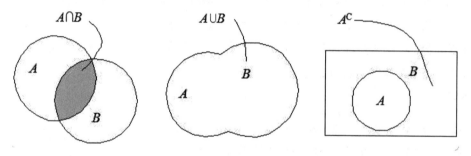

图 11-2　交集、并集和补集

　　设 A 是一幅数字图像，b 是一个点，那么定义 A 被 b 平移后的结果为 $A+b=\{a+b \mid a \in A\}$，即取出 A 中的每个点 a 的坐标值，将其与点 b 的坐标值相加，得到一个新的点的坐标值 $a+b$，所有这些新点所构成的图像就是 A 被 b 平移的结果，记为 $A+b$。图像的平移如图 11-3 所示。

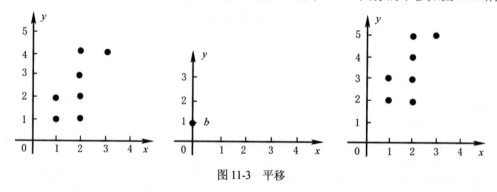

图 11-3　平移

　　设有一幅图像 B，将 B 中所有元素的坐标取反，即令 (x,y) 变成 $(-x,-y)$，所有这些点构成的新的集合称为 B 的对称集，记作 B^v，如图 11-4 所示。

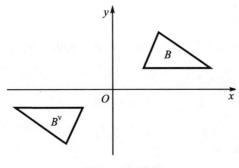

图 11-4 对称集

为了确定目标图像的结构，必须逐个考察图像各部分之间的关系，并且进行检验，最后得到一个各部分之间关系的集合。

在考察目标图像各部分之间的关系时，需要设计一种收集信息的"探针"，称为"结构元素"。

"结构元素"一般用大写英文字母表示，例如用 S 表示。在图像中不断移动结构元素，就可以考察图像之间各部分的关系。一般，结构元素的尺寸要明显小于目标图像的尺寸。

设有两幅图像 A 和 B，如果 $A \cap B \neq \phi$，那么称 B 击中 A，记为 $B \uparrow A$，其中 ϕ 是空集合的符号；否则，如果 $A \cap B = \phi$，那么称 B 击不中 A。

11.2 数学形态学的基本运算

形态学中两种基本的操作是膨胀和腐蚀。膨胀是指在图像中为其边界添加像素点，而腐蚀是其逆过程。对应的添加和移除像素点数依赖于处理图像结构元素矩阵的大小和形式。

11.2.1 结构元素

结构元素用于测试输出图像，通常要比待处理的图像小得多，是膨胀和腐蚀操作的最基本组成部分。二维平面结构元素由一个数值为 0 或 1 的矩阵组成。

结构元素的原点指定图像中需要处理的像素范围，结构元素中数值为 1 的点决定结构元素的邻域像素在进行膨胀或腐蚀操作时是否需要参与计算。

三维或非平面的结构元素使用 0、1 定义结构元素在 x 和 y 平面上的范围，使用第三维 z 定义高度。

1. 结构元素原点坐标的获取

任意大小和维数的结构元素原点坐标的获取：

```
origin=floor((size(nhood)+1)/2)
```

其中，nhood 是指结构元素定义的邻域（strel 对象的属性 nhood）。

2. 创建结构元素

strel 函数可用来创建任意大小和形状的结构元素，支持线形（line）、钻石形（diamond）、圆盘形（disk）、球形（ball）等许多种常用的形状。

【例 11-1】利用函数 strel 来创建正方形、直线、椭圆、圆盘形元素。

```
clear;
se1=strel('square',9)
se1.Neighborhood              % 查看元素
se2=strel('line',4,55)
se2.Neighborhood              % 查看元素
se3= strel('ball',5,7)
se3.Neighborhood              % 查看元素
se3.Height
se4= strel('disk',10)
se4.Neighborhood              % 查看元素
```

运行结果如下：

```
se1 =
strel is a square shaped structuring element with properties:
     Neighborhood: [9×9 logical]
   Dimensionality: 2
ans =
  9×9 logical 数组
   1   1   1   1   1   1   1   1   1
   1   1   1   1   1   1   1   1   1
   1   1   1   1   1   1   1   1   1
   1   1   1   1   1   1   1   1   1
   1   1   1   1   1   1   1   1   1
   1   1   1   1   1   1   1   1   1
   1   1   1   1   1   1   1   1   1
   1   1   1   1   1   1   1   1   1
   1   1   1   1   1   1   1   1   1
se2 =
strel is a line shaped structuring element with properties:
     Neighborhood: [3×3 logical]
   Dimensionality: 2
ans =
  3×3 logical 数组
   0   0   1
   0   1   0
   1   0   0
se3 =
strel is a ball shaped structuring element with properties:
     Neighborhood: [11×11 logical]
   Dimensionality: 2
ans =
  11×11 logical 数组
   0   0   1   1   1   1   1   1   1   0   0
   0   1   1   1   1   1   1   1   1   1   0
   1   1   1   1   1   1   1   1   1   1   1
   1   1   1   1   1   1   1   1   1   1   1
   1   1   1   1   1   1   1   1   1   1   1
```

```
1   1   1   1   1   1   1   1   1   1   1
1   1   1   1   1   1   1   1   1   1   1
1   1   1   1   1   1   1   1   1   1   1
1   1   1   1   1   1   1   1   1   1   1
0   1   1   1   1   1   1   1   1   1   0
0   0   1   1   1   1   1   1   1   0   0
se4 =
strel is a disk shaped structuring element with properties:
      Neighborhood: [19×19 logical]
   Dimensionality: 2
ans =
  19×19 logical 数组
 0   0   0   0   1   1   1   1   1   1   1   1   1   1   1   0   0   0   0
 0   0   0   1   1   1   1   1   1   1   1   1   1   1   1   1   0   0   0
 0   0   1   1   1   1   1   1   1   1   1   1   1   1   1   1   1   0   0
 0   1   1   1   1   1   1   1   1   1   1   1   1   1   1   1   1   1   0
 1   1   1   1   1   1   1   1   1   1   1   1   1   1   1   1   1   1   1
 1   1   1   1   1   1   1   1   1   1   1   1   1   1   1   1   1   1   1
 1   1   1   1   1   1   1   1   1   1   1   1   1   1   1   1   1   1   1
 1   1   1   1   1   1   1   1   1   1   1   1   1   1   1   1   1   1   1
 1   1   1   1   1   1   1   1   1   1   1   1   1   1   1   1   1   1   1
 1   1   1   1   1   1   1   1   1   1   1   1   1   1   1   1   1   1   1
 1   1   1   1   1   1   1   1   1   1   1   1   1   1   1   1   1   1   1
 1   1   1   1   1   1   1   1   1   1   1   1   1   1   1   1   1   1   1
 1   1   1   1   1   1   1   1   1   1   1   1   1   1   1   1   1   1   1
 1   1   1   1   1   1   1   1   1   1   1   1   1   1   1   1   1   1   1
 0   1   1   1   1   1   1   1   1   1   1   1   1   1   1   1   1   1   0
 0   0   1   1   1   1   1   1   1   1   1   1   1   1   1   1   1   0   0
 0   0   0   1   1   1   1   1   1   1   1   1   1   1   1   1   0   0   0
 0   0   0   0   1   1   1   1   1   1   1   1   1   1   1   0   0   0   0
```

3. 结构元素的分解

为了提高执行效率，strel 函数可能会将结构元素拆为较小的块，这种技术称为结构元素的分解。

例如，要对一个 11×11 的正方形结构元素进行膨胀运算，可以先对 1×11 的结构元素进行膨胀运算，再对 11×1 的结构元素进行膨胀运算，通过这样的分解可以使执行速度得到提高（约 5.5 倍）。

对圆盘形和球形结构元素进行分解，其结构是近似的；对于其他形状的分解，得到的分解结果是精确的。

在 MATLAB 中，可以调用 getsequence 函数来查看分解所得的结构元素序列。

【例 11-2】创建菱形结构元素对象，并对其进行分解。

```
>> se=strel('diamond',4)
se =
strel is a diamond shaped structuring element with properties:
      Neighborhood: [9×9 logical]
   Dimensionality: 2
```

```
>> se.Neighborhood                    % 查看元素
ans =
  9×9 logical 数组
   0  0  0  0  1  0  0  0  0
   0  0  0  1  1  1  0  0  0
   0  0  1  1  1  1  1  0  0
   0  1  1  1  1  1  1  1  0
   1  1  1  1  1  1  1  1  1
   0  1  1  1  1  1  1  1  0
   0  0  1  1  1  1  1  0  0
   0  0  0  1  1  1  0  0  0
   0  0  0  0  1  0  0  0  0

>> seq=getsequence(se)
seq =
  3×1 strel 数组 - 属性:
    Neighborhood
    Dimensionality

>> seq.Neighborhood                   % 查看元素
ans =
  3×3 logical 数组
   0   1   0
   1   1   1
   0   1   0
ans =
  3×3 logical 数组
   0   1   0
   1   0   1
   0   1   0
ans =
  5×5 logical 数组
   0  0  1  0  0
   0  0  0  0  0
   1  0  0  0  1
   0  0  0  0  0
   0  0  1  0  0
```

从运行结果来看，这个菱形被分解成了 3 个比较小的结构元素。

11.2.2　膨胀处理

膨胀的运算符为 $\oplus$，A 用 B 来膨胀写作 $A \oplus B$，定义为：

$$A \oplus B = \left\{ x \middle| \left[(\hat{B})_x \cap A \neq \varphi \right] \right\}$$

先对 B 做关于原点的映射，再将其映射平移 x。这里 A 与 B 映射的交集不为空集。也就是 B 的映射的位移与 A 至少有 1 个非零元素相交时 B 的原点位置的集合。

在 MATLAB 中，imdilate 函数用于实现膨胀处理，调用方法为：

```
J=imdilate (I, SE)
J= imdilate (I, NHOOD)
J= imdilate (I, SE,PACKOPT)
J= imdilate (…,PADOPT)
```

其中，SE 表示结构元素；NHOOD 表示一个只包含 0 和 1 作为元素值的矩阵，用于表示自定义形状的结构元素；PACKOPT 和 PADOPT 是两个优化因子，分别可以取值 ispacked、notpacked、same、full，用来指定输入图像是否为压缩的二值图像以及输出图像的大小。

此外，MATLAB 中还提供了预定义的形态函数 bwmorph。

【例 11-3】对图像进行偏移处理。

```
clear;
se=strel(eye(4));
i=imread('cell.tif');                % 读入图像
se=translate(strel(1),[40 40]);
j=imdilate(i,se);                    % 对图像进行偏移处理
subplot(1,2,1);imshow(i);
title('原始图像') ;
subplot(1,2,2);imshow(j);
title('偏移处理后的图像') ;
```

运行结果如图 11-5 所示。

图 11-5　图像的偏移处理

【例 11-4】利用预定义的形态函数 bwmorph 对二值图像进行形态学处理。

```
clear;
I=imread('cameraman.tif');           % 读入图像
subplot(1,3,1);
subimage(I);
title('原始图像');
J=im2bw(I);
BW1=bwmorph(J,'thicken');            % 对二值图像进行形态学处理
subplot(1,3,2);
subimage(J);
title('二值处理的图像');
subplot(1,3,3);
subimage(BW1);
title('调用 bwmorph 函数膨胀')
```

运行结果如图 11-6 所示。

图 11-6　二值图像的膨胀

【例 11-5】对灰度图像进行膨胀处理。

```
clear;
i=imread('tire.tif');           % 读入图像
se=strel('ball',5,5);
i2=imdilate(i,se);              % 进行膨胀处理
subplot(1,2,1);
imshow(i);
title('原始图像') ;
subplot(1,2,2);
imshow(i2);
title('膨胀处理后的图像')
```

运行结果如图 11-7 所示。

图 11-7　图像的膨胀处理

【例 11-6】对创建的 strel 对象进行膨胀处理。

```
clear;
al=strel('line',3,0)
a2=strel('line',3,90)
composition=imdilate(1,[al a2],'full')
```

运行结果如下：

```
al =
strel is a line shaped structuring element with properties:
    Neighborhood: [1 1 1]
  Dimensionality: 2

a2 =
```

```
strel is a line shaped structuring element with properties:
    Neighborhood: [3×1 logical]
  Dimensionality: 2composition =
   1   1   1
   1   1   1
   1   1   1
```

11.2.3　腐蚀处理

腐蚀的运算符为 Θ，A 用 B 来腐蚀，写作 $A\,\Theta\,B$，定义为：

$$A\Theta B = \left\{x\,\middle|\,(B)_x \subseteq A\right\}$$

A 用 B 腐蚀的结果是根据所有满足的条件将 B 平移后，B 仍旧全部包含在 A 中的 x 的集合，也就是 B 经过平移后全部包含在 A 中的原点组成的集合中。

在 MATLAB 中，imerode 函数用于实现腐蚀处理，调用方法为：

```
J= imerode (I, SE)
J= imerode (I, NHOOD)
J= imerode (I, SE,PACKOPT)
J= imerode (…,PADOPT)
```

imerode 函数与 imdilate 函数的参数含义相似，不再赘述。

【例 11-7】对二值图像进行腐蚀处理。

```
clear;
i=imread('circles.png');          % 读入图像
se=strel('line',11,90);
bw=imerode(i,se);                 % 进行腐蚀处理
subplot(1,2,1);
imshow(i);
title('原始图像');
subplot(1,2,2);
imshow(bw);
title('二值图像腐蚀处理后');
```

运行结果如图 11-8 所示。

图 11-8　二值图像腐蚀处理

【例 11-8】对灰度图像进行腐蚀处理。

```
clear;
```

```
i=imread('football.jpg');          % 读入图像
se=strel('ball',5,5);
i2=imerode(i,se);                  % 对灰度图像进行腐蚀
subplot(1,2,1);
imshow(i);
title('原始图像');
subplot(1,2,2);
imshow(i2);
title('灰度图像腐蚀处理');
```

运行结果如图 11-9 所示。

原始图像   灰度图像腐蚀处理

 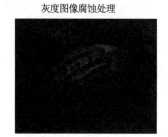

图 11-9　灰度图像腐蚀处理

11.2.4　膨胀和腐蚀的组合

膨胀和腐蚀是两种基本的形态运算，可以组合成复杂的形态运算，比如开启和闭合运算等。使用同一个结构元素对图像先进行腐蚀运算再进行膨胀的运算称为开启，先进行膨胀运算再进行腐蚀的运算称为闭合。

1．图像的开运算

先腐蚀后膨胀的运算称为开运算。开启的运算符为"。"，A 用 B 来开启记为 $A \circ B$，定义如下：

$$A \circ B = (A \ominus B) \oplus B$$

它可以用来消除小对象物、在纤细点处分离物体、平滑较大物体边界的同时并不明显地改变其体积。

在 MATLAB 中，imopen 函数用于实现图像的开运算，调用方法为：

```
IM2=imopen(IM,SE)       % 用结构元素 SE 来执行图像 IM 的开运算
IM2=imopen(IM,NHOOD)    % 用结构元素 NHOOD 来执行图像 IM 的开运算
```

【例 11-9】对图像进行开运算。

```
clear;
i=imread('testpat1.png');          % 读入图像
subplot(1,2,1);
imshow(i);
title('原始图像') ;
```

```
se=strel('disk',7);
i0=imopen(i,se);
subplot(1,2,2);
imshow(i0);                          % 开运算
title('开运算') ;
```

运行结果如图 11-10 所示。

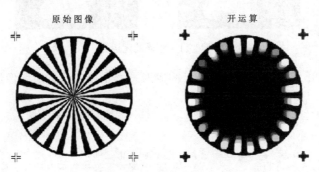

图 11-10　图像的开运算

2. 图像的闭运算

A 被 B 闭运算就是 A 被 B 膨胀后的结果再被 B 腐蚀。设 A 是原始图像、B 是结构元素图像，则集合 A 被结构元素 B 做闭运算，记为 $A \bullet B$，其定义为：

$$A \bullet B = (A \oplus B) \ominus B$$

它具有填充图像物体内部细小孔洞、连接邻近的物体、在不明显改变物体的面积和形状的情况下平滑其边界的作用。

在 MATLAB 中，imclose 函数用于实现图像的闭运算，调用方法为：

```
IM2=imclose(IM,SE)
IM2=imclose(IM,NHOOD)
```

imclose 函数与 imopen 函数的用法相类。

【例 11-10】对图像进行闭运算。

```
clear;
i=imread('circles.png');          % 读入图像
subplot(1,2,1);
imshow(i);
title('原始图像') ;
se=strel('disk',10);
bw=imclose(i,se);                 % 闭运算
subplot(1,2,2);
imshow(bw);
title('闭运算') ;
```

运行结果如图 11-11 所示。

原始图像 闭运算

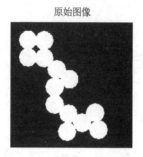

图 11-11 图像的闭运算

【例 11-11】将开启和闭合结合起来可构成形态学噪声滤除器对图像进行除噪。

```
clear;
I1=imread('football.jpg');          % 读入图像
I2=im2bw(I1);
I2=double(I2);
I3=imnoise(I2,'salt & pepper');     % 加入椒盐噪声
I4=bwmorph(I3,'open');              % 对噪声图像进行形态学开运算
I5=bwmorph(I4,'close');            % 对噪声图像进行形态学关运算
subplot(2,2,1);
subimage(I2);
title('二值处理的图像');
subplot(2,2,2);
subimage(I3);
title('加入椒盐噪声的图像')
subplot(2,2,3);
subimage(I4);
title('形态学开运算后的图像');
subplot(2,2,4);
subimage(I5);
title('形态学关运算后的图像')
```

运行结果如图 11-12 所示。

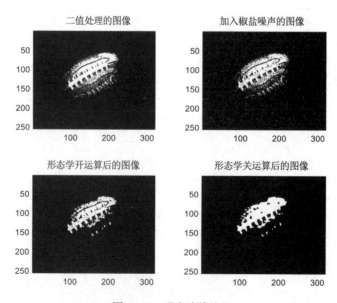

图 11-12 噪声滤除处理

【例 11-12】对图像分别进行膨胀、腐蚀处理和开闭运算。

```
clear;
I=imread('tape.png');
level = graythresh(I);              % 得到合适的阈值
bw = im2bw(I,level);                % 二值化
SE = strel('square',3);             % 设置膨胀结构元素
BW1 = imdilate(bw,SE);              % 膨胀
SE1 = strel('arbitrary',eye(5));    % 设置腐蚀结构元素
BW2 = imerode(bw,SE1);             % 腐蚀
BW3 = bwmorph(bw, 'open');          % 开运算
BW4 = bwmorph(bw, 'close');         % 闭运算
subplot(2,3,1);
imshow(I);
title('原始图像') ;
subplot(2,3,2);
imshow(bw);
title('二值处理的图像');
subplot(2,3,3);
imshow(BW1);
title('膨胀处理的图像');
subplot(2,3,4);
imshow(BW2);
title('腐蚀处理的图像');
subplot(2,3,5);
imshow(BW3);
title('开运算');
subplot(2,3,6);
imshow(BW4);
title('闭运算');
```

运行结果如图 11-13 所示。

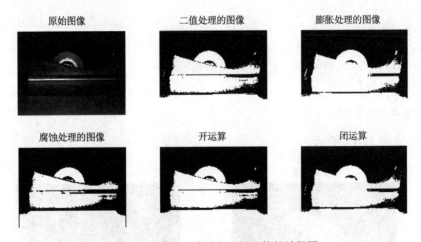

图 11-13　膨胀、腐蚀与开闭运算的效果图

11.2.5　击中或击不中处理

形态学上击中与击不中变换是形状检测的基本工具。在 MATLAB 中，bwhitmiss 函数进行图像的击中与击不中操作，该函数的调用方法为：

```
BW2= bwhitmiss(BW1, SE1, SE2)  % 执行由结构元素 SE1 和 SE2 的击中与击不中操作
                               % 保证匹配 SE1 形状而不匹配 SE2 形状邻域的像素点
BW2= bwhitmiss(BW1, INTERVAL)  % 执行定义为一定间隔数组的击中与击不中操作
```

【例 11-13】对给定数组进行击中或击不中处理。

```
B=[0 0 0 0 0 0;
   0 0 1 1 0 0;
   0 1 1 1 1 0;
   0 1 1 1 1 0;
   0 0 1 1 0 0;
   0 0 1 0 0 0];
interval=[0 -1 -1;1 1 -1;0 1 0];
B2=bwhitmiss(B,interval)
```

运行结果如下：

```
B2 =
  6×6 logical 数组
    0    0    0    0    0    0
    0    0    0    1    0    0
    0    0    0    0    1    0
    0    0    0    0    0    0
    0    0    0    0    0    0
    0    0    0    0    0    0
```

【例 11-14】调用函数 bwhitmiss 对图像进行击中或击不中处理。

```
clear;
[X,map]= imread('football.jpg');
i=im2bw(X,map,0.5);
subplot(1,2,1);
imshow(i);
title('原始图像') ;
interval=[0 -1 -1;1 1 -1;0 1 0];
i2=bwhitmiss(i,interval);         % 击中或击不中
subplot(1,2,2);
imshow(i2);
title('击中或击不中') ;
```

运行结果如图 11-14 所示。

图 11-14　图像的击中或击不中处理

11.3　基于膨胀和腐蚀的数学形态学应用

数学形态学在图像处理中得到了广泛的应用，包括骨架化、边界提取、区域填充等，下面将进行具体的介绍。

11.3.1　骨架化

在某些应用中，针对一幅图像，希望将图像中的所有对象简化为线条，但不修改图像的基本结构，保留图像的基本轮廓，这个过程就是所谓的骨架化。

在 MATLAB 中，bwmorph 函数用于实现骨架化操作，调用方法为：

```
BW2 = bwmorph(BW,operation)        % 对二值图像应用形态学操作
BW2 = bwmorph(BW,operation,n)      % 应用形态学操作 n 次
```

其中，n 可以是 Inf，在这种情况下该操作被重复执行直到图像不再发生变化为止。参数 operation 表示可以执行的操作，如表 11-1 所示。

表11-1　Operation参数取值

Operation	说　明
'bothat'	执行形态学上的"底帽"变换操作，返回的图像是原图减去形态学闭操作处理后的图像
'bridge'	表示连接断开的像素。如果有两个非零的不相连（8 邻域）的像素，就将 0 值像素置 1，例如： 100　　　　　　110 101　经过连接后变为　111 001　　　　　　011
'clean'	移除孤立的像素。某个模型的中心像素如下： 000 010 000
'close'	执行形态学闭运算
'diag'	用于对角线填充来消除背景中的 8 连通区域。例如： 010　　　　　　110 100　变成　　　110 000　　　　　　000
'dilate'	用于 ones(3) 执行膨胀运算
'erode'	用于 ones(3) 执行腐蚀运算
'fill'	执行填充孤立的内部像素（被 1 包围的 0），某个模型的中心像素如下： 111 101 111
'hbreak'	将 H 连通的像素移除，例如： 111　　　　　　111 010　变成　　　000 111　　　　　　111

（续表）

Operation	说　明
'majority'	在 3×3 邻域中的某像素至少有 5 个像素为 1，否则将该像素置 0
'open'	执行开运算
'remove'	将内部像素移除。如果该像素的 4 连通邻域都为 1，就留下边缘像素
'shrink'	当 n = Inf 时，将没有孔洞的目标缩成一个点，将有孔洞的目标缩成一个连通环
'skel'	当 n = Inf 时，将目标边界像素移除，将保留下来的像素组合成图像的骨架
'spur'	将尖刺像素移除，例如： 0　0　0　0　　　　　　0　0　0　0 0　0　0　0　　　　　　0　0　0　0 0　0　1　0　　变成　　0　0　0　0 0　1　0　0　　　　　　0　1　0　0 1　1　0　0　　　　　　1　1　0　0
'thicken'	当 n = Inf 时，增加目标外部像素来加厚目标
'thin'	当 n = Inf 时，减薄目标成线
'tophat'	执行形态学"顶帽"变换运算

【例 11-15】对图像进行骨架化处理。

```
clear;
bw=imread('bag.png');
subplot(1,4,1);
imshow(bw);
title('原始图像') ;
bw2=bwmorph(bw,'remove');          % 移除内部像素
subplot(1,4,2);
imshow(bw2);
title('移除内部像素') ;
bw3=bwmorph(bw,'skel',Inf);        % 骨架提取
subplot(1,4,3);
imshow(bw3);
title('骨架提取') ;
bw4=bwmorph(bw3,'spur',Inf);       % 消刺
subplot(1,4,4);
imshow(bw4);
title('消刺') ;
```

运行结果如图 11-15 所示。

原始图像　　　　　　　　移除内部像素　　　　　　　　骨架提取　　　　　　　　消刺

图 11-15　图像的骨架化

【例 11-16】对一幅带有噪声的骨骼图像进行骨架提取。

```
clear;
I=imread('eight.tif');
A=imnoise(I,'salt & pepper', 0.02);
subplot(1,4,1);
imshow(A);
title('添加椒盐噪声图像')
h=fspecial('gaussian',10,5);      % 产生高斯滤波器
A1=imfilter(A,h);                 % 对图像进行滤波
subplot(1,4,2);
imshow(A1)
title('滤波处理')
level=graythresh(A1);            % 获取适当的二值化阈值
BW=im2bw(A1,level);             % 图像二值化
subplot(1,4,3);
imshow(BW)
title('二值化')
BW1=bwmorph(A,'skel',Inf);       % 骨架提取
subplot(1,4,4);
imshow(BW1)
title('骨架提取')
```

运行结果如图 11-16 所示。

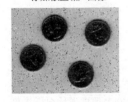 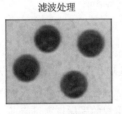 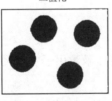 

图 11-16　对一幅带有噪声的骨骼图像进行骨架提取

11.3.2　边界提取

形态运算可以用来提取图像物体的边界。如果用 $\beta(A)$ 代表图像物体 A 的边界，那么利用下面的形态运算就可以得到 A 的边界：

$$\beta(A) = A - (A\Theta B)$$

即原图像与原图像被结构元素 B 腐蚀后的结果的差值。

在 MATLAB 中，bwperim 函数用于判断一幅图像中的哪些像素为边界像素，调用方法为：

```
BW2=bwperim(BW1)
BW2=bwperim(BW1,CONN)
```

其中，BW1 表示输入的图像，CONN 表示连接属性。

【例 11-17】对图像进行边界提取。

```
clear;
```

```
bw1=imread('bag.png');
bw2=bwperim(bw1,8);                  % 进行边界提取
subplot(1,2,1);
imshow(bw1);
title('原始图像') ;
subplot(1,2,2);
imshow(bw2);
title('边界提取') ;
```

运行结果如图 11-17 所示。

原始图像 边界提取

图 11-17 边界提取

11.3.3 图像区域填充

在 MATLAB 中，imfill 函数用于实现图像区域的填充，调用方法为：

```
BW2 = imfill(BW)                 % 对二值图像进行区域填充
[BW2,locations] = imfill(BW)     % 返回用户的采样点索引值,但索引值不是选采样点的坐标
BW2 = imfill(BW,locations)  % 当 locations 是一个多维数组时，数组每一行指定一个区域
BW2 = imfill(BW,'holes')    % 填充二值图像中的空洞区域
I2 = imfill(I)              % 填充灰度图像中所有的空洞区域
BW2 = imfill(BW,locations,conn)% conn 表示联通类型
```

【例 11-18】对二值图像进行填充。

```
clear;
I=imread('coins.png');            % 读入二值图像
subplot(1,3,1);
imshow(I);
title('原始图像') ;
BW1=im2bw(I);
subplot(1,3,2);
imshow(BW1);
title('二值图像') ;
BW2=imfill(BW1,'holes');          % 执行填洞运算
subplot(1,3,3);
imshow(BW2);
title('填充图像') ;
```

运行结果如图 11-18 所示。

原始图像 二值图像 填充图像

图 11-18 二值图像的填充

【例 11-19】对索引图像进行填充。

```
clear;
[x,map]=imread('trees.tif');
i=ind2gray(x,map);
subplot(1,2,1);
imshow(i);
title('原始图像') ;
i2=imfill(i,'holes');                    % 对索引图像进行填充
subplot(1,2,2);
imshow(i2);
title('图像填充') ;
```

运行结果如图 11-19 所示。

原始图像 图像填充

图 11-19 图像的填充

11.3.4 移除小对象

在 MATLAB 中，bwareaopen 函数用于从对象中移除小对象，调用方法如下：

```
BW2 = bwareaopen(BW,P)            % 从二值图像中移除所有小于 P 的连通对象
BW2 = bwareaopen(BW,P,CONN)       % 从二值图像中移除所有小于 P 的连通对象
                                  % CONN 对应邻域方法，默认为 8
```

【例 11-20】从图像中移除小对象。

```
clear;
bw=imread('testpat1.png');
bw2=bwareaopen(bw,50);            % 从图像中移除小对象
subplot(1,2,1);
imshow(bw);
title('原始图像');
```

```
subplot(1,2,2);
imshow(bw2);
title('移除小对象');
```

运行结果如图 11-20 所示。

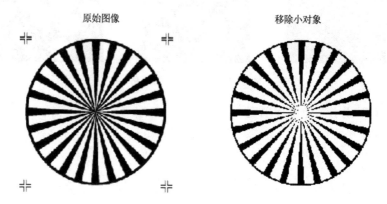

图 11-20　从图像中移除小对象

11.3.5　距离变换

在 MATLAB 中，bwdist 函数用于实现二值图像的距离变换，调用方法如下：

```
D=bwdist(BW)
[D,L]=bwdist(BW)
[D,L]=bwdist(BW,METHOD)
```

其中，BW 表示输入的二值图像；D 表示二值图像中每个值为 0 的像素点到非 0 像素点的距离；L 表示与 BW 和 D 同大小的标签矩阵；METHOD 表示距离的类型，包括 euclidean（欧几里得距离）、cityblock（城市距离）、chessboard（棋盘距离）、quasi-euclidean（类欧几里得距离）等。

【例 11-21】对创建的数据计算欧几里得距离变换。

```
clear;
bw=zeros(4,4);
bw(2,2)=1;bw(4,4)=1;
[d,l]=bwdist(bw)
```

运行结果如下：

```
d =
  4×4 single 矩阵
    1.4142    1.0000    1.4142    2.2361
    1.0000         0    1.0000    2.0000
    1.4142    1.0000    1.4142    1.0000
    2.2361    2.0000    1.0000         0
l =
  4×4 uint32 矩阵
    6    6    6    6
    6    6    6    6
```

```
      6     6     6    16
      6     6    16    16
```

【例 11-22】在二维图像中计算欧几里得距离变换。

```
clear;
bw=zeros(100,100);                    % 创建二维图像
bw(25,25)=1;bw(25,75)=1;
bw(75,50)=1;
d1=bwdist(bw,'euclidean');            % 计算欧几里得距离
d2=bwdist(bw,'cityblock');
d3=bwdist(bw,'chessboard');
d4=bwdist(bw,'quasi-euclidean');
subplot(2,2,1);
subimage(mat2gray(d1));
title('欧几里得距离 ')
subplot(2,2,2);
subimage(mat2gray(d2));
title('城市距离 ')
subplot(2,2,3);
subimage(mat2gray(d3));
title('棋盘距离 ')
subplot(2,2,4);
subimage(mat2gray(d4));
title('类欧几里得距离')
```

运行结果如图 11-21 所示。

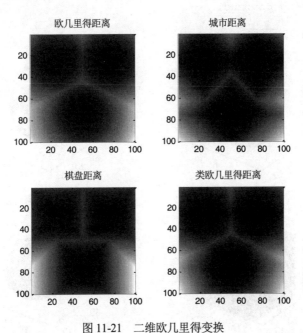

图 11-21　二维欧几里得变换

【例 11-23】在三维图像中计算欧几里得距离变换。

```
clear;
bw=zeros(40,40,40);bw(20, 20,20)=1;              % 创建三维图像
```

```matlab
d1=bwdist(bw,'euclidean');          % 在三维图像中计算欧几里得距离变换
d2=bwdist(bw,'cityblock');
d3=bwdist(bw,'chessboard');
d4=bwdist(bw,'quasi-euclidean');
subplot(2,2,1);
isosurface(d1,15);
title('欧几里得距离 ')
axis equal;
view(3);
camlight,lighting gouraud;
subplot(2,2,2);
isosurface(d2,15);
title('城市距离 ')
axis equal;
view(3);
camlight,lighting gouraud;
subplot(2,2,3);
isosurface(d3,15);
title('棋盘距离 ')
axis equal;view(3);
camlight,lighting gouraud;
subplot(2,2,4);
isosurface(d4,15);
title('类欧几里得距离 ')
axis equal;
view(3);
camlight,lighting gouraud;
```

运行结果如图 11-22 所示。

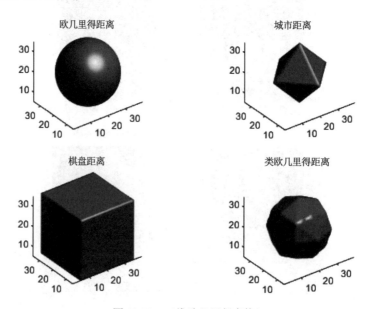

图 11-22 三维欧几里得变换

11.4　基于膨胀和腐蚀的数学形态学重建

图像重建是指两幅图像和一个结构元素的形态学变换。其中，一幅图像为标记图像，是变换的开始点；另一幅图像是掩膜图像，用于约束变换过程。

数学形态学重建可以理解为对标记图像进行重复膨胀，直到标记图像的轮廓适合掩膜图像为止。在重建中，标记图像的极值点被展开，就是所谓的膨胀。形态学的重建主要有以下几个特点：

1）以两幅图像为基础进行重建，其中一幅为标记图像，另一幅为掩膜图像，而不是以一个图像和一个结构元素为基础。

2）重建基于联通性，而不是结构元素。

3）图像不再变化的时候重建停止。

11.4.1　极大值和极小值

在 MATLAB 中，imregionalmax 函数和 imregionalmin 函数用于确定所有的极大值和极小值；imextendedmax 函数和 imextendedmin 函数用于确定阈值设定的最大值和最小值。灰度图像作为输入图像，二值图像作为输出图像。当输出图像时，局部极值设定为 1，其他值设定为 0。

【例 11-24】分别调用 imregionalmax 函数和 imextendedmax 函数对图像 B 进行处理，其中，B 包含两个主要的局部极大值（14 和 19）和相对较小的极大值（12）。

```
B = [10    10    10    10    10    10    10    10    10    10;
     10    14    14    14    10    10    12    10    12    10;
     10    14    14    14    10    10    10    12    10    10;
     10    14    14    14    10    10    12    10    10    10;
     10    10    10    10    10    10    10    10    10    10;
     10    12    10    10    10    19    19    19    10    10;
     10    10    10    12    10    19    19    19    10    10;
     10    10    12    10    10    19    19    19    10    10;
     10    12    10    12    10    10    10    10    10    10;
     10    10    10    10    10    10    10    12    10    10;];
A1=imregionalmax(B)          % 确定局部极大值点的位置
A2=imextendedmax (B,2)        % 若加入阈值 2，则返回矩阵只有两个极大值的区域
```

运行结果如下：

```
A1 =
  10×10 logical 数组
     0     0     0     0     0     0     0     0     0     0
     0     1     1     1     0     0     1     0     1     0
     0     1     1     1     0     0     0     1     0     0
     0     1     1     1     0     0     1     0     0     0
     0     0     0     0     0     0     0     0     0     0
     0     1     0     0     0     1     1     1     0     0
     0     0     0     1     0     1     1     1     0     0
     0     0     1     0     0     1     1     1     0     0
```

```
    0    1    0    1    0    0    0    0    0    0
    0    0    0    0    0    0    0    1    0    0
A2 =
  10×10 logical 数组
    0    0    0    0    0    0    0    0    0    0
    0    1    1    1    0    0    0    0    0    0
    0    1    1    1    0    0    0    0    0    0
    0    1    1    1    0    0    0    0    0    0
    0    0    0    0    0    0    0    0    0    0
    0    0    0    0    0    1    1    1    0    0
    0    0    0    0    0    1    1    1    0    0
    0    0    0    0    0    1    1    1    0    0
    0    0    0    0    0    0    0    0    0    0
    0    0    0    0    0    0    0    0    0    0
```

【例 11-25】确定图像的所有极小值和局部极小值。

```
clear;
i=imread('eight.tif');
A1=imregionalmin(i);              % 确定所有极小值
A2=imextendedmin (i,50);          % 确定局部极小值
subplot(1,3,1);
imshow(i);
title('原始图像');
subplot(1,3,2);
imshow(A1);
title('所有极小值')
subplot(1,3,3);
imshow(A2);
title('局部极小值');
```

运行结果如图 11-23 所示。

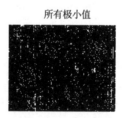

图 11-23　确定所有极小值和局部极小值

【例 11-26】图像的极大值与极小值变换。

```
clear;
i=imread('tire.tif');             % 读入图像
subplot(1,3,1);
imshow(i);
title('原始图像');
m1=false(size(i));
m1(65:70,65:70)=true;
j=i;
```

```
j(m1)=255;
subplot(1,3,2);
imshow(j);
title('标记图像上的叠加') ;
k=imimposemin(i,m1);                    % 抑制极小值
subplot(1,3,3);
imshow(k);
title('抑制极小值');
```

运行结果如图 11-24 所示。

图 11-24　极大值与极小值变换

11.4.2　极值的抑制

在 MATLAB 中，imhmax 函数和 imhmin 函数用于去除那些不明显的局部极值，保留那些明显的极值。

【例 11-27】调用 imhmax 函数对图像 B 进行处理，其中 B 包含两个主要的局部极大值（14 和 19）和相对较小的极大值（12）。

```
B = [10    10    10    10    10    10    10    10    10    10;
     10    14    14    14    10    10    12    10    12    10;
     10    14    14    14    10    10    10    12    10    10;
     10    14    14    14    10    10    12    10    10    10;
     10    10    10    10    10    10    10    10    10    10;
     10    12    10    10    10    19    19    19    10    10;
     10    10    10    12    10    19    19    19    10    10;
     10    10    12    10    10    19    19    19    10    10;
     10    12    10    12    10    10    10    10    10    10;
     10    10    10    10    10    10    10    12    10    10;];
A1=imhmax (B,2)          % imhmax 函数仅仅对极大值产生影响，并且会保留下两个重要的极大值
```

运行结果如下：

```
A1 =
    10    10    10    10    10    10    10    10    10    10
    10    12    12    12    10    10    10    10    10    10
    10    12    12    12    10    10    10    10    10    10
    10    12    12    12    10    10    10    10    10    10
    10    10    10    10    10    10    10    10    10    10
    10    10    10    10    10    17    17    17    10    10
    10    10    10    10    10    17    17    17    10    10
    10    10    10    10    10    17    17    17    10    10
```

```
10    10    10    10    10    10    10    10    10    10
10    10    10    10    10    10    10    10    10    10
```

【例 11-28】调用 imhmin 函数对图像进行处理。

```
clear;
i=imread('eight.tif');        % 读入图像
A=imhmin (i,50);              % 调用 imhmin 函数对图像进行处理
subplot(1,2,1);
imshow(i);
title('原始图像');
subplot(1,2,2);
imshow(A);
title('抑制极小值');
```

运行结果如图 11-25 所示。

图 11-25　抑制极小值

11.4.3　极小值的突显

在 MATLAB 中，imimposemin 函数用于突显图像中指定区域的极小值。

【例 11-29】突出极小值。

```
clear;
i=uint8(10*ones(10,10));% 创建一幅包括两个明显的局部极小值和一些不太明显的极小值的图像
i(6:8,6:8)=3;
i(2:4,2:4)=8;
i(3,3)=4;
i(2,9)=9;
i(3,8)=9;
i(9,2)=9;
i(8,3)=9;
i
i1=imextendedmin (i,1)   % 得到一个二值图像，确定两个最小的极小值的位置
i2=imimposemin(i,i1)     % 将标记图像设定为新的极小值
```

运行结果如下：

```
i =
  10×10 uint8 矩阵
   10    10    10    10    10    10    10    10    10    10
   10     8     8     8    10    10    10    10     9    10
   10     8     4     8    10    10    10     9    10    10
```

```
 10    8    8    8   10   10   10   10   10   10
 10   10   10   10   10   10   10   10   10   10
 10   10   10   10   10    3    3    3   10   10
 10   10   10   10   10    3    3    3   10   10
 10   10    9   10   10    3    3    3   10   10
 10    9   10   10   10   10   10   10   10   10
 10   10   10   10   10   10   10   10   10   10
i1 =
 10×10 logical 矩阵
  0    0    0    0    0    0    0    0    0    0
  0    0    0    0    0    0    0    0    0    0
  0    0    1    0    0    0    0    0    0    0
  0    0    0    0    0    0    0    0    0    0
  0    0    0    0    0    0    0    0    0    0
  0    0    0    0    0    1    1    1    0    0
  0    0    0    0    0    1    1    1    0    0
  0    0    0    0    0    1    1    1    0    0
  0    0    0    0    0    0    0    0    0    0
  0    0    0    0    0    0    0    0    0    0
i2 =
 10×10 uint8 矩阵
 11   11   11   11   11   11   11   11   11   11
 11    9    9    9   11   11   11   11   11   11
 11    9    0    9   11   11   11   11   11   11
 11    9    9    9   11   11   11   11   11   11
 11   11   11   11   11   11   11   11   11   11
 11   11   11   11   11    0    0    0   11   11
 11   11   11   11   11    0    0    0   11   11
 11   11   11   11   11    0    0    0   11   11
 11   11   11   11   11   11   11   11   11   11
 11   11   11   11   11   11   11   11   11   11
```

11.5　对象的特性度量

在对图像进行进一步处理之前，往往需要先对图像的目标区域进行标记，获取目标区域的相关属性。MATLAB 图像处理工具箱提供了相关的函数，下面将对这些函数进行介绍。

11.5.1　连通区域的标识

在 MATLAB 中，bwlabel 函数和 bwlabeln 函数用于对二值图像进行标识操作。不同的是：bwlabel 函数仅支持二维的输入，bwlabeln 函数可以支持任意维数的输入。bwlabel 函数的调用方法如下：

```
L=bwlabel(BW,N)
[L,NUM]= bwlabel(BW,N)
```

其中，BW 表示输入的二值图像；N 表示像素的连通性，默认值为 8；NUM 是参数值，表示在图像 BW 中找到的连通区域数目。

设二值图像 BW 为：

```
BW = [ 1    1    1    0    0    0    0    0;
       1    1    1    0    1    1    1    0;
       1    1    1    0    1    1    1    0;
       1    1    1    0    1    1    1    0;
       1    1    1    0    0    0    0    1;
       1    1    1    0    0    0    0    1;
       1    1    1    0    0    0    1    1;
       0    0    0    0    0    0    0    0;];
```

执行以下代码：

```
L=bwlabel(BW,4)      % 调用 bwlabel 函数，指定连通性为 4 的像素
L1=bwlabel(BW)       % 指定连通性为默认值(8)的像素
```

运行结果如下：

```
L =
     1    1    1    0    0    0    0    0
     1    1    1    0    2    2    2    0
     1    1    1    0    2    2    2    0
     1    1    1    0    2    2    2    0
     1    1    1    0    0    0    0    3
     1    1    1    0    0    0    0    3
     1    1    1    0    0    0    3    3
     0    0    0    0    0    0    0    0
L1 =
     1    1    1    0    0    0    0    0
     1    1    1    0    2    2    2    0
     1    1    1    0    2    2    2    0
     1    1    1    0    2    2    2    0
     1    1    1    0    0    0    0    2
     1    1    1    0    0    0    0    2
     1    1    1    0    0    0    2    2
     0    0    0    0    0    0    0    0
```

从 L 的运行结果可以看出，bwlabel 函数在图像 BW 中标识了三个区域，即 1、2、3 的像素区域；若指定连通性为默认值 8 的像素，则对象 1 和对象 2 合并为一个对象，只得到了两个对象。

bwlabel 函数的输出矩阵不是二值图像而是 double 类型，可以用索引色图 label2rgb 函数显示该输出矩阵。当显示时，通过将各元素加 1 使各个像素值处于索引色图的有效范围内。这样，根据每个物体显示的颜色不同，就很容易区分出各个物体。该函数的调用方法如下：

```
RGB=label2rgb(L)
RGB=label2rgb(L,MAP)
RGB=label2rgb(L,MAP,ZEROCOLOR)
```

其中，L 为标识矩阵；MAP 为颜色矩阵；ZEROCOLOR 用于指定标识为 0 的对象颜色。

【例 11-30】 求给定图像的区域属性。

```
clear
bw=imread('text.png');
l=bwlabel(bw);
stats=regionprops(l,'all');
stats(23)
```

运行结果如下：

```
ans =
  包含以下字段的 struct:
                 Area: 48
             Centroid: [121.3958 15.8750]
          BoundingBox: [118.5000 8.5000 6 14]
          SubarrayIdx: {[1×14 double]  [119 120 121 122 123 124]}
      MajorAxisLength: 15.5413
      MinorAxisLength: 5.1684
         Eccentricity: 0.9431
          Orientation: -87.3848
           ConvexHull: [22×2 double]
          ConvexImage: [14×6 logical]
           ConvexArea: 67
          Circularity: 0.5436
                Image: [14×6 logical]
          FilledImage: [14×6 logical]
           FilledArea: 48
          EulerNumber: 1
              Extrema: [8×2 double]
         EquivDiameter: 7.8176
             Solidity: 0.7164
               Extent: 0.5714
          PixelIdxList: [48×1 double]
            PixelList: [48×2 double]
            Perimeter: 33.3120
         PerimeterOld: 35.3137
     MaxFeretDiameter: 14.3178
        MaxFeretAngle: -102.0948
  MaxFeretCoordinates: [2×2 double]
     MinFeretDiameter: 6
        MinFeretAngle: 0
  MinFeretCoordinates: [2×2 double]
```

【例 11-31】 显示标识矩阵。

```
clear;
i=imread('trees.tif');          % 读入图像
subplot(1,2,1);
imshow(i);
title('原始图像') ;
B=im2bw(i,graythresh(i));
C=bwconncomp(B)
L=labelmatrix(C);               % 显示标识矩阵
```

```
subplot(1,2,2);
imshow(L);
title('默认彩色显示');
```

运行结果如图 11-26 所示。

原始图像   默认彩色显示

图 11-26   标识矩阵的色彩显示

11.5.2 二值图像的对象选择

在 MATLAB 中，bwselect 函数用来选择二值图像的对象，调用方法如下：

```
BW2=bwselect(BW,n)
BW2=bwselect(BW,c,r,n)
```

其中，BW 为输入的二值图像；BW2 为选择了指定的二值图像；(c,r)为指定的选择对象的像素点位置；n 为指定对象的连通类型，默认值为 8。

【例 11-32】调用 bwselect 函数选择字符对象。

```
clear;
bw=imread('text.png');
c=[43 185 212];
r=[38 68 181];
BW2=bwselect(bw,c,r,4);          % 调用 bwselect 函数选择字符对象
subplot(1,2,1);
imshow(bw);
title('原始图像') ;
subplot(1,2,2);
imshow(BW2);
title('对象选择')
```

运行结果如图 11-27 所示。

原始图像   对象选择

图 11-27   选择字符对象

11.5.3　图像面积的计算

在 MATLAB 中，bwarea 函数用于计算二值图像前景（值为 1 的像素点组成的区域）的面积。bwarea 函数的计算是根据不同的像素进行不同的加权，调用方法如下：

```
Total=bwarea(BW)
```

其中，BW 是输入的二值图像，Total 是返回的面积。

【例 11-33】调用 bwarea 函数计算图像膨胀后的面积增长百分比。

```
clear;
bw=imread('text.png');
se=ones(5);
bwarea(bw) ;
bw1=imdilate(bw,se);
bwarea(bw1) ;
increase=(bwarea(bw1)-bwarea(bw))/bwarea(bw)     % 计算图像膨胀后的面积增长百分比
运行结果如下：
increase =
    1.5463
```

11.6　查表操作

在 MATLAB 中，想要提高一些二值图像操作的计算速度，可以采用查找表。查找表作为一个列向量，它保存一个像素邻域点的所有可能组合，使得大量的运算转换为查表问题。

11.6.1　查找表的创建

在 MATLAB 中，makelut 函数用于创建 2×2 和 3×3 的邻域查找表，调用方法如下：

```
lut=makelut(f,n)    % 返回函数 f 的查找表，n 为邻域尺寸（2 或 3）
```

2×2 邻域对应的查找表是一个具有 16 个元素的向量，3×3 的邻域总共有 512 种排列方式。数值越大，排列的可能性就越多，超出系统计算的范围，因而查找表不接受更大的数值。

【例 11-34】调用 makelut 函数创建查找表。

```
l= inline('sum(x(:)) >= 2');
lut = makelut(l,2)
```

运行结果如下：

```
lut =
    0
    0
    0
    1
    0
    1
    1
    1
```

```
0
1
1
1
1
1
1
1
```

11.6.2 查找表的使用

在 MATLAB 中，applylut 函数用于对查找表进行操作，调用方法如下：

```
A=applylut(bw,l)
```

其中，l 表示用 makelut 函数创建的查找表；A 是使用查找表后返回的图像。

【例 11-35】调用 applylut 函数对图像进行腐蚀处理。

```
clear;
l=makelut('sum(x(:))==4',2);
bw=imread('circbw.tif');          % 读入图像
bw2=applylut(bw,l);               % 进行腐蚀处理
subplot(1,2,1);
imshow(bw);
title('原始图像');
subplot(1,2,2);
imshow(bw2);
title('腐蚀处理后的图像');
```

运行结果如图 11-28 所示。

图 11-28 用查找表对图像进行腐蚀处理

11.7 本章小结

本章从形态学的基本操作膨胀和腐蚀入手，对以这两种操作为基础的其他形态学操作进行了介绍。本章在图像处理中所用到的基础内容较多，读者对本章中的所有方法都要仔细研究，熟练掌握。

第**12**章

MATLAB 图像处理应用

将图像信号转换成数字信号并利用计算机对其进行处理的过程就是数字图像处理。早期，改善图像的质量，以人为对象，以改善人的视觉效果是图像处理的目的。在图像处理中，输入的是质量低的图像，输出的是改善质量后的图像，数字图像处理正与当今社会的各个方面紧紧相连，密不可分。下面通过几个典型的应用帮助读者尽快掌握图像处理的应用。

学习目标：

- ✥ 了解图像处理技术在医学处理中的应用。
- ✥ 掌握识别与统计的应用中的基本原理、实现步骤。
- ✥ 掌握 MATLAB 图像处理在车牌识别系统上的应用原理和方法。
- ✥ 图像处理的知识点要融会贯通。

12.1　MATLAB 图像处理在医学方面的应用

医学影像技术以高效、经济、无创等优点在医疗活动中得到广泛应用。随着生活水平的提高，人们越来越关注自身健康。提早、准确地发现疾病并及时治疗不仅可以减轻病人的经济负担、减轻病人的痛苦，还可以挽回病人的生命。

数字图像处理是一种通过计算机采用一定的算法对图形图像进行处理的技术。图像处理技术带动着现代医学诊断正产生着深刻的变革。各种新的医学成像方法的临床应用使医学诊断和治疗技术取得了很大的进展，同时将各种成像技术得到的信息进行互补，也为临床诊断及生物医学研究提供了有力的科学依据。因此，医学图像处理技术一直受到国内外有关专家的高度重视。

所谓医学图像处理与分析，就是借助计算机这一工具，根据临床特定的需要利用数学的方法对医学图像进行各种加工和处理，以便为临床提供更多的诊断信息或数据。

医学图像已经成为现代医学不可或缺的一部分，它的质量直接关系到医生诊断和治疗的准确性。然而，有时获得的医学图像并不是很理想，不能很好地突出病灶部位的信息，这就容易造成医生的误诊或漏诊。因此，对医学图像进行适当的增强处理，使其能更清晰、准确地反映出病灶是非常必要的。

医学图像经过图像处理以后质量可以得到改善，图像细节更加突出，减少误诊和漏诊的概率。

12.1.1 图像旋转

图像的旋转处理是指对图像的水平垂直方向进行调整的过程。在图像处理中，有时需要将图像旋转以获得更好的观测角度，所以有必要在系统中添加图像旋转功能。

【例 12-1】对图像进行旋转。

```
a=imread('head.png');
subplot(1,2,1);
imshow(a);
title('原始图像')
b=a(:,:,1);
subplot(1,2,2);
imshow(flipud(b));              % 图像的旋转
title('图像旋转180度')
```

运行结果如图 12-1 所示。

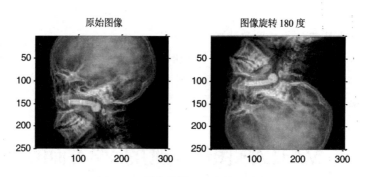

图 12-1　图像旋转 180 度前后对比

12.1.2 图像剪切

对图像的剪切处理可以调用 MATLAB 的图像工具箱函数 imcrop 来完成。

【例 12-2】对图像进行剪切。

```
I=imread('head.png');
subplot(1,2,1);
imshow(I);
title('原始图像')
J=imcrop;                       % 图像的剪切
subplot(1,2,2);
imshow(J)
title('图像剪切')
```

运行结果如图 12-2 所示。

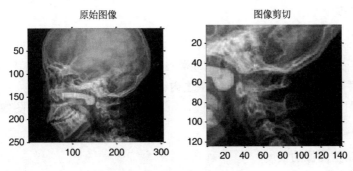

图 12-2 图像剪切前后对比

12.1.3 图像负片效果

在医学图像中，为了较好地显示病变区域的边缘脉络或者病变区域大小，常常对图像进行负片显示，从而达到更好的观测效果。图像负片效果可以帮助我们在大片黑色区域中观察白色或灰色细节。

【例 12-3】对图像进行求反。

```
I=imread('hand.png');
switch class(I)              % 图像的求反过程
case'uint8'
m=2^8-1;
I1=m - I;
case'uint16'
m=2^16-1;
I1=m-I;
case'double'
m=max(I(:));
I1=m-I;
end
figure;
subplot(1,2,1);
imshow(I);
title('原始图像')
subplot(1,2,2);
imshow(I1);
title('图像负片效果');
```

运行结果如图 12-3 所示。

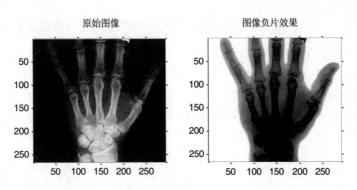

图 12-3 图像负片效果对比

12.1.4　灰度变换

一般成像系统只具有一定的亮度响应范围，常出现对比度不足的弊病，使人眼观看图像时视觉效果很差。另外，在某些情况下，需要将图像灰度级的整个范围或者其中的某一段扩展或压缩到记录器件可输入灰度级的动态范围之内。

灰度变换是图像增强的另一种重要手段，可使图像动态范围加大、图像对比度增强、图像更加清晰、特征更加明显。

【例 12-4】调整图像的灰度。

```matlab
x=imread('hand.png');    % 读入一幅图片
y=255-x;                 % 转化为反色图像
subplot(1,2,1);
imshow(x);
title('原始图像')
subplot(1,2,2);
imshow(y);
title('显示反色图像');
```

运行结果如图 12-4 所示。

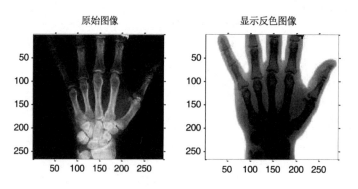

图 12-4　图像灰度变换前后对比

12.1.5　直方图均衡化

直方图均衡化是一种常用的灰度增强算法，先将原图像的直方图经过变换函数修整为均匀直方图，然后按均衡后的直方图修整原图像。

在 MTALAB 中，可以根据原图像的直方图统计值算出均衡后各像素的灰度值。

【例 12-5】对图像的直方图进行均衡化。

```matlab
I = imread('hand.png');
I=rgb2gray(I);
J = histeq(I);            % 图像的均衡化
subplot(221);
imshow(I);
title('原始图像')
subplot(222);
imshow(J);
```

```
title('均衡化图像')
subplot(223);
imhist(I,64)
title('原始图像直方图')
subplot(224);
imhist(J,64)
title('均衡化直方图')
```

运行结果如图 12-5 所示。

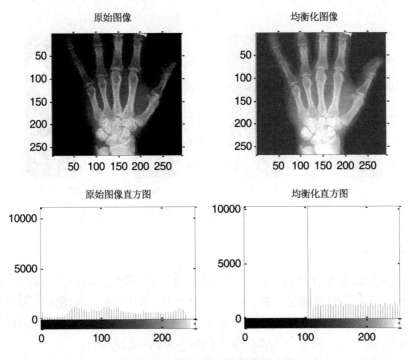

图 12-5　图像直方图均衡化前后对比

12.1.6　锐化效果

锐化技术可以在空间域中进行，常用的方法是对图像进行微分处理，也可以在频域中运用高通滤波技术处理。能够进行锐化处理的图像必须要求有较高的信噪比，否则，图像锐化后，信噪比更低。因为锐化将使噪声受到比信号还强的增强，所以必须小心处理。一般是先去除或减轻干扰噪声再进行锐化处理。

图像在传输和变换过程中会受到各种干扰而退化，比较典型的就是图像模糊。图像锐化的目的就是使边缘和轮廓线模糊的图像变得更加清晰。

【例 12-6】对图像进行锐化处理。

```
J=imread('hand.png')
figure,
subplot(121);
imshow(J);
title('原始图像');
```

```
J=double(J);
lapMatrix=[1 1 1;1 -8 1;1 1 1];              % 拉普拉斯模板
J_tmp=imfilter(J,lapMatrix,'replicate');     % 滤波
I=imsubtract(J,J_tmp);                        % 图像相减
subplot(122);
imshow(I),
title('锐化图像');
```

运行结果如图 12-6 所示。

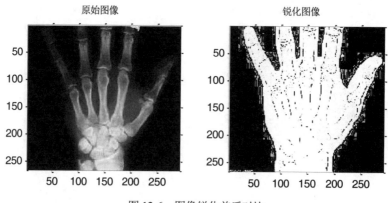

图 12-6　图像锐化前后对比

12.1.7　边缘检测效果

图像边缘对图像识别和计算机分析十分有用：边缘能够勾画出目标物体，使观察者一目了然；边缘蕴含了丰富的内在信息（如方向、阶跃性质、形状等），是图像识别中重要的图像特征之一。从本质上说，图像边缘是图像局部特性不变的连续性（灰度突变、颜色突变、纹理结构突变等）的反映，标志着一个区域的终结和另一个区域的开始。

为了计算方便起见，通常选择一阶和二阶导数来检测边界，利用求导方法可以很方便地检测到灰度值的不连续效果。边缘的检测可以借助空域微分算子利用总卷积来实现。常用的微分算子有梯度算子和拉普拉斯算子等，不仅可以检测图像的二维边缘，还可以检测图像序列的三维边缘。

【例 12-7】利用多种算子显示图像边缘检测。

```
M=imread('hand.png');            % 提取图像
I=rgb2gray(M);
BW1=edge(I,'sobel');             % 用 Sobel 算子进行边缘检测
BW2=edge(I,'roberts');           % 用 Roberts 算子进行边缘检测
BW3=edge(I,'prewitt');           % 用 Prewitt 算子进行边缘检测
BW4=edge(I,'log');               % 用 Log 算子进行边缘检测
BW5=edge(I,'canny');             % 用 Canny 算子进行边缘检测
h=fspecial('gaussian',5);        % 高斯低通滤波器
BW6=edge(I,'canny');             % 滤波之后的 Canny 检测
subplot(2,3,1),
imshow(BW1);
```

```
title('sobel edge check');
subplot(2,3,2),
imshow(BW2);
title('sobel edge check');
subplot(2,3,3),
imshow(BW3);
title('prewitt edge check');
subplot(2,3,4),
imshow(BW4);
title('log edge check');
subplot(2,3,5),
imshow(BW5);
title('canny edge check');
subplot(2,3,6),
imshow(BW6);
title('gasussian&canny edge check');
```

运行结果如图 12-7 所示。

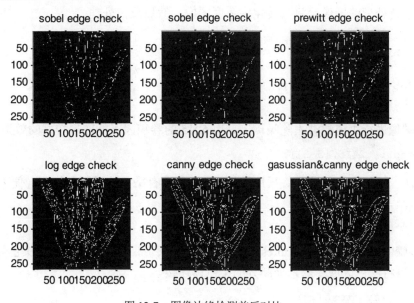

图 12-7　图像边缘检测前后对比

12.2　MATLAB 图像处理在识别与统计方面的应用

待处理的图像（图像有明显的噪声，部分染色体有断开和粘连）的情况如图 12-8 所示。

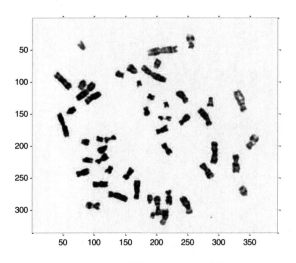

图 12-8　有明显的噪声染色体图像

要识别其中的染色体并统计其数目，基本方法如下：

1）读取待处理的图像，将其转化为灰度图像，然后反白处理。

```
I = imread('chrimage.bmp');
I2 = rgb2gray(I);
s = size(I2);
I4 = 255*ones(s(1), s(2), 'uint8');
I5 = imsubtract(I4,I2);
```

2）对图像进行中值滤波去除噪声。采用 5×5 的卷积因子能取得较好的效果。

```
I3 = medfilt2(I5,[5 5]);
```

3）将图像转化为二值图像。采用阈值为 0.3 时没有染色体断开和粘连，便于后期统计。

```
I3 = imadjust(I3);
bw = im2bw(I3, 0.3);
```

在此步骤中，如果调用 graythresh 函数自动寻找阈值，那么得到的图像染色体断开的比较多，此时可以将白色区域膨胀，使断开的染色体连接。

```
level = graythresh(I3);
bw = im2bw(I3,level);
se = strel('disk',5);
bw = imclose(bw,se);
```

设置阈值为 0.3 时对染色体面积的计算比较准确，设置自动寻找阈值时对不同图像的适应性较强。下面的步骤将基于前一种方法。

4）去除图像中面积过小、可以肯定不是染色体的杂点。这些杂点一部分是滤噪没有滤去的染色体附近的小毛糙，一部分是由图像边缘亮度差异产生的。

```
bw = bwareaopen(bw, 10);
```

5）标记连通的区域，以便统计染色体数量与面积。

```
[labeled,numObjects] = bwlabel(bw,4);
```

6）用颜色标记每一个染色体，以便直观显示。此时染色体的断开与粘连问题基本被解决。

```
RGB_label=label2rgb(labeled,@spring,'c','shuffle');
```

7）统计被标记的染色体区域的面积分布，显示染色体总数。

```
chrdata = regionprops(labeled,'basic')
allchrs = [chrdata.Area];
num = size(allchrs)
nbins = 20;
figure,hist(allchrs,nbins);
title(num(2))
```

至此，染色体识别与统计完成。此方法采用 MATLAB 已有的函数，简单且快捷。

整个程序代码如下：

```
I = imread('chrimage.bmp');
subplot(2,2,1),
imshow(I);
I2 = rgb2gray(I);
s = size(I2);
I4 = 255*ones(s(1), s(2), 'uint8');
I5 = imsubtract(I4,I2);
I3 = medfilt2(I5,[5 5]);
I3 = imadjust(I3);
bw = im2bw(I3, 0.3);
bw = bwareaopen(bw, 10);                    % 去除图像中面积过小的杂点
subplot(2,2,2),
imshow(bw);
[labeled,numObjects] = bwlabel(bw,4);    % 标记连通的区域
RGB_label=label2rgb(labeled,@spring,'c','shuffle');% 用颜色标记每一个染色体
subplot(2,2,3),
imshow(RGB_label);
chrdata = regionprops(labeled,'basic')
allchrs = [chrdata.Area];
num = size(allchrs)
nbins = 20;
subplot(2,2,4),
hist(allchrs,nbins);
title(num(2))
```

运行后输出如图 12-9 所示的图形，同时输出如下内容：

```
chrdata =
  包含以下字段的 45×1 struct 数组：

    Area
    Centroid
    BoundingBox
num =
    1    45
```

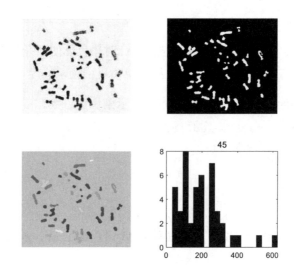

图 12-9 染色体识别与统计图

12.3 MATLAB 图像处理在车牌识别系统中的应用

随着车辆的增多，人工管理方式已经不能满足实际需要，微电子、通信和计算机技术在交通领域的应用极大地提高了交通管理效率，汽车牌照的自动识别技术也得到了广泛应用。

12.3.1 车牌识别系统的研究内容

车牌系统是计算机视觉和模式识别技术在智能交通领域的重要应用课题之一。车牌识别系统是一特定目标位对象的专用计算机系统，能从一幅图像中自动提取车牌图像、自动分割字符，进而对分割字符的图像进行图像识别。

系统一般由硬件和软件构成：硬件设备一般由车体感应设备、辅助光源、摄像机、图像采集卡和计算机组成；软件部分是系统的核心，主要实现车牌字符的识别功能。

车牌识别学科主要有模式识别、人工智能、图像处理、计算机视觉和信号处理等。这些领域的许多技术都可以应用到车牌识别系统中，车牌识别技术的研究也必然推动这些相关学科的发展。车牌识别的关键技术有车牌定位、字符切割和字符识别等。

- 车牌定位是要完成从图像中确定车牌位置并提取车牌区域的图像，目前常用的方法有基于直线检测的方法、基于域值化的方法、基于灰度边缘检测方法、基于彩色图像的车牌分割方法、神经网络法和基于向量量化的牌照定位方法等。
- 字符切割时完成车牌区域图像的切分处理，从而得到所需的单个字符图像，目前常用的方法有基于投影的方法和基于连通字符的提取等方法。
- 字符识别是利用字符识别的原理提取出字符图像，目前常用的方法有基于模板匹配的方法、基于特征的方法和神经网络法等。

12.3.2　车牌识别系统设计原理

一个完整的车牌号识别系统基本可以分成两部分：硬件部分包括系统触发、图像采集；软件部分包括图像预处理、车牌位置提取、字符分割、字符识别。

车牌号图像识别要进行牌照号码、颜色识别，需要完成牌照定位、牌照字符分割、牌照字符识别等。

在牌照识别过程中，牌照颜色的识别依据算法不同，可能会在上述不同步骤实现，通常会与牌照字符识别互相配合、互相验证。

（1）牌照定位

在自然环境下，汽车图像背景复杂、光照不均匀，如何在自然背景中准确地确定牌照区域是整个识别过程的关键。

一般采用的方案是先对采集到的视频图像进行大范围相关的搜索，找到符合汽车牌照特征的若干区域作为候选区，然后对这些候选区域做进一步分析、评判，最后选定一个最佳的区域作为牌照区域，并将其从图像中分割出来。通过以上步骤，牌照一般能够被定位。

（2）牌照字符分割

在完成牌照区域的定位后，还需要将牌照区域分割成单个字符，然后进行字符识别，最后输出结果。

字符分割一般采用垂直投影法。其原理是基于字符在垂直方向上的投影必然在字符间或字符内的间隙处取得局部最小值，并且这个位置应满足牌照的字符书写格式、字符、尺寸限制和一些其他条件，所以利用垂直投影法对复杂环境下的汽车图像的字符分割有较好的效果。

（3）牌照字符识别

目前字符识别方法的主要算法有两种：基于模板匹配算法和基于人工神经网络算法。基于模板匹配算法首先将分割后的字符二值化，并将其尺寸大小缩放为字符数据库中模板的大小，然后与所有的模板进行匹配，最后选最佳匹配作为结果。基于人工神经元网络的算法有两种：一种是先对待识别字符进行特征提取，然后用所获得特征来训练神经网络分配器；另一种是直接把待处理图像输入网络，由网络自动实现特征提取直至识别出结果。

在实际应用中，牌照识别系统的识别率与牌照质量和拍摄质量密切相关：牌照质量会受到各种因素的影响，如生锈、污损、油漆剥落、字体褪色、牌照被遮挡、牌照倾斜、高亮反光、多牌照、假牌照等；实际拍摄过程也会受环境亮度、拍摄亮度、车辆速度等因素的影响。这些影响因素在不同程度上降低了牌照识别的识别率，也正是牌照识别系统的困难和挑战所在。为了提高识别率，除了不断地完善识别算法，还应该想办法克服各种光照条件，使采集到的图像最利于识别。

12.3.3　图像读取及车牌区域提取

图像读取及车牌区域提取主要有图像灰度图转化、图像边缘检测、灰度图腐蚀、图像的平滑处理以及车牌区域的边界值计算。

目前比较常用的图像格式有*.BMP、*.JPG、*.GIF、*.PCX、*.TIFF 等，本章采集到的图像是*.JPG 的格式。因为使用*.JPG 图像是有一个软件开发联合会组织制定的有损压缩格式，能够将图像压缩在很小的存储空间，而且广泛支持 Internet 标准，是目前使用最广泛的图像保存和传输格式（大多数摄像设备都以*.JPG 格式保存）。

相对应的程序段如下：

```
[fn,pn,fi]=uigetfile(CAR.jpg','选择图片');   % 读入图像
I=imread([pn fn]);
figure;
imshow(I);
title('原始图像');                    % 显示原始图像
```

运行结果如图 12-10 所示。

原始图像

图 12-10   图像读取及车牌区域提取

1. 图像灰度图转化

车牌颜色及其 RGB 值为蓝底(0,0,255)白字(255,255,255)、黄底(255,255,0)黑字(0,0,0)、黑底（0,0,0）白字（255,255,255）、红底（255,0,0）黑字（0,0,0）。车牌底色不同，所以从 RGB 图像直接进行车牌区域图像的提取存在很大困难。不管是哪种底色的车牌，其底色与上面的字符颜色的对比度都很大，将 RGB 图像转化成灰度图像时，车牌底色跟字符的灰度值会相差很大。

例如，蓝色（255，0，0）与白色（255，255，255）在 R 通道中并无区分，而在 G、R 通道或是灰度图像中数值相差很大。同理，对白底黑字的牌照可采用 R 通道，绿底白字的牌照可以采用 G。

相对应的程序段如下：

```
Im1=rgb2gray(I);
figure(2),
subplot(1,2,1),
imshow(Im1);
title('灰度图');
figure(2),
subplot(1,2,2),
imhist(Im1);
title('灰度图的直方图');                    % 显示图像的直方图
```

图像灰度图的转化效果如图 12-11 所示。

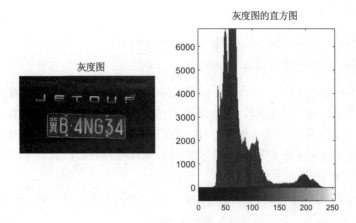

图 12-11　图像灰度图转化

通过图形的对比分析发现，原始图中车牌区域的灰度明显不同于其他区域，蓝底部分最为明显。经过程序运行出来的灰度图可以比较容易地识别出车牌的区域，达到了预期的灰度效果。

2. 增强灰度图

对于光照条件不理想的图像，可以先进行一次图像增强处理，使得图像灰度动态范围扩展和对比度增强，再进行定位和分割，这样可以提高分割的正确率。

相对应的程序段如下：

```
Tiao=imadjust(Im1,[0.19,0.78],[0,1]);          % 调整图像
figure(3),
subplot(1,2,1),
imshow(Tiao);
title('增强灰度图');
figure(3),
subplot(1,2,2),
imhist(Tiao);
title('增强灰度图的直方图');
```

灰度增强效果图如图 12-12 所示。

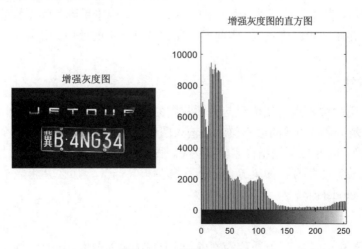

图 12-12　增强灰度图

3. 图像的边缘检测

在 MATLAB 中，可以调用函数 edge()实现边缘检测，该函数的调用格式如下：

```
Im2=edge(Im1,'sobel',0.15,'both');
```

edge()函数中有 Sobel 算子、Prewitt 算子、Roberts 算子、Log 算子以及 Canny 算子。相比之下，Sobel 算子是一组方向算子，可以从不同的方向检测边缘。Sobel 算子不是简单的求平均再差分，而是加强了中心像素上、下、左、右四个方向像素的权重，运算结果是一幅边缘图像。Sobel 算子通常对灰度渐变和噪声较多的图像处理得较好。因此，本节使用 Sobel 算子。

相对应的程序段如下：

```
Im2=edge(Im1,'sobel',0.15,'both');      % 使用 Sobel 算子进行边缘检测
figure(4),
imshow(Im2);
title('Sobel 算子实现边缘检测')
```

边缘检测效果图如图 12-13 所示。

图 12-13　Sobel 算子实现边缘检测

从图 12-13 可以看出，经过处理以后的车牌轮廓已经非常明显了，车牌区域及汽车标志的边缘呈现白色条纹，基本达到了边缘检测的效果。但是，由于受到各种干扰的影响，在车牌附近的其他区域还存在一些白色区域，因此要对图像做进一步的处理，用灰度图腐蚀来消除多余的边界点。

4. 灰度图腐蚀

腐蚀是一种消除边界点、使边界向内部收缩的过程。利用它可以消除小而且无意义的物体。腐蚀的规则是：输出图像的最小值就是输入图像邻域中的最小值，在一个二值图像中，只要有一个像素值为 0，相应的输出像素值就为 0。假设 B 对 X 腐蚀所产生的二值图像 E 是满足以下条件的点（x,y）的集合：如果 B 的原点平移到点（x,y），那么 B 将完全包含于 X 中。

本例使用 imerode()函数：

```
Im3=imerode(Im2,se);
```

其中，结构元素 se 又被形象地称为刷子，用于测试输入图像，一般比待处理图像小很多。

结构元素的大小和形状任意，一般是二维的。二维结构元素为数值 0 和 1 组成的矩阵，结构元素中数值为 1 的点决定结构元素的邻域像素在进行腐蚀操作时是否需要参加运算。

　　结构元素太大，就会造成腐蚀过度、信息丢失，太小则起不到预期的效果，这里使用 3×1 矩阵的线性结构元素，即 se=[1;1;1]。

　　相对应的程序段如下：

```
se=[1;1;1];
Im3=imerode(Im2,se);            % 图像腐蚀
figure(5),
imshow(Im3);
title('腐蚀效果图');
se=strel('rectangle',[25,25]);  % 创建指定形状的结构元素
```

腐蚀后的效果如图 12-14 所示。

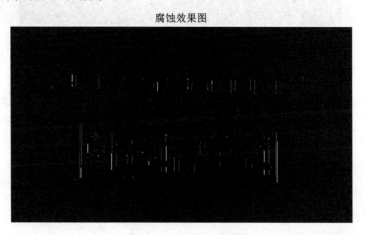

图 12-14　灰度图腐蚀

　　从腐蚀的结果分析，腐蚀的目的是消除小而无意义的物体。对比边缘效果检测图与腐蚀效果图可以看出，在边缘检测图中还有的小的无意义的图像已经被完全消除了，留下来的仅仅是车牌区域以及车的标志。现在已经得到了车牌图像的轮廓线，再经过适当的处理即可把车牌提取出来。

5. 图像平滑处理

　　得到车牌区域的图像轮廓线后，由于图像的数字化误差和噪声直接影响了脚点的提取，因此在脚点提取之前必须对图像进行平滑处理。MATLAB 有一个图像平滑处理函数 imclose，与开运算相反，它融合窄的缺口和细长的弯口、去掉小洞、填补轮廓上的缝隙。

Im4=imclose(Im3,se)

　　结构单元中 Im3 是一个小于对象的闭合图形，只要两个封闭域的距离小于 se，就可将这两个区域连接成一个连通域。由于车牌图像经过腐蚀以后只剩下车牌区域以及车的标志。

　　相对应的程序段如下：

```
Im4=imclose(Im3,se);            % 对图像实现闭运算，平滑图像的轮廓
figure(6),
```

```
imshow(Im4);
title('平滑图像的轮廓');
```

图像平滑后的效果如图 12-15 所示。

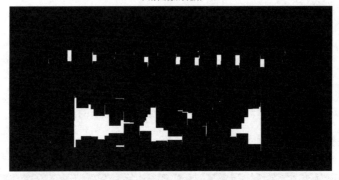

图 12-15　图像平滑处理

6. 移除小对象

图像平滑处理了，可能会有多个闭合区域，对于不是车牌区域的必须予以删除。MATLAB 提供了一个函数 bwareaopen，用于删除二值图像中面积小于一个定值的对象，默认情况下使用 8 邻域，调用方法如下：

```
Im5=bwareaopen(Im4,2000)
```

这样，Im4 中面积小于 2000 的对象就被删除了。

相对应的程序段如下：

```
Im5=bwareaopen(Im4,2000);          % 删除小面积图形
figure(7),
imshow(Im5);
title('移除小对象');
```

小对象被删除后的图像如图 12-16 所示。

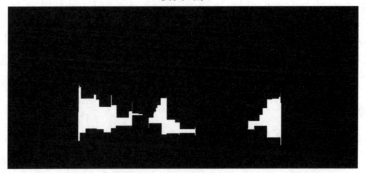

图 12-16　移除小对象的图像

移除小对象后的效果图已经非常明显了，图像中最后只有车牌区域，其他的图像已经完

全滤除掉了，包括小物体。

12.3.4　牌照区域的分割

对车牌的分割可以有很多方法，本例采用的是利用车牌的彩色信息进行分割。根据车牌底色等有关的先验知识，采用彩色像素点统计的方法分割出合理的车牌区域，确定车牌底色蓝色 RGB 对应的灰度范围，然后行方向统计在此颜色范围内的像素点数量，设定合理的阈值，确定车牌在行方向的合理区域。接着在分割出的行区域内统计列方向蓝色像素点的数量，最终确定完整的车牌区域。

相对应的程序段如下：

```matlab
[y,x,z]=size(Im5);
Im6=double(Im5);
Blue_y=zeros(y,1);                       % 创建元素为零的数组或矩阵 y*1
 for i=1:y
    for j=1:x
             if(Im6(i,j,1)==1)
                   Blue_y(i,1)= Blue_y(i,1)+1; % 根据 Im5 的 y 值确定
           end
     end
 end
 [temp MaxY]=max(Blue_y);                 % 垂直方向车牌区域确定
PY1=MaxY;
while ((Blue_y(PY1,1)>=5)&&(PY1>1))
     PY1=PY1-1;
end
PY2=MaxY;
while ((Blue_y(PY2,1)>=5)&&(PY2<y))
     PY2=PY2+1;
end
IY=I(PY1:PY2,:,:);
Blue_x=zeros(1,x);
for j=1:x
    for i=PY1:PY2
         if(Im6(i,j,1)==1)
             Blue_x(1,j)= Blue_x(1,j)+1;   % 根据 Im5 的 x 值确定
           end
    end
end
PX1=1;
while ((Blue_x(1,PX1)<3)&&(PX1<x))
     PX1=PX1+1;
end
PX2=x;
while ((Blue_x(1,PX2)<3)&&(PX2>PX1))
     PX2=PX2-1;
end
PX1=PX1-1;                                % 对车牌区域的校正
PX2=PX2+1;
 dw=I(PY1:PY2-6,PX1:PX2 ,:);
```

```
figure(8),
subplot(1,2,1),
imshow(IY),
title('垂直方向合理区域');
figure(8),
subplot(1,2,2),
imshow(dw),
title('定位剪切后的彩色车牌图像')
```

牌照区域的分割如图 12-17 所示。

图 12-17　牌照区域的分割

对比原始图像可以看出，车牌的四个边界值基本上被确定下来了，这样就可以从原始图像中直接确定车牌的区域了。

12.3.5　车牌进一步处理

经过上述方法分割出来的车牌图像中存在目标物体、背景还有噪声，要想从图像中直接提取出目标物体，最常用的方法就是设定一个阈值 T，用 T 将图像的数据分成两部分对图像二值化：大于 T 的像素群和小于 T 的像素群。

均值滤波是典型的线性滤波算法。它是指在图像上对目标像素给一个包括了其邻近像素的模板，再用模板中的全体像素的平均值来代替原来的像素值。

相对应的程序段如下：

```
imwrite(dw,'dw.jpg');                % 把图像写入图像文件中
a=imread('dw.jpg');
b=rgb2gray(a);
imwrite(b,'车牌灰度图像.jpg');
figure(9);
subplot(3,2,1),
imshow(b),
title('1.车牌灰度图像')
g_max=double(max(max(b)));
g_min=double(min(min(b)));
T=round(g_max-(g_max-g_min)/3);      % T 为设定的二值化的阈值
[m,n]=size(b);
d=(double(b)>=T);                    % d 为二值图像
imwrite(d,'车牌二值图像.jpg');
figure(9);
subplot(3,2,2),
imshow(d),
title('2.车牌二值图像')
figure(9),
subplot(3,2,3),
```

```matlab
imshow(d),
title('3.均值滤波前')
h=fspecial('average',3);
d=im2bw(round(filter2(h,d)));
imwrite(d,'均值滤波后.jpg');
figure(9),
subplot(3,2,4),
imshow(d),
title('4.均值滤波后')
se=eye(2);
[m,n]=size(d);                    % d 为二值图像
if bwarea(d)/m/n>=0.365
    d=imerode(d,se);
elseif bwarea(d)/m/n<=0.235
    d=imdilate(d,se);
end
imwrite(d,'膨胀或腐蚀处理后.jpg');
figure(9),
subplot(3,2,5),
imshow(d),
title('5.膨胀或腐蚀处理后')
```

对裁剪出来的车牌的进一步处理如图 12-18 所示。

图 12-18　对裁剪出来的车牌的进一步处理

12.3.6　字符分割与归一化

在汽车牌照自动识别的过程中，字符分割有承前启后的作用。它在前期牌照定位的基础上进行字符的分割，然后利用分割的结果进行字符识别。字符识别的算法很多，因为车牌字符间的间隔较大，不会出现字符粘连的情况，所以此处采用的方法为寻找连续有文字的块，若长度大于某阈值，则认为该块由两个字符组成，需要分割。

字符分割与归一化的流程为：

1）逐排检查有没有白色像素点，设置 1<=j<n-1，若图像两边 s(j)=0，则切割，去除图像两边多余的部分。

2）切割掉图像上下多余的部分。

3）根据图像的大小设置一个阈值，检测图像的 x 轴，若宽度等于这一阈值则切割，分离出 7 个字符。

4）归一化切割出来的字符图像的大小为 40×20，与模板中字符图像的大小相匹配。

一般分割出来的字符要进行进一步的处理，以满足下一步字符识别的需要。对于车牌的识别，并不需要太多的处理就可以达到正确识别的目的。在此只进行了归一化处理，然后进行后期处理。

```
d=QieGe(d);                        % 寻找连续有文字的块
[m,n]=size(d);
k1=1;k2=1;s=sum(d);j=1;
while j~=n
    while s(j)==0
        j=j+1;
    end
    k1=j;
    while s(j)~=0 && j<=n-1
        j=j+1;
    end
    k2=j-1;
    if k2-k1>=round(n/6.5)
        [val,num]=min(sum(d(:,[k1+5:k2-5])));
        d(:,k1+num+5)=0;
    end
end

d=QieGe(d);
y1=10;y2=0.25;flag=0;word1=[];
while flag==0
    [m,n]=size(d);
    left=1;wide=0;
    while sum(d(:,wide+1))~=0
        wide=wide+1;
    end
    if wide<y1
        d(:,[1:wide])=0;
        d=QieGe(d);
    else
        temp=QieGe(imcrop(d,[1 1 wide m]));
        [m,n]=size(temp);
        all=sum(sum(temp));
        two_thirds=sum(sum(temp([round(m/3):2*round(m/3)],:)));
        if two_thirds/all>y2
            flag=1;word1=temp;
        end
        d(:,[1:wide])=0;d=QieGe(d);
    end
end
[word2,d]=FenGe(d);                % 分割出第二个字符
[word3,d]=FenGe(d);                % 分割出第三个字符
```

```
[word4,d]=FenGe(d);                    % 分割出第四个字符
[word5,d]=FenGe(d);                    % 分割出第五个字符
[word6,d]=FenGe(d);                    % 分割出第六个字符
[word7,d]=FenGe(d);                    % 分割出第七个字符
word1=imresize(word1,[40 20]);         % 模板字符大小统一为 40×20，为字符辨认做准备
word2=imresize(word2,[40 20]);
word3=imresize(word3,[40 20]);
word4=imresize(word4,[40 20]);
word5=imresize(word5,[40 20]);
word6=imresize(word6,[40 20]);
word7=imresize(word7,[40 20]);
figure
subplot(2,7,1),
imshow(word1),
title('1');
subplot(2,7,2),
imshow(word2),
title('2');
subplot(2,7,3),
imshow(word3),
title('3');
subplot(2,7,4),
imshow(word4),
title('4');
subplot(2,7,5),
imshow(word5),
title('5');
subplot(2,7,6),
imshow(word6),
title('6');
subplot(2,7,7),
imshow(word7),
title('7');
imwrite(word1,'1.jpg');
imwrite(word2,'2.jpg');
imwrite(word3,'3.jpg');
imwrite(word4,'4.jpg');
imwrite(word5,'5.jpg');
imwrite(word6,'6.jpg');
imwrite(word7,'7.jpg');
```

字符分割效果如图 12-19 所示。

图 12-19　字符分割

12.3.7 字符的识别

目前用于车牌字符识别中的算法主要有基于模板匹配的 OCR 算法和基于人工神经网络的 OCR 算法。

基于模板匹配的 OCR 的基本过程是：首先对待识别字符进行二值化并将其尺寸大小缩放为字符数据库中模板的大小，然后与所有的模板进行匹配，最后选最佳匹配作为结果。

模板匹配的主要特点是实现简单，当字符较规整时对字符图像的缺损、污迹干扰适应力强且识别率相当高。综合模板匹配的这些优点，我们将其作为车牌字符识别的主要方法。

模板匹配是图像识别方法中最具代表性的基本方法之一，从待识别的图像或图像区域 $f(i,j)$ 中提取的若干特征量，并与模板 $T(i,j)$ 相应的特征量逐个进行比较，计算出相互之间规格化的互相关量，其中互相关量最大的一个就表示期间相似度最高，可将图像归于相应的类；也可以计算图像与模板特征量之间的距离，用最小距离法判定所属的类。

通常情况下，用于匹配的图像各自的成像条件存在差异，产生较大的噪声干扰或图像经预处理和规格化处理后，使得图像的灰度或像素点的位置发生改变。

在实际设计模板的时候，根据各区域形状固有的特点突出各类似区域之间的差别，并将容易由处理过程引起的噪声和位移等因素都考虑进去，按照一些基于图像不变特性所设计的特征量来构建模板，就可以避免上述问题。

字符识别流程如下：

1）建立自动识别的代码表。

2）读取分割出来的字符。

3）第一个字符与模板中的汉字模板进行匹配。

4）第二个字符与模板中的字母模板进行匹配。

5）后 5 个字符与模板中的字母与数字模板进行匹配。

6）待识别字符与模板字符相减，值越小相似度越大，找到最小的一个即为匹配得最好的。

7）识别完成，输出此模板对应值。

此处采用相减的方法来求得字符与模板中哪一个字符最相似，然后找到相似度最大的输出。汽车牌照的字符一般有 7 个，大部分车牌第一位是汉字，通常代表车辆所属省份，紧接其后的为字母与数字。车牌字符识别与一般文字识别在于它的字符数有限，汉字共约 50 多个，大写英文字母 26 个、数字 10 个。

```
liccode=char(['0':'9' 'A':'Z' '冀']);          % 建立自动识别字符代码表
l=1;
for I=1:7
    ii=int2str(I);                              % 将整数转换为字符串
    t=imread([ii,'.jpg']);
    SegBw2=imresize(t,[40 20],'nearest');       % 改变图像的大小
      if l==1                                   % 第一位汉字识别
          kmin=37;
          kmax=40;
      elseif l>=2&&l<=3             % 第二、三位 A~Z 字母识别，根据车牌情况进行修改
          kmin=11;
          kmax=36;
```

```
    elseif l>=4 & l<=7              % 第三、四位 0~9 和 A~Z 的字母和数字识别
        kmin=1;
        kmax=10;
    end
    for k2=kmin:kmax
        fname=strcat('字符模板\',liccode(k2),'.jpg');
        SamBw2 = imread(fname);
        Dm=0;
        for k1=1:40
            for l1=1:20
                if  SegBw2(k1,l1)==SamBw2(k1,l1)
                    Dm=Dm+1;        % 判断分割字符与模板字符的相似度
                end
            end
        end
        Error(k2)=Dm;
    end
    Error1=Error(kmin:kmax);
    MinError=max(Error1);
    findc=find(Error1==MinError);          % 返回矩阵中非 0 项的坐标
    Resault(l*2-1)=liccode(findc(1)+kmin-1);
    Resault(l*2)=' ';
    l=l+1;
end
t=toc
Resault
msgbox(Resault,'识别结果')

% 导出文本
fid=fopen('Data.xls','a+');
fprintf(fid,'%s\r\n',Resault,datestr(now));
fclose(fid);                       % 将识别结果保存在 Data.xls 中
```

命令行窗口中的结果如下：

```
Resault =
冀 B 4 N G 3 4
```

12.3.8　程序源代码

```
function []=main(jpg)
close all
clc
tic                                        % 测定算法执行的时间

 [fn,pn,fi]=uigetfile('CAR.jpg','选择图片');    % 读入图像
I=imread([pn fn]);
figure,imshow(I);title('原始图像');            % 显示原始图像

Im1=rgb2gray(I);
figure(2),subplot(1,2,1),
imshow(Im1);
title('灰度图');
```

```
figure(2),
subplot(1,2,2),
imhist(Im1);
title('灰度图的直方图');                              % 显示图像的直方图

Tiao=imadjust(Im1,[0.19,0.78],[0,1]);                % 调整图片
figure(3),
subplot(1,2,1),
imshow(Tiao);title('增强灰度图');
figure(3),
subplot(1,2,2),
imhist(Tiao);
title('增强灰度图的直方图');

Im2=edge(Im1,'sobel',0.15,'both');                   % 使用 Sobel 算子进行边缘检测
figure(4),
imshow(Im2);
title('sobel 算子实现边缘检测')

se=[1;1;1];
Im3=imerode(Im2,se);                                 % 图像腐蚀
figure(5),
imshow(Im3);
title('腐蚀效果图');
se=strel('rectangle',[25,25]);                       % 创建矩形
Im4=imclose(Im3,se);                                 % 对图像实现闭运算
imshow(Im4);
title('平滑图像的轮廓');

Im5=bwareaopen(Im4,2000);                            % 删除小面积图形
figure(7),
imshow(Im5);
title('移除小对象');

 [y,x,z]=size(Im5);
Im6=double(Im5);
Blue_y=zeros(y,1);                                    % 创建元素为零的数组或矩阵 y*1
 for i=1:y
    for j=1:x
            if(Im6(i,j,1)==1)
                Blue_y(i,1)= Blue_y(i,1)+1;          % 根据 Im5 的 y 值确定
            end
      end
 end
 [temp MaxY]=max(Blue_y);                            % 垂直方向车牌区域确定
PY1=MaxY;
while ((Blue_y(PY1,1)>=5)&&(PY1>1))
      PY1=PY1-1;
end
PY2=MaxY;
while ((Blue_y(PY2,1)>=5)&&(PY2<y))
      PY2=PY2+1;
end
IY=I(PY1:PY2,:,:);
Blue_x=zeros(1,x);
for j=1:x
```

```
        for i=PY1:PY2
            if(Im6(i,j,1)==1)
                Blue_x(1,j)= Blue_x(1,j)+1;              % 根据 Im5 的 x 值确定
            end
        end
 end
 PX1=1;
 while ((Blue_x(1,PX1)<3)&&(PX1<x))
       PX1=PX1+1;
 end
 PX2=x;
 while ((Blue_x(1,PX2)<3)&&(PX2>PX1))
         PX2=PX2-1;
 end
 PX1=PX1-1;                                              % 对车牌区域的校正
 PX2=PX2+1;
  dw=I(PY1:PY2-6,PX1:PX2 ,:);
figure(8),
subplot(1,2,1),
imshow(IY),
title('垂直方向合理区域');
figure(8),
subplot(1,2,2),
imshow(dw),
title('定位剪切后的彩色车牌图像')

imwrite(dw,'dw.jpg');                                    % 把图像写入图像文件中

a=imread('dw.jpg');
b=rgb2gray(a);
imwrite(b,'车牌灰度图像.jpg');
figure(9);
subplot(3,2,1),
imshow(b),
title('1.车牌灰度图像')

g_max=double(max(max(b)));
g_min=double(min(min(b)));
T=round(g_max-(g_max-g_min)/3);                          % T 为设定的二值化的阈值
[m,n]=size(b);
d=(double(b)>=T);                                        % d 为二值图像
imwrite(d,'车牌二值图像.jpg');
figure(9);
subplot(3,2,2),
imshow(d),
title('2.车牌二值图像')
figure(9),
subplot(3,2,3),
imshow(d),
title('3.均值滤波前')

h=fspecial('average',3);
d=im2bw(round(filter2(h,d)));
imwrite(d,'均值滤波后.jpg');
figure(9),
subplot(3,2,4),
```

```
imshow(d),
title('4.均值滤波后')

se=eye(2);
[m,n]=size(d);  % d 为二值图像
if bwarea(d)/m/n>=0.365
    d=imerode(d,se);
elseif bwarea(d)/m/n<=0.235
    d=imdilate(d,se);
end
imwrite(d,'膨胀或腐蚀处理后.jpg');
figure(9),
subplot(3,2,5),
imshow(d),
title('5.膨胀或腐蚀处理后')

d=QieGe(d);                           % 寻找连续有文字的块
[m,n]=size(d);
k1=1;k2=1;s=sum(d);j=1;
while j~=n
    while s(j)==0
        j=j+1;
    end
    k1=j;
    while s(j)~=0 && j<=n-1
        j=j+1;
    end
    k2=j-1;
    if k2-k1>=round(n/6.5)
        [val,num]=min(sum(d(:,[k1+5:k2-5])));
        d(:,k1+num+5)=0;
    end
end

d=QieGe(d);
y1=10;y2=0.25;flag=0;word1=[];
while flag==0
    [m,n]=size(d);
    left=1;wide=0;
    while sum(d(:,wide+1))~=0
        wide=wide+1;
    end
    if wide<y1
        d(:,[1:wide])=0;
        d=QieGe(d);
    else
        temp=QieGe(imcrop(d,[1 1 wide m]));
        [m,n]=size(temp);
        all=sum(sum(temp));
        two_thirds=sum(sum(temp([round(m/3):2*round(m/3)],:)));
        if two_thirds/all>y2
            flag=1;word1=temp;
        end
        d(:,[1:wide])=0;d=QieGe(d);
    end
end
```

```
[word2,d]=FenGe(d);        % 分割出第二个字符
[word3,d]=FenGe(d);        % 分割出第三个字符
[word4,d]=FenGe(d);        % 分割出第四个字符
[word5,d]=FenGe(d);        % 分割出第五个字符
[word6,d]=FenGe(d);        % 分割出第六个字符
[word7,d]=FenGe(d);        % 分割出第七个字符

word1=imresize(word1,[40 20]); % 模板字符大小统一为 40*20，为字符辨认做准备
word2=imresize(word2,[40 20]);
word3=imresize(word3,[40 20]);
word4=imresize(word4,[40 20]);
word5=imresize(word5,[40 20]);
word6=imresize(word6,[40 20]);
word7=imresize(word7,[40 20]);
figure(10)
subplot(2,7,1),
imshow(word1),
title('1');
subplot(2,7,2),
imshow(word2),
title('2');
subplot(2,7,3),
imshow(word3),
title('3');
subplot(2,7,4),
imshow(word4),
title('4');
subplot(2,7,5),
imshow(word5),
title('5');
subplot(2,7,6),
imshow(word6),
title('6');
subplot(2,7,7),
imshow(word7),
title('7');
imwrite(word1,'1.jpg');
imwrite(word2,'2.jpg');
imwrite(word3,'3.jpg');
imwrite(word4,'4.jpg');
imwrite(word5,'5.jpg');
imwrite(word6,'6.jpg');
imwrite(word7,'7.jpg');

% 建立自动识别字符代码表，顺序应与文件夹中的相同
liccode=char(['0':'9' 'A':'Z' '京辽冀鲁苏浙']);
l=1;
for I=1:7
    ii=int2str(I);                          % 将整数转换为字符串
    t=imread([ii,'.jpg']);
    SegBw2=imresize(t,[40 20],'nearest');   % 改变图像的大小
     if l==1                                % 第一位汉字识别
         kmin=37;
         kmax=40;
     elseif l>=2&&l<=3     % 第二、三位 A~Z 字母识别，可根据车牌情况进行修改
```

```
                    kmin=11;
                    kmax=36;
            elseif l>=4 & l<=7   % 第三、四位 0~9 和 A~Z 的字母和数字识别，可根据车牌情况修改
                    kmin=1;
                    kmax=10;
            end
            for k2=kmin:kmax
                fname=strcat('字符模板\',liccode(k2),'.jpg');
                SamBw2 = imread(fname);
                Dm=0;
                for k1=1:40
                    for l1=1:20
                        if  SegBw2(k1,l1)==SamBw2(k1,l1)
                            Dm=Dm+1;                    % 判断分割字符与模板字符的相似度
                        end
                    end
                end
                Error(k2)=Dm;
            end
            Error1=Error(kmin:kmax);
            MinError=max(Error1);
            findc=find(Error1==MinError);               % 返回矩阵中非 0 项的坐标
            Resault(l*2-1)=liccode(findc(1)+kmin-1);
            Resault(l*2)=' ';
            l=l+1;
    end
    t=toc
    Resault
    msgbox(Resault,'识别结果')

    fid=fopen('Data.xls','a+');
    fprintf(fid,'%s\r\n',Resault,datestr(now));
    fclose(fid);                                        % 将识别结果保存在 Data.xls 中

    function [word,result]=FenGe(d)                     % 定义分割字符的函数（1）
    word=[];flag=0;y1=10;y2=0.5;
        while flag==0
            [m,n]=size(d);
            wide=0;
            while sum(d(:,wide+1))~=0 && wide<=n-2
                wide=wide+1;
            end
            temp=QieGe(imcrop(d,[1 1 wide m]));
            [m1,n1]=size(temp);
            if wide<y1 && n1/m1>y2
                d(:,[1:wide])=0;
                if sum(sum(d))~=0
                    d=QieGe(d);                         % 切割出最小范围
                else word=[];flag=1;
                end
            else
                word=QieGe(imcrop(d,[1 1 wide m]));
                d(:,[1:wide])=0;
                if sum(sum(d))~=0;
                    d=QieGe(d);flag=1;
                else d=[];
```

```
            end
        end
    end
        result=d;

function e=QieGe(d)                      % 定义分割字符用函数（2）
[m,n]=size(d);
top=1;bottom=m;left=1;right=n;           % init
while sum(d(top,:))==0 && top<=m
    top=top+1;
end
while sum(d(bottom,:))==0 && bottom>=1
    bottom=bottom-1;
end
while sum(d(:,left))==0 && left<=n
    left=left+1;
end
while sum(d(:,right))==0 && right>=1
    right=right-1;
end
dd=right-left;
hh=bottom-top;
e=imcrop(d,[left top dd hh]);
```

12.4　本章小结

MATLAB 图像处理以其信息量大、处理和传输方便、应用广泛等一系列优点成为人们获取信息的重要来源和利用信息的重要手段。本章分别以在医学方面、图像识别方面和车牌识别方面的应用为例，阐述图像处理的基本过程，为读者提供了一种分析和解决问题的方法。

参考文献

[1] 于万波. 基于 MATLAB 的图像处理[M]. 北京：清华大学出版社，2008.

[2] 闫敬文. 数字图像处理 MATLAB 版[M]. 北京：国防工业出版社，2007.

[3] 陈桂明. 应用 MATLAB 语言处理信号与数字图像[M]. 北京：科学出版社，2000.

[4] GONZALEZ R C,WOODS R E. 数字图像处理（第二版·英文版）[M]. 北京：电子工业出版社，2003.

[5] 杨帆. 数字图像处理与分析[M]. 北京：北京航空航天大学出版社，2007.

[6] 何东健. 数字图像处理[M]. 西安：西安电子科技大学出版社，2003.

[7] 王家文. MATLAB 6.5 图形图像处理[M]. 北京：国防工业出版社，2004.

[8] 余成波. 数字图像处理及 MATLAB 实现[M]. 重庆：重庆大学出版社，2003.